“十四五”职业教育国家规划教材

PLC控制技术项目训练教程

PLC KONGZHI JISHU XIANGMU XUNLIAN JIAOCHENG （第三版）

主　编　耿　淬　熊家慧
副主编　郭爱云

新形态教材

中国教育出版传媒集团
高等教育出版社·北京

内容提要

本书是“十四五”职业教育国家规划教材。

本书以 FX3U 系列 PLC 为平台，将理论教学与技能操作有机地结合起来，设计了 9 个典型的学习项目，主要内容包括认识 PLC、三相交流异步电动机基本启停的 PLC 控制、三相交流异步电动机基础运行的 PLC 控制、自动运料小车的 PLC 控制、自动化生产线系统的 PLC 控制、交通信号灯的 PLC 控制、艺术彩灯的 PLC 控制、简易密码锁及自动定时锁定系统的 PLC 控制、数据运算系统的 PLC 控制。

本书是新形态一体化教材，配套丰富的助学助教数字化资源，其中部分资源以二维码链接形式在书中呈现。

本书可作为高等职业院校工程技术类相关专业的教学用书，也可作为相关工程技术人员的参考用书及岗位培训教材。

图书在版编目(CIP)数据

PLC 控制技术项目训练教程/耿淬，熊家慧主编．—3 版．—北京：高等教育出版社，2024.8(2025.12 重印)

ISBN 978-7-04-059888-9

Ⅰ．①P… Ⅱ．①耿… ②熊… Ⅲ．①PLC 技术-高等职业教育-教材 Ⅳ．①TM571.61

中国国家版本馆 CIP 数据核字(2024)第 029586 号

策划编辑 谢永铭 责任编辑 谢永铭 封面设计 张文豪 责任印制 高忠富

出版发行	高等教育出版社	网　　址	http://www.hep.edu.cn
社　　址	北京市西城区德外大街 4 号		http://www.hep.com.cn
邮政编码	100120	网上订购	http://www.hepmall.com.cn
印　　刷	上海叶大印务发展有限公司		http://www.hepmall.com
开　　本	787 mm×1092 mm　1/16		http://www.hepmall.cn
印　　张	15.5	版　　次	2015 年 1 月第 1 版
字　　数	358 千字		2024 年 8 月第 3 版
购书热线	010-58581118	印　　次	2025 年 12 月第 3 次印刷
咨询电话	400-810-0598	定　　价	39.00 元

物 料 号　59888-00

配套学习资源及教学服务指南

二维码链接资源

本书配套视频、动画等学习资源，在书中以二维码链接形式呈现。使用手机扫描书中的二维码即可查看，随时随地获取学习内容，享受学习新体验。

打开书中附有二维码的页面　　扫描二维码　　查看相应资源

在线自测

本书提供在线交互自测，在书中以二维码链接形式呈现。使用手机扫描书中对应的二维码即可进行自测，根据提示选填答案，完成自测确认提交后即可获得参考答案。自测可重复进行。

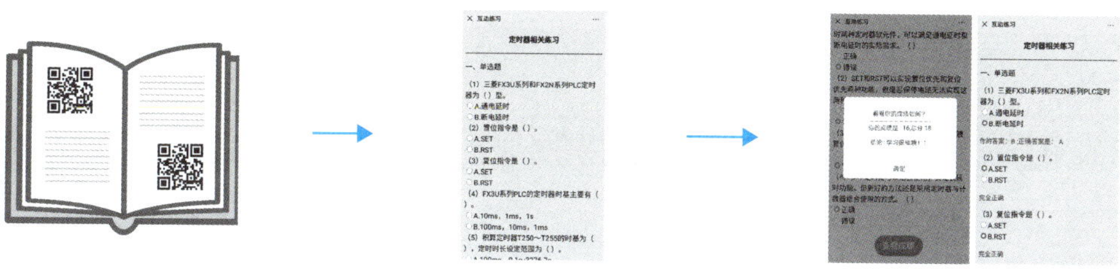

打开书中附有二维码的页面　　扫描二维码开始答题　　提交后查看自测结果

教师教学资源索取

本书配有与课程相关的教学资源，例如，教学课件、习题及参考答案等。选用教材的教师，可扫描下方二维码，关注微信公众号“高职智能制造教学研究”，点击“教学服务”中的“资源下载”，或在电脑端访问地址（101.35.126.6），注册认证后下载相关资源。

★如您有任何问题，可加入工科类教学研究中心QQ群：240616551。

本书二维码资源列表

项目	页码	类型	说明
一	2	拓展提高	三菱 FX5U 系列 PLC 的介绍
	2	拓展提高	PLC 的发展历程
	2	拓展提高	PLC 的典型应用
	4	拓展提高	PLC 应用特点及技术指标
	8	互动练习	在线知识测评 1-1
	9	视频	GX Developer 编程软件的安装
	11	拓展提高	PLC 网络通信方式
	11	视频	PLC 通信端口的设置
	13	互动练习	在线知识测评 1-2
二	16	视频	电动机点动动作过程
	16	动画	电动机点动功能演示
	18	视频	PLC 软元件 X、Y
	20	视频	LD、LDI、OUT 指令
	22	视频	点动程序仿真分析
	23	视频	PLC 程序编辑演示 2-1
	26	互动练习	在线知识测评 2-1
	27	视频	电动机连续运行动作过程
	27	动画	电动机连续运行功能演示
	28	视频	AND、ANI、OR、ORI 指令
	32	视频	电动机连续运行程序仿真分析
	33	视频	PLC 程序编辑演示 2-2
	35	互动练习	在线知识测评 2-2
	35	视频	电动机点动与连续运行动作过程
	35	动画	电动机点动与连续运行功能演示
	38	视频	电动机点动与连续运行程序仿真分析
	39	视频	PLC 程序编辑演示 2-3
	41	互动练习	在线知识测评 2-3
三	44	视频	电动机正反转动作过程
	44	动画	电动机正反转功能演示
	45	视频	定时器(T)
	47	视频	延时控制程序仿真分析
	51	视频	正反转运行控制程序仿真分析
	52	视频	PLC 程序编辑演示 3-1
	54	互动练习	在线知识测评 3-1
	55	视频	电动机星-三角降压启动动作过程
	55	动画	电动机星-三角降压启动功能演示
	56	视频	MPS、MRD、MPP 指令
	60	视频	电动机星-三角降压启动程序仿真分析
	60	视频	PLC 程序编辑演示 3-2
	61	视频	ORB 指令
	62	视频	ANB 指令
	63	互动练习	在线知识测评 3-2
	63	动画	单按钮启停电动机功能演示
	69	视频	PLS、PLF 指令
	69	视频	LDP、LDF 指令
	72	视频	单按钮控制程序仿真分析
	74	视频	PLC 程序编辑演示 3-3
	74	视频	MC、MCR 指令
	76	互动练习	在线知识测评 3-3
四	79	视频	自动运料小车工程案例
	80	动画	自动运料小车功能演示
	81	视频	状态转移图
	83	视频	STL、RET 指令
	86	视频	单序列程序仿真分析

续 表

项目	页码	类型	说　明
四	87	视频	SFC 程序编辑演示 4-1
	87	互动练习	在线知识测评 4-1
	88	视频	SFC 编辑
	97	动画	运料小车自动装卸料功能演示
	101	视频	SFC 程序编辑演示 4-2
	104	互动练习	在线知识测评 4-2
五	107	视频	自动化生产线工程案例
	108	动画	机械手拣瓶系统的控制
	109	视频	选择序列 SFC
	110	视频	选择序列程序仿真分析
	113	视频	SFC 程序编辑演示 5-1
	114	互动练习	在线知识测评 5-1
	119	动画	自动装箱系统功能演示
	120	拓展提高	光纤传感器
	123	视频	SFC 程序编辑演示 5-2
	127	互动练习	在线知识测评 5-2
六	132	动画	十字路口交通信号灯功能演示
	133	视频	并行序列 SFC
	134	视频	并行序列程序仿真分析
	137	视频	SFC 程序编辑演示 6-1
	137	互动练习	在线知识测评 6-1
	141	动画	按钮式人行横道交通灯功能演示
	146	视频	SFC 程序编辑演示 6-2
	146	互动练习	在线知识测评 6-2
七	155	视频	流水灯效果案例
	156	动画	流水灯功能演示
	160	视频	MOV 指令
	162	视频	MOV 指令程序仿真分析
	163	视频	ROR、ROL 指令
	168	视频	梯形图程序编辑演示 7-1
	169	互动练习	在线知识测评 7-1
七	169	视频	多段艺术彩灯效果案例
	170	动画	多段艺术彩灯功能演示
	171	视频	SFTL、SFTR 指令
	175	视频	子程序的调用
	180	视频	梯形图程序编辑演示 7-2
	181	互动练习	在线知识测评 7-2
八	183	视频	密码锁应用实例
	185	动画	密码锁功能演示
	185	视频	CMP 指令
	187	视频	CMP 指令程序仿真分析
	191	互动练习	在线知识测评 8-1
	193	视频	梯形图程序编辑演示 8-1
	195	动画	自动定时锁定系统功能演示
	195	视频	ZCP 指令
	196	视频	ZCP 指令程序仿真分析
	204	视频	梯形图程序编辑演示 8-2
	208	互动练习	在线知识测评 8-2
九	212	动画	自动售货机功能演示
	213	视频	ADD、SUB 指令
	214	视频	ADD 指令程序仿真分析
	216	视频	SEGD 指令
	222	视频	梯形图程序编辑演示 9-1
	223	视频	INC、DEC 指令
	224	互动练习	在线知识测评 9-1
	224	视频	彩灯应用实例
	225	动画	环形彩灯位移功能演示
	225	视频	MUL、DIV 指令
	226	视频	MUL 指令程序仿真分析
	230	视频	梯形图程序编辑演示 9-2
	233	互动练习	在线知识测评 9-2
	234	拓展提高	自动化生产线的 PLC 控制与调试

前 言

本书是“十四五”职业教育国家规划教材。

PLC 控制技术是集自动化技术、计算机技术、通信技术为一体的新型工业控制技术，是智能控制技术的核心，现已成为提高现代化工业质量和劳动生产率的重要手段，其应用越来越广泛。

本书深入贯彻落实党的二十大精神，按照“必须坚持问题导向”的要求，以科技创新为引领，大力推进教师、教材、教法“三教”改革，适应培养卓越工程师、大国工匠、高技能人才等新时代需求，以综合职业能力培养为本位、企业真实项目为载体、岗位典型工作任务为依托，采用校企合作的方式将职业技能等级标准，行业企业新技术、新工艺、新标准、新规范有效融入知识点和技能点中。本书重点介绍了 FX3U 系列 PLC 的结构及工作原理、程序的设计与分析，以及基于 PLC 实现对实际工程案例的控制，涵盖了 PLC 控制技术所涉及的工作领域及工作任务，有效融入培养学生创新精神和自主学习能力的内容。同时本书配套开发了丰富的数字化资源，适应混合式教学、在线学习等多种教学模式，是新形态一体化教材。

本书具有以下特点：

1. 以培养学生综合职业能力为根本，编写过程中，企业人员深度参与，教材项目大多源于企业生产实际、岗位需求，能够体现职业人才培养特色及对应职业岗位特有的思维方式和工作方式。

2. 结合 1+X 证书制度试点工作，将职业技能等级标准，行业企业新技术、新标准有效融入教材，跟随技术的发展和产业的升级，体现现代职业教育教材建设的特点。

3. 配套开发了动画、视频等丰富的数字化教学资源，以便教材能够跟随信息技术发展及时调整更新，从而适应新的教学模式，助推教学改革。

本书共 9 个项目，每个项目的后面均附有知识测评，以便学生自学以及进行知识的巩固与拓展。本课程的参考学时为 126 学时，不同院校可根据教学需要选用，各项目的参考学时数如下：

项目序号	项 目 名 称	参考学时数
项目一	认识 PLC	6
项目二	三相交流异步电动机基本启停的 PLC 控制	6
项目三	三相交流异步电动机基础运行的 PLC 控制	30
项目四	自动运料小车的 PLC 控制	12

续 表

项目序号	项 目 名 称	参考学时数
项目五	自动化生产线系统的 PLC 控制	12
项目六	交通信号灯的 PLC 控制	12
项目七	艺术彩灯的 PLC 控制	18
项目八	简易密码锁及自动定时锁定系统的 PLC 控制	18
项目九	数据运算系统的 PLC 控制	12

本书可作为高等职业院校机电一体化技术、工业机器人技术、智能控制技术等工程技术类相关专业的教学用书和学生自学用书，也可作为企业工程技术人员的学习参考用书和培训教材。

本书由江苏联合职业技术学院常州刘国钧分院耿淬、熊家慧、郭爱云，江苏省海安中等专业学校孟旻玲，江苏联合职业技术学院南通分院包虹璐，江苏联合职业技术学院淮安分院黄献完成编写。由于编者水平有限，书中难免存在不足之处，殷切希望广大读者提出批评和改进意见，以便今后修订提高。

编 者

目 录

项目一

认识 PLC

项目导入

本项目主要介绍 PLC 的起源，阐述 PLC 的特点，重点分析 FX3U 系列 PLC 的结构及工作原理。通过对 FX3U-48M 型 PLC 的认识与实践，能掌握 PLC 的基础知识，能对 FX3U-48M 型 PLC 的基本组成部分有直观的认知，为后续项目的学习打下基础。

知识目标

1. 熟悉 FX3U 系列 PLC 的基本硬件结构；
2. 明白 FX3U 系列 PLC 的工作原理；
3. 知道三菱 GX Developer 编程软件的基本功能。

能力目标

1. 能说出 FX3U-48M 型 PLC 实物各部分的名称及功能；
2. 会进行三菱 GX Developer 编程软件的基础操作；
3. 能进行 PLC 与计算机之间的通信测试。

素养目标

1. 养成善于观察、勤于思考的学习习惯；
2. 形成安全规范操作的职业习惯；
3. 及时了解 PLC 控制技术的工业应用，有职业紧迫感。

任务一 了解 FX3U 系列 PLC

可编程逻辑控制器(programmable logic controller，PLC)，即可编程控制器，如图 1-1-1 所示，是一种数字运算操作的电子系统，专为在工业环境下应用而设计。它拥有可编程的存储器，用于其内部存储程序，执行逻辑运算、顺序控制、定时、计数与算术操作等面向用户的指令，并通过数字式或模拟式输入输出控制各种类型的机械或生产过程，是工业控制的核心部分。

拓展提高
三菱 FX5U 系列 PLC 的介绍

以上定义强调了两点：一是 PLC 直接应用于工业环境，具有很强的抗干扰能力、广泛的适应能力和应用范围，这是区别于微机控制系统的一个重要特征；二是它也是一种计算机，是为工业环境应用而设计的工业计算机。

PLC 目前的主要品牌有 A-B、ABB、松下、西门子、汇川、三菱、欧姆龙、台达、富士、施耐德等。PLC 典型产品实物图如图 1-1-2 所示。

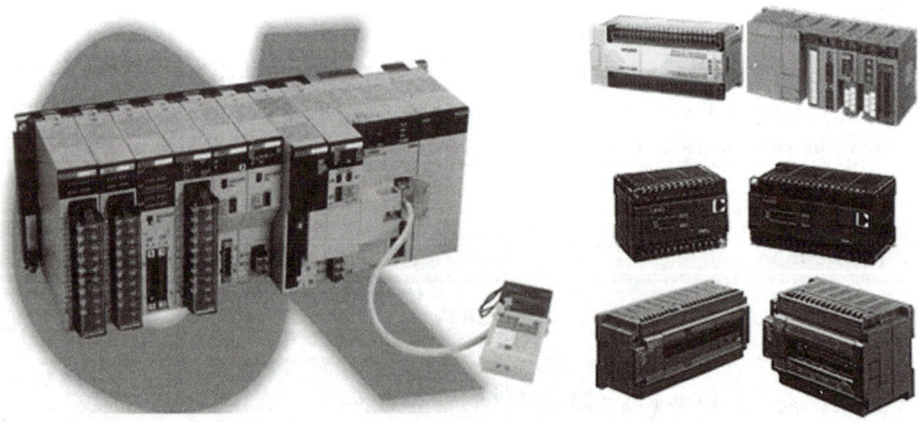

图 1-1-1 可编程逻辑控制器

拓展提高
PLC 的发展历程

拓展提高
PLC 的典型应用

西门子 PLC

通用电气 PLC

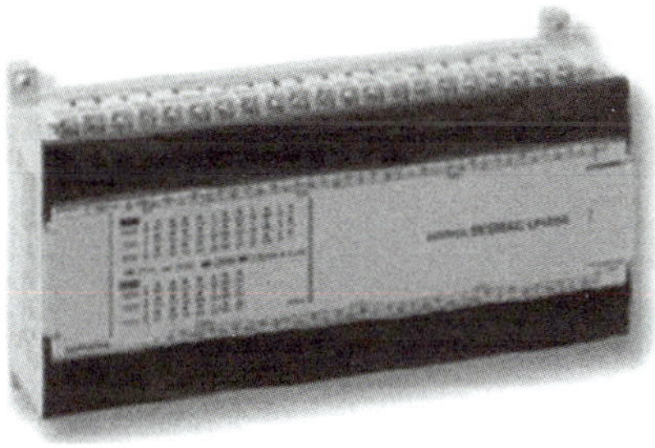

欧姆龙 PLC

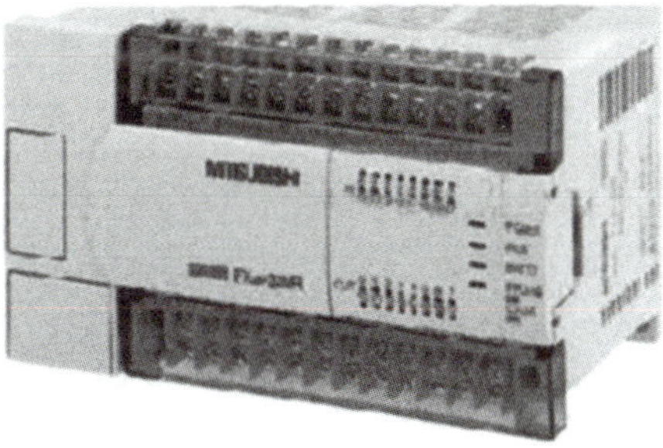

三菱 PLC

图 1-1-2　PLC 典型产品实物图

一、认识 FX3U 系列 PLC 产品

三菱 FX 系列 PLC 在中国市场常见的有以下型号：FR-FX1N、FR-FX1S、FR-FX2N、FR-FX3U、FR-FX2NC、FR-A、FR-Q、FR-FX5U。三菱 FX3U 系列 PLC 是第三代微型可编程控制器，是三菱电机在大连生产的主力产品，采用一类可编程的存储器，用于其内部存储程序，执行逻辑运算、顺序控制、定时、计数与算术操作等面向用户的指令，并通过数字式或模拟式输入输出控制各种类型的机械或生产过程。

本书以三菱 FX3U 系列小型 PLC 为主要讲授对象，图 1-1-3 所示为 FX3U-48M 型 PLC 实物图。FX3U 系列 PLC 是 FX2N 系列 PLC 的升级换代产品，它继承了 FX2N 系列 PLC

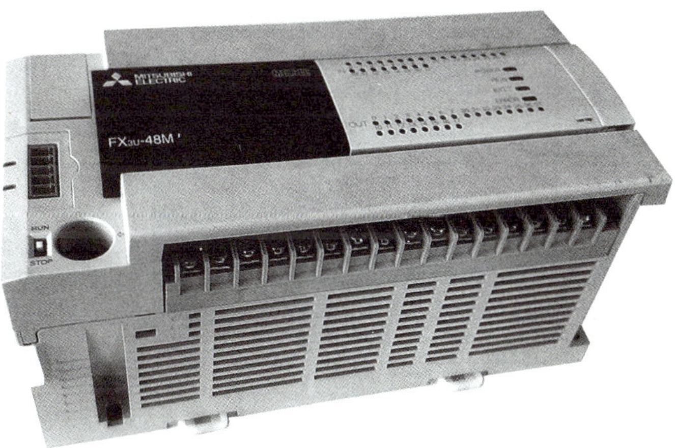

图 1-1-3　FX3U-48M 型 PLC 实物图

的诸多优点，指令与 FX2N 系列 PLC 基本相同，内置了高速处理及定位等功能，其运行速度、容量、性能、功能都比 FX2N 系列 PLC 有较大的提升，输入输出点数最多可扩展到 256 点，如果包括 CC-Link 的远程 I/O 在内，可实现的最大输入输出点数为 384 点。除了可以使用 FX2N 系列 PLC 丰富的扩展设备，还可以通过功能扩展板及特殊适配器实现强大的扩展性，从而适应各行各业的功能需求。

三菱 FX3U 系列 PLC 基本单元型号含义如图 1-1-4 所示。

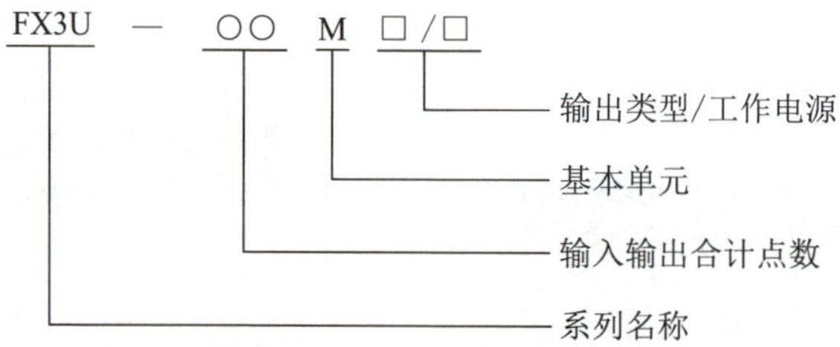

图 1-1-4　三菱 FX3U 系列 PLC 基本单元型号含义

三菱 FX3U 系列 PLC 的基本单元合计点数目前主要有 16 点、32 点、48 点、64 点、80 点和 128 点等，而且输入点数和输出点数均为合计点数的一半。如果在工程项目中需要使用大量输入输出点数，可通过输入输出扩展单元来增加输入输出点数；如果只需要增加少量输入输出点数，可通过增加输入输出模块即可。

二、熟悉 FX3U 系列 PLC 的硬件组成

FX3U 系列 PLC 的硬件组成与其他类型 PLC 基本相同，主体由三部分组成，包括中央处理器（CPU）、存储器和输入输出模块，如图 1-1-5 所示。系统电源有些在 CPU 模块内，有些单独作为一个单元，编程器一般看作 PLC 的外设。PLC 内部采用总线结构进行数据和指令的传输。

拓展提高

PLC 应用特点及技术指标

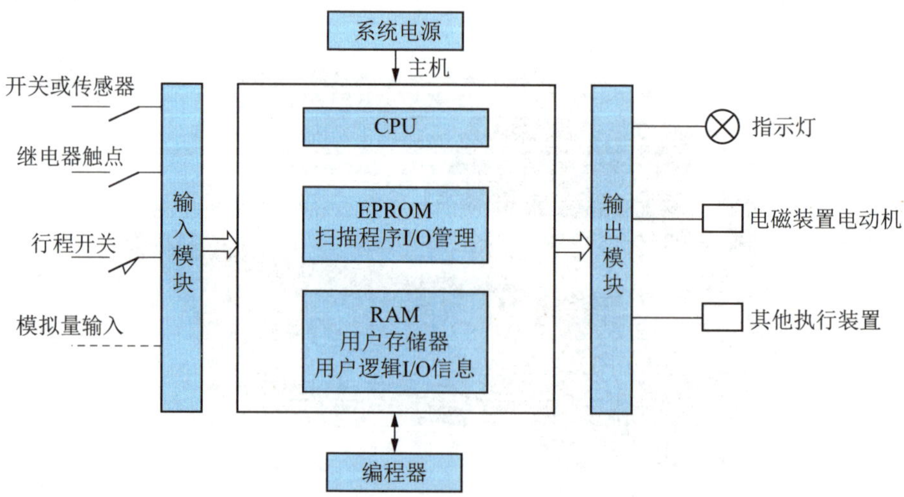

图 1-1-5　FX3U 系列 PLC 硬件组成框图

外部的开关信号、模拟信号以及各种传感器检测信号作为 PLC 的输入变量，经 PLC 的输入模块输入 PLC 的存储器，收集和暂存被控对象实际运行的状态信息和数据，经 PLC 内部运算与处理后，按被控对象实际动作要求产生输出结果，输出结果送到输出模块作为输出变量，驱动执行装置。PLC 的各部分协调一致地实现对现场设备的控制。

1. CPU(中央处理器)模块

CPU 是 PLC 的核心组成部分，主要由运算器和控制器组成。整个 PLC 的工作都是在 CPU 的统一指挥和协调下进行的。

2. 存储器模块

随机存储器(RAM)用于存储 PLC 内部的输入输出信息，并存储内部继电器(软继电器)、移位寄存器、数据寄存器、定时器/计数器以及累加器等的工作状态，还可存储用户正在调试和修改的程序以及各种暂存的数据、中间变量等。

只读存储器(ROM)用于存储系统程序。可擦可编程只读存储器(EPROM)主要用来存放 PLC 的操作系统和监控程序，若用户程序已完全调试好，也可将程序固化在 EPROM 中。

3. 输入输出模块

可编程控制器是一种工业控制计算机系统，其控制对象是工业生产过程，与 DCS 相似，其对工业生产过程的控制也是通过输入输出(I/O)模块实现的。I/O 模块是可编程控制器与生产过程相联系的桥梁。

PLC 输出接口电路通常有三种类型:继电器输出型、晶体管输出型和晶闸管输出型。继电器输出型最常用，它适用于交、直流负载，其特点是负载能力强，但动作频率与响应速度慢。晶体管输出型适用于直流负载，其特点是动作频率高，响应速度快，但负载能力小。晶闸管输出型适用于交流负载，其特点是响应速度快，但负载能力不强。

4. 编程器

编程器是 PLC 必不可少的重要外部设备。编程器将用户所希望的功能通过编程语言送到 PLC 的用户程序存储器中。编程器不仅能对程序进行写入、读出、修改等操作，还能对 PLC 的工作状态进行监控，同时编程器也提供用户与 PLC 之间进行人机对话的界面。随着 PLC 的功能不断增强，编程语言的多样化，编程已经可以在计算机上完成。

5. 系统电源

在 PLC 内部，已为 CPU、存储器、I/O 接口等内部电路的正常工作配备了稳压电源，同时也为输入传感器提供了 24 V DC 电源。输入输出回路中的电源一般都相互独立，以避免来自外部的干扰。

三、认识三菱 FX3U-48M 型 PLC 控制面板

实训室通常所用的三菱 FX3U-48M 型 PLC 属于 FX3U 系列，有 48 个 I/O 点的基本单元，是继电器输出型。

三菱 FX3U-48M 型 PLC 的控制面板主要由三部分组成:外部接线端子、指示部分和接口部分，其实物外部结构图如图 1-1-6 所示。

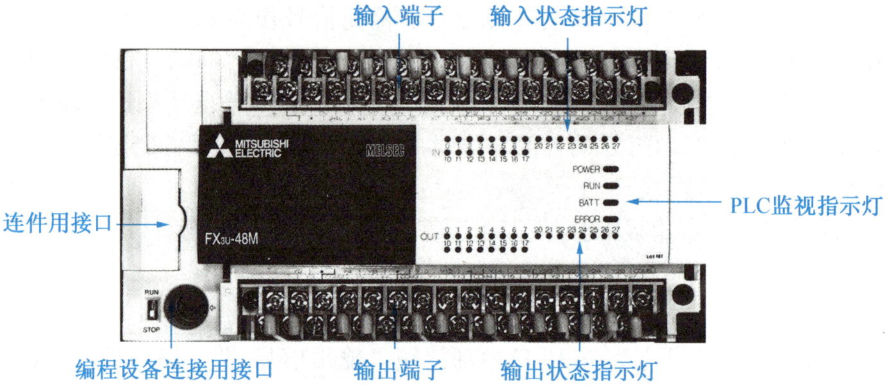

图 1-1-6　三菱 FX3U-48M 型 PLC 实物外部结构图

图 1-1-6 中，PLC 监视指示灯对应有 PLC 不同状态的指示灯，POWER 指示灯为电源指示，RUN 指示灯亮表示 PLC 处于运行状态，BATT 指示灯亮则表示电池欠压，最下面的 ERROR 指示灯亮则表示 PLC 处于出错状态，这时需要对 PLC 进行相关内存的清除处理。若卸掉 PLC 表面可拆卸的盖板，则可以看见其扩展接口及通信接口。

三菱 FX3U-48M 型 PLC 有 48 个 I/O 点，输入点为 24 个，输出点也为 24 个，具体分布如图 1-1-7 所示，输入端子用 X*n* 表示，*n* 采用八进制，输出端子用 Y*n* 表示，*n* 采用八进制。

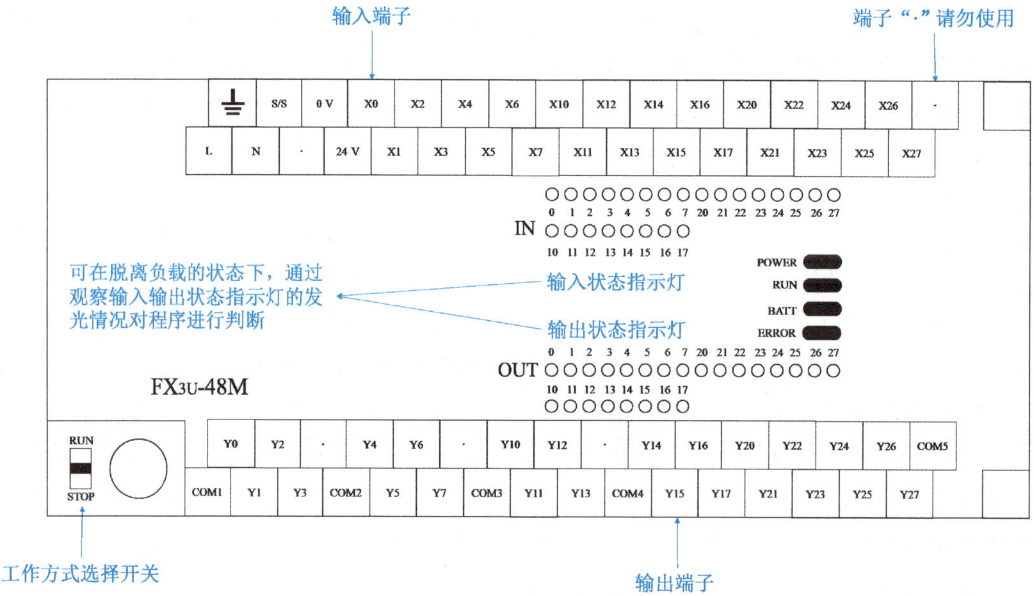

图 1-1-7　三菱 FX3U-48M 型 PLC 输入输出端子分布图

注意：① 所有输入端子(X0～Y7、X10～Y17、X20～X27)共用一个公共端子 0V。而输出端子则不一样，Y0～Y3 共用公共端子 COM1；Y4～Y7 共用公共端子 COM2；Y10～Y13 共用公共端子 COM3；Y14～Y17 共用公共端子 COM4；剩余的 Y20～Y27 共用公共端子 COM5。

② 同组输出端子不能使用不同电源，使用时应查阅 PLC 使用手册，根据负载的大小、电源等级及电源类型，合理进行分配并正确使用。

③ 不同组输出端子可以使用不同的电源类型。

④ 工作方式选择开关，若置于“RUN”挡位，PLC 处于运行状态；若置于“STOP”挡位，PLC 处于停止状态，用户也可以通过软件的远程操作实现 PLC 工作方式的切换。

⑤ 输入公共端子 S/S 是在外接按钮、开关和传感器等外部信号元器件时必须接的一个公共端子，第一代和第二代 FX 系列 PLC 没有此端子。

想一想：

如果是三菱 FX3U-128MT/ES(-A)型 PLC，那输入输出都应该是哪些端子呢？

四、了解 FX3U 系列 PLC 的工作原理

PLC 是由输入部分、逻辑部分和输出部分组成的，图 1-1-8 为 FX3U 系列 PLC 工作原理图。输入部分的输入端子接收外部开关信息。逻辑部分是处理输入部分所取得的信息，经过逻辑运算、处理和判断哪些信息需要输出，作出反应(图 1-1-8 中为继电器-接触器控制系统中的控制线路转换的梯形图)。输出部分是 PLC 通过输出端子向外部负载发出执行指令。

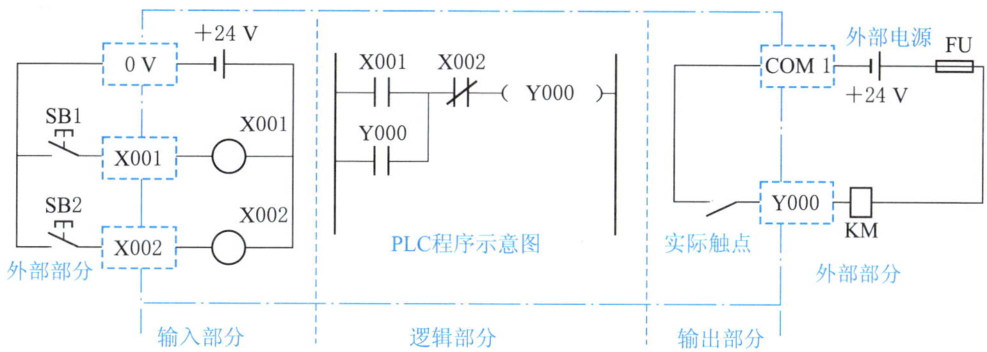

图 1-1-8　FX3U 系列 PLC 工作原理图

PLC 内部可看作是由许多“软继电器”组成的等效电路，这些“软继电器”的线圈、动合触点、动断触点一般用图 1-1-9 的符号表示。

图 1-1-9　“软继电器”的线圈和触点的符号表示

图 1-1-8 所示 PLC 的工作过程可以这样理解：① 当输入回路部分的 SB1 按钮闭合时，输入继电器 X1 接通得电，此时在内部程序控制中，X1 动合触点闭合，X1 与 X2 动断触点同时接通，然后 Y0 线圈也接通，Y0 动合触点闭合并自锁。在输出回路部分，由于 Y0 线圈

接通，使得 Y0 动合触点闭合，输出回路接通，负载得电。

② 当输入回路部分的 SB2 按钮闭合时，输入继电器 X2 接通得电，在内部程序控制中，X2 动断触点断开，Y0 线圈断电，Y0 动合触点恢复断开并解除自锁。在输出回路部分，由于 Y0 线圈断开，使得 Y0 动合触点断开，负载断电。

结合上述工作过程的分析，当 PLC 投入运行后，其工作过程一般分为三个阶段，即输入采样、用户程序执行和输出刷新三个阶段，如图 1-1-10 所示，三个阶段重复执行。

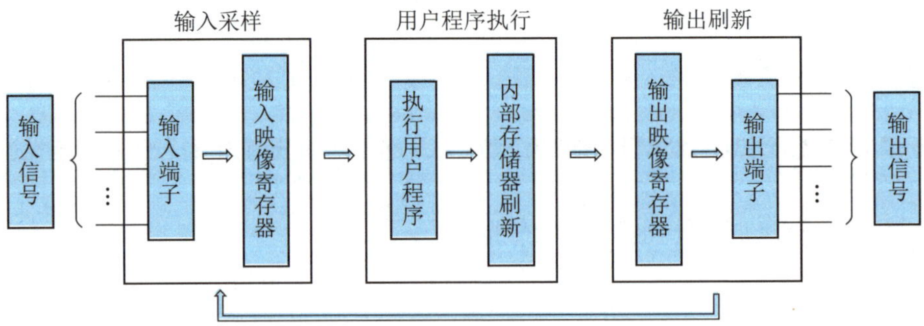

图 1-1-10　PLC 工作过程

完成一次上述三个阶段称为一个扫描周期。在整个运行期间，PLC 的 CPU 以一定的扫描速度重复执行上述三个阶段，所以 PLC 是采用“顺序扫描，不断循环”的方式进行工作的。同时，PLC 有两种工作状态，即运行（RUN）状态与停止（STOP）状态。运行状态是执行应用程序的状态。停止状态一般用于程序的编制与修改。在 PLC 运行时，CPU 根据用户按控制要求编制好并存于用户存储器中的程序，按指令步序号（或地址号）作周期性循环扫描，如无跳转指令，则从第一条指令开始逐条顺序执行用户程序，直到 END 指令结束，然后从头开始再执行，并周而复始地重复，直到停机或从运行状态切换到停止状态。

互动练习

在线知识测评 1-1

任务二　熟悉 FX3U 系列 PLC 软件操作

GX Developer 编程软件是应用于三菱系列 PLC 的编程软件，该软件可以采用三种编程语言（指令表、梯形图和 SFC）编程，相互之间可以转换，可以在程序中加入中英文注释，可以对梯形图和元件进行监控，而且还具有程序和监控结果的打印功能。

GX Developer 编程软件不仅具有编程功能，还具有仿真功能，能在脱机（无 PLC）状态下对程序进行仿真调试，这对初学者学习 PLC 编程帮助很大。

一、了解 GX Developer 编程软件的操作界面

软件安装完毕后，返回计算机桌面，单击“开始”按钮，在“所有程序”里就可以找到安装好的软件，如图 1-2-1 所示。

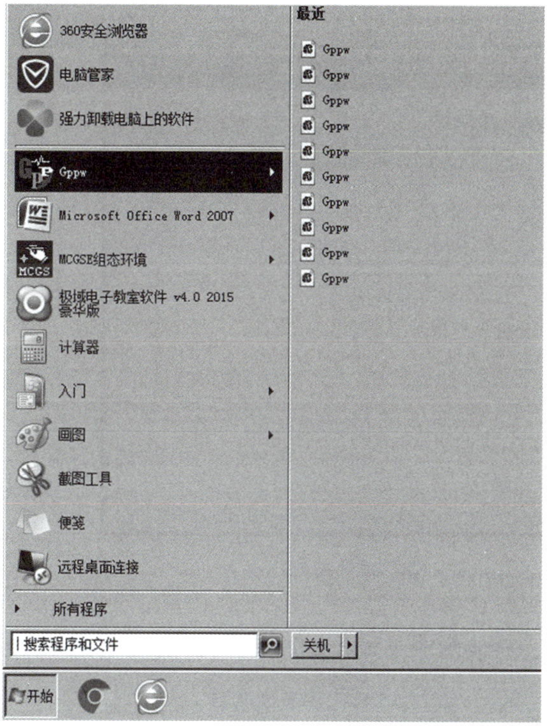

视频
GX Developer 编程软件的安装

图 1-2-1　GX Developer 编程软件的打开

1. 新工程创建

在 GX Developer 编程软件窗口中，按图 1-2-2 中①→②→③→④→⑤顺序提示操作，即可创建新工程。

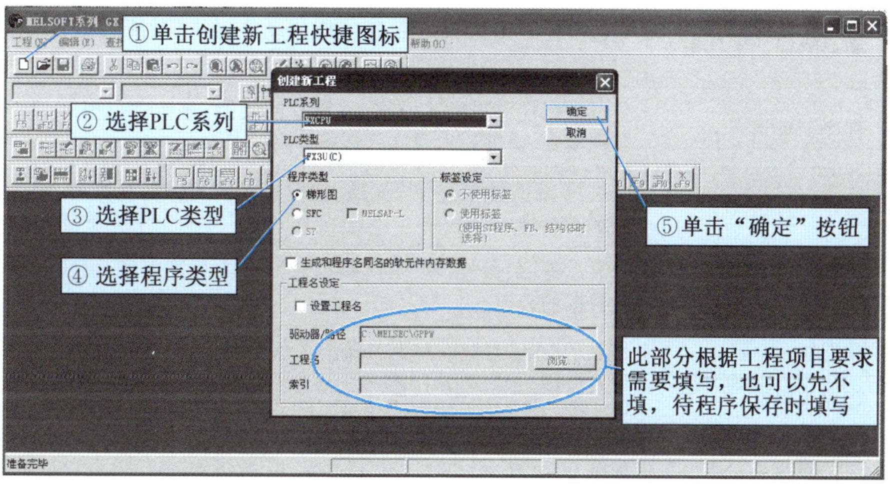

图 1-2-2　GX Developer 编程软件新工程创建

2. 软件操作界面

新建一个工程后就会显示如图 1-2-3 所示的操作界面，该操作界面由菜单栏、工具条、程序编辑区、工程参数列表以及状态栏等部分组成。

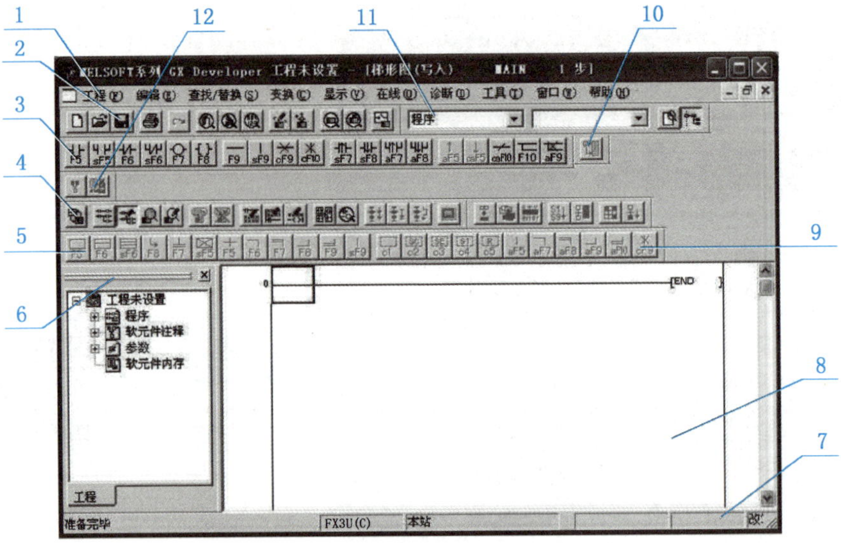

图 1-2-3　GX Developer 编程软件操作界面

图 1-2-3 中引出线所示的名称、内容具体说明见表 1-2-1。

表 1-2-1　GX Developer 编程软件操作界面说明表

序号	名　　称	内　　容
1	菜单栏	包含工程、编辑、查找/替换、交换、显示、在线、诊断、工具、窗口、帮助共 10 个菜单
2	工具条	由工程菜单、编辑菜单、查找/替换菜单、在线菜单、工具菜单中常用的功能组成
3	梯形图标记工具条	包含梯形图编辑所需要使用的动合触点、动断触点、应用指令等内容
4	程序工具条	可进行梯形图模式、指令表模式的转换；进行读出模式、写入模式、监视模式、监视写入模式的转换
5	SFC 工具条	可对 SFC 程序进行块变换、块信息设置、排序、块监视、块错误信息显示的操作
6	工程参数列表	显示程序、参数、软元件注释、软元件内存等内容，可实现这些项目的数据的设定
7	状态栏	显示 PLC 类型以及当前操作状态等
8	程序编辑区	完成程序的编辑、修改、监控等的区域
9	SFC 符号工具条	包含 SFC 程序编辑所需要使用的步、块启动步、选择合并、平行等功能键
10	软元件内存工具条	进行软元件内存的设置
11	切换工具条	可在程序、参数、软元件注释、软元件内存这四个项目中切换
12	注释工具条	可进行注释范围设置或对公共/各程序的注释进行设置

针对具体程序的编辑与修改，将在以后项目的实施中加以介绍，在此不作详细表述。

二、设置 PLC 与计算机的通信参数

无论是在 GX Developer 编程软件中把程序编制好输入给 PLC，还是把 PLC 中原有的程序读取到 GX Developer 编程软件中，都会涉及 PLC 与计算机的通信控制，现在重点讲解 PLC 与计算机的连接及相关通信参数的设置。

1. FX3U 系列 PLC 与计算机的通信

(1) 连接 PLC 与计算机

首先准备好一根三菱 FX 系列 PLC 的通信线 SC-09 电缆，如图 1-2-4 所示。SC-09 电缆一端是 8 针的圆形插头，直接与 PLC 的编程器接口相连，另一端是 9 针的 D 型插头，与计算机的串行通信端口（COM 口）相连。

拓展提高

PLC 网络通信方式

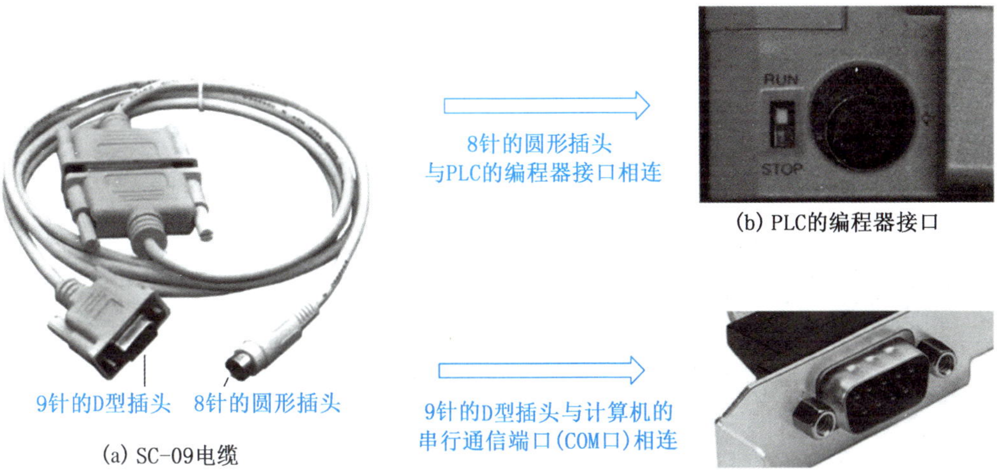

(a) SC-09电缆 (b) PLC的编程器接口 (c) 计算机的串行通信端口（COM口）

图 1-2-4 PLC 与计算机的通信连接

(2) 设置通信端口参数

先查看计算机的串行通信端口编号：右击“我的电脑”图标，单击“属性”→“硬件”→“设备管理器”→“端口(COM 和 LPT)”→“通信端口 COM1 或 COM2”。

视频

PLC 通信端口的设置

设置串口通信参数：如图 1-2-5 所示，单击“在线”→“传输设置”菜单命令，打开“传输设置”对话框，单击“串行”图标，弹出“PC I/F 串口详细设置”对话框，如图 1-2-6 所示。

用一般的串口通信线连接计算机和 PLC 时，串口都是“COM1”，而 PLC 系统默认情况下也是“COM1”，因而不需要更改设置即可直接与 PLC 通信。

当然用 USB 通信线连接计算机和 PLC 时，通常计算机侧的 COM 口不是“COM1”，此时在计算机属性的设备管理器中，查看所连接的 USB 口，然后在图 1-2-6 所示的“COM 端

口”中选择与计算机 USB 口一致的端口。“传输速度”一般选“9.6 Kbps”。单击“确认”按钮，至此通信端口参数的设置已经完成。

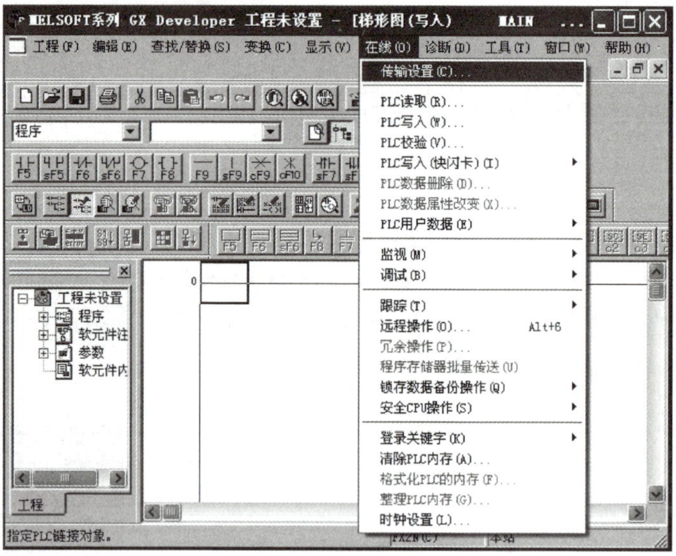

图 1-2-5 打开“传输设置”对话框

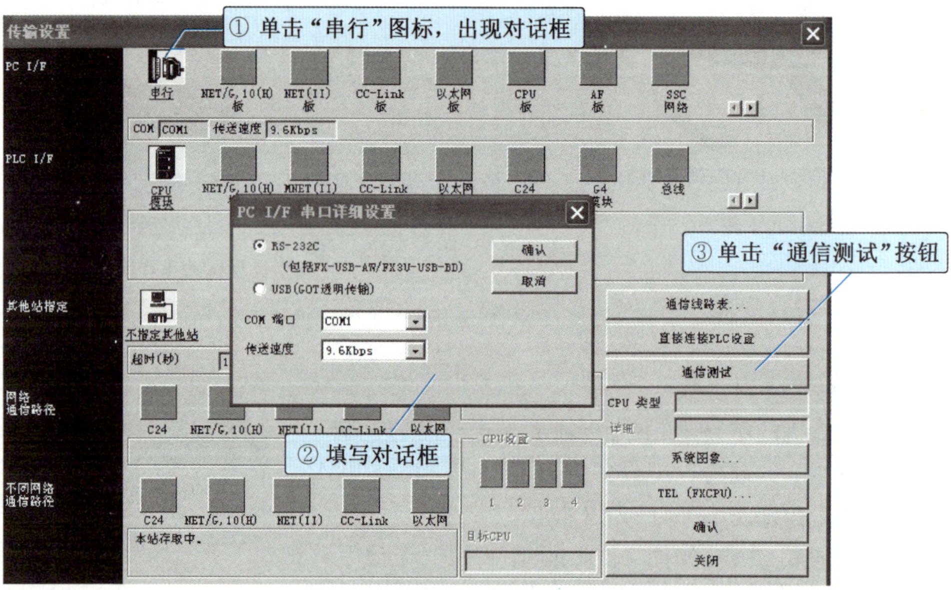

图 1-2-6 “传输设置”对话框及“PC I/F 串口详细设置”对话框

串口设置正确后，在图 1-2-6 中有一个“通信测试”按钮，单击此按钮，若弹出“与 FX PLC 连接成功”对话框，则说明计算机可以与 PLC 进行通信。若弹出“不能与 PLC 通信，可能原因……”对话框，则说明计算机与 PLC 不能建立通信。应确认 PLC 电源有没有接通、电缆有没有正确连接等，直到单击“通信测试”按钮后显示“连接成功”，方可进行正常通信。

注意:GX Developer 编程软件的通信对象较多,这一点从其“传输设置”对话框中就可以看出。上面所介绍的 PLC 与计算机的通信连接及通信参数设置也是针对 FX 系列 PLC 的,这一点,学习时必须注意。同时下面在讲解程序写入和读取等时,也只是针对 FX 系列 PLC。

2. PLC 程序的写入与读取

在程序写入与读取上,GX Developer 编程软件可以读写全部程序,也可以读写其中一段程序。单击“在线”菜单,在下拉菜单中有“PLC 读取”“PLC 写入”等菜单命令,若要把所写的程序写到 PLC 里面,则选择“PLC 写入”;若要把 PLC 中原有的程序读出来,则选择“PLC 读取”。“PLC 写入”和“PLC 读取”也可以通过单击相应图标进行,如图 1-2-7 所示。

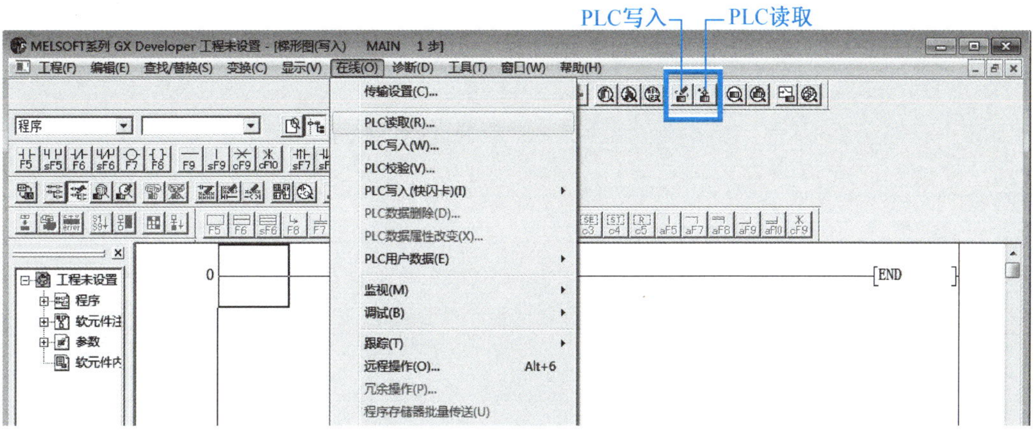

图 1-2-7　PLC 的读写操作

如果选择某段程序进行写操作,可以进行“起始”步及“结束”步等参数的设定,而读取程序步数不能设定,为默认值。详细情况在后面的项目中将具体进行操作演示。

互动练习
在线知识测评 1-2

知识测评

一、选择题

1. 第一台 PLC 生产的时间是(　　)。

A. 1967 年　　B. 1968 年

C. 1969 年　　D. 1970 年

2. PLC 控制系统能取代继电器-接触器控制系统的(　　)。

A. 整体　　B. 主电路部分　　C. 接触器部分　　D. 控制电路部分

3. 启动 GX Simulator 仿真软件后,在软元件监视窗口中,显示黄色代表软元件处于(　　)状态。

A. 断开　　B. 接通　　C. 出错　　D. 报警

4. 三菱 FX 系列 PLC 的通信线 SC-09 电缆的一端是 8 针的圆形插头，与(　　)相连。

A. PLC 的编程器接口　　　　B. 计算机的串行通信端口

C. A、B 均可　　　　D. A、B 均不可

5. 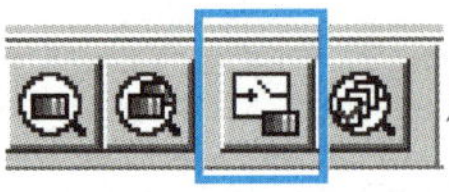 所示方框中的快捷图标的功能是(　　)。

A. 离线仿真　　B. 程序写入　　C. 程序编译　　D. 软元件测试

二、分析简答题

1. 请解释 FX3U 型 PLC 基本单元型号 FX3U-64MT/ESS 的具体含义。
2. PLC 的硬件主要由哪几部分组成?
3. 结合自己的了解，简述 PLC 的应用领域。

项目二

三相交流异步电动机基本启停的 PLC 控制

项目导入

本项目主要介绍三相交流异步电动机基本启停的 PLC 控制，包括三相交流异步电动机的点动、连续运行、点动与连续运行的 PLC 控制，涉及三菱 FX3U 系列 PLC 内部软元件 X、Y、M 的认知及部分基础编程指令的学习。通过三个任务的实践与学习，能使初学者快速使用三菱 FX3U-48MR 型 PLC 来实现电动机的基本启停控制，懂得 FX3U 系列 PLC 控制的基本原理，学会 LD、OR、OUT 等基本逻辑控制指令的应用。

知识目标

1. 了解三相交流异步电动机基本启停 PLC 控制的基本过程；
2. 知道三菱 FX3U 系列 PLC 内部 X、Y、M 等软元件的含义；
3. 知道 LD、OR、OUT 等基本编程指令的功能及编程特点。

能力目标

1. 会进行 PLC 外部电路的连接与测试；
2. 会根据任务要求编写 PLC 控制程序；
3. 能根据现场调试结果进行程序分析，并对简单故障进行排除。

素养目标

1. 养成安全规范操作的职业习惯；
2. 具备自主学习、思维严谨的工程意识；
3. 形成不断探究、乐于思考、敢于实践尝试的创新学习精神。

任务一　三相交流异步电动机的点动控制

任务描述

三相交流异步电动机的点动控制是用按钮和接触器控制电动机的最简单的控制线路，其电气原理图如图 2-1-1 所示。

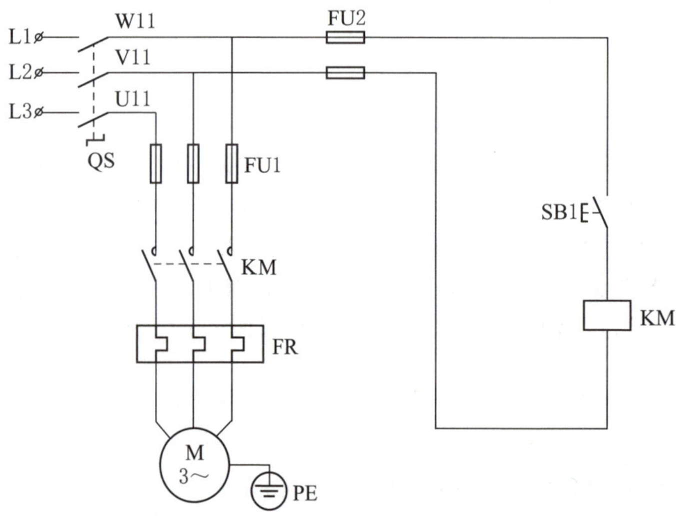

视频
电动机点动动作过程

动画
电动机点动功能演示

图 2-1-1　三相交流异步电动机点动控制电气原理图

工作原理分析：合上电源开关 QS，按下启动按钮 SB1，接触器 KM 线圈（KM 线圈的额定电压应为 AC 380 V）得电，主触点吸合，电动机运行；松开启动按钮 SB1，接触器 KM 线圈失电，主触点断开，电动机停止运行。

任务要求：采用三菱 FX3U-48MR 型 PLC 完成上述三相交流异步电动机的点动控制。

任务分析

采用三菱 FX3U-48MR 型 PLC 来实现三相交流异步电动机的点动控制时，主电路的设计思路不变，在电源开关 QS 合上的前提下，由接触器 KM 线圈的得电与失电来控制电动机的启停，所以实现三相交流异步电动机点动的 PLC 控制主要是用 PLC 控制替代图 2-1-2 中方框内所示的控制电路。

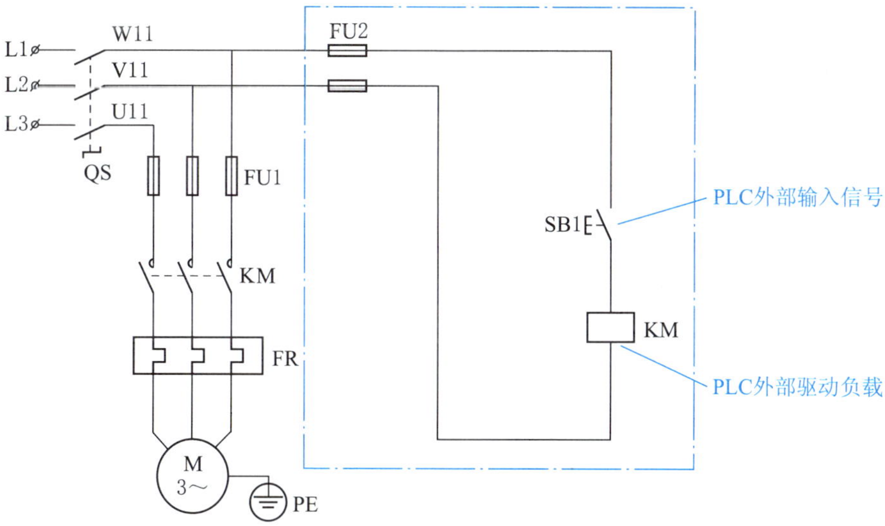

图 2-1-2　三相交流异步电动机点动控制电气原理分析图

在整个 PLC 控制系统中，启动按钮 SB1 作为外部控制元件为 PLC 提供输入信号，PLC 结合内部程序来控制对外提供的输出信号，由 PLC 输出信号借助外部所提供的电源来驱动负载 KM 线圈，KM 线圈的动作决定电动机的启动和停止，具体控制如图 2-1-3 所示。

注意：在传统继电器控制系统中，控制电路部分的 KM 线圈的额定电压为 AC 380 V，在实训室操作调试过程中，如果电动机不接拖动负载，PLC 输出回路部分中的 KM 线圈的额定电压也可选用 AC 220 V。

下面依照上述控制原理的分析来进行具体操作，在此过程中，要依次完成以下几个环节：

① 认识三菱 FX3U-48MR 型 PLC 内部软元件 X、Y 的分配及含义，确定电动机点动控制任务中启动按钮 SB1 与接触器 KM 所对应的 I/O 地址。

② 根据所确定的 I/O 地址完成 PLC 控制电气原理图的绘制，并完成电路的连接和检测。

③ 根据电动机点动控制原理的分析设计出 PLC 控制程序，应用 GX Developer 编程软件完成梯形图的编辑。

④ 结合控制要求完成本任务的运行与调试。

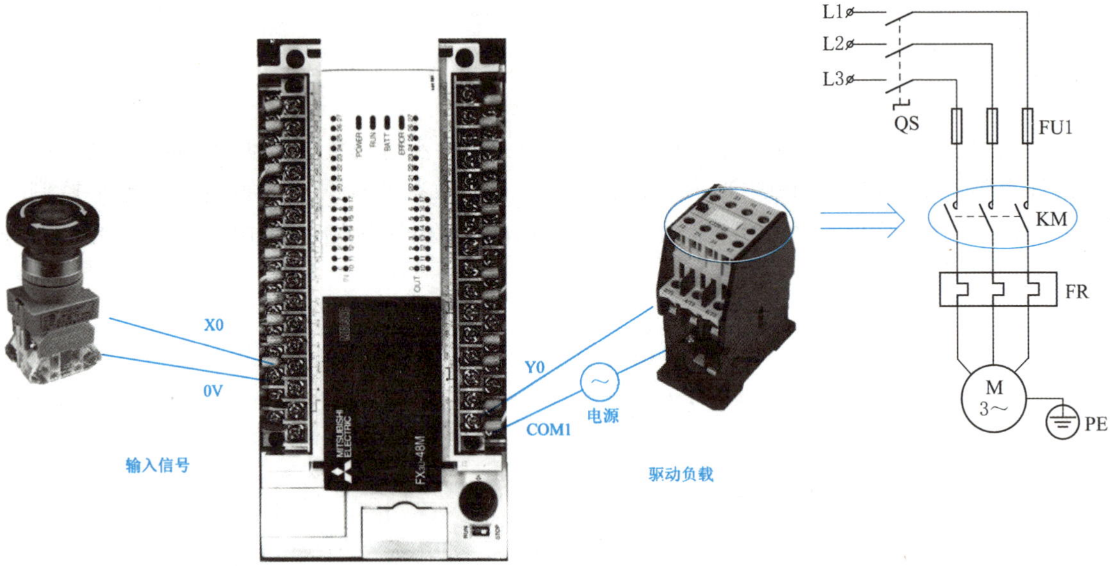

图 2-1-3　三相交流异步电动机点动 PLC 控制分析图

知识链接

一、认识 FX3U 系列 PLC 软元件 X、Y

软元件简称元件。各个元件与 PLC 的监控程序、用户的应用程序配合，可以实现或模拟出不同的功能。当元件产生的是继电器功能时，称这类元件为软继电器，简称继电器，它不是物理意义上的实物器件，而是一定的存储单元与程序的结合产物。

FX3U 系列 PLC 的编程软元件有输入继电器（X）、输出继电器（Y）、辅助继电器（M）、状态继电器（S）、定时器（T）、计数器（C）、数据寄存器（D）和指针（P、I、N）八大类，它们在程序中的功能各不相同。

1. 输入继电器（X）

视频
PLC 软元件 X、Y

（1）输入继电器的功能

结合图 2-1-4 可以看出，FX3U 系列 PLC 输入继电器与输入端子相连，输入继电器是专门用来接收 PLC 外部开关信号的元件，PLC 通过输入端子将外部输入信号状态（接通时为 **1**，断开时为 **0**）读入并存储在输入映像寄存器中，输入继电器应由外部信号驱动，不能用程序驱动，所以在程序中不可能出现其线圈，由于输入继电器为输入映像寄存器中的状态，所以其触点的使用次数不限。

（2）FX3U 系列 PLC 输入继电器的表示方法

FX3U 系列 PLC 编程软元件的编号由字母和数字组成，其中输入继电器和输出继电器用八进制数编号，其他均采用十进制数编号。在前面三菱 FX3U-48MR 型 PLC 的介绍中已知其共有输入继电器 24 点，用 X0～X7、X10～X17、X20～X27 表示。在程序编辑中，输入继电器有两种表示形式：动合触点和动断触点，如图 2-1-5 所示。

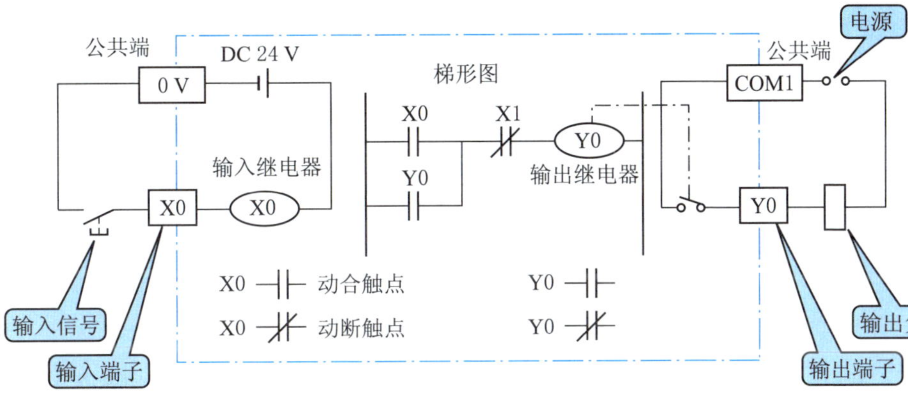

图 2-1-4 输入、输出继电器 X、Y 示意图

图 2-1-5 PLC 输入继电器表示形式

注意：PLC 基本单元输入继电器的编号是固定的，扩展单元和扩展模块是按与基本单元最靠近开始，顺序进行编号的。例如，FX3U-48MR 型 PLC 的输入继电器有 24 点，若接有扩展单元或扩展模块，则扩展的输入继电器从 X30 开始编号。

2. 输出继电器（Y）

（1）输出继电器的功能

由图 2-1-4 可以看出，输出继电器是用来将 PLC 内部信号输出并传送给外部负载（用户输出设备）的。输出继电器线圈是由 PLC 内部程序的指令驱动，其线圈状态传送给输出单元，再由输出单元对应的触点来驱动外部负载。每个输出继电器在输出单元中都对应有唯一一个动合硬触点，但在程序中供编程的输出继电器，不论是动合触点还是动断触点，都可以无限次使用。

（2）FX3U 系列 PLC 输出继电器的表示方法

FX3U 系列 PLC 编程软元件输出继电器采用八进制数编号，三菱 FX3U-48MR 型 PLC 共有输出继电器 24 点，用 Y0～Y7、Y10～Y17、Y20～Y27 表示。在程序编辑中，输出继电器除了动合触点和动断触点两种表示形式外，还有线圈表示方式，如图 2-1-6 所示。

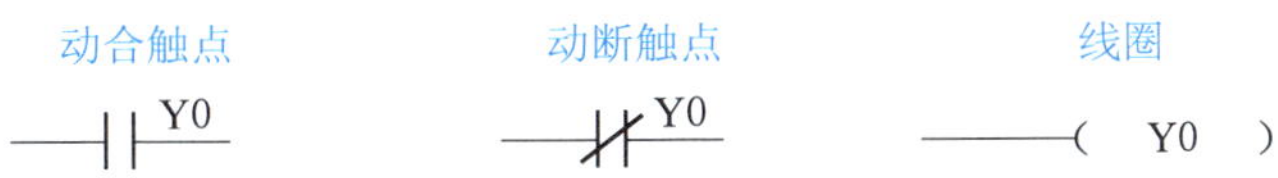

图 2-1-6 PLC 输出继电器表示形式

注意：与输入继电器一样，基本单元输出继电器的编号也是固定的，扩展单元和扩展模块是按与基本单元最靠近开始，顺序进行编号的。

请回答：

1. FX3U 系列 PLC 的编程软元件中，输入继电器________、输出继电器________，其触点的使用次数________。

2. 三菱 FX3U-48MR 型 PLC 的输入继电器共________点、输出继电器共________点。

二、学习基本指令 LD、LDI、OUT、END

三菱 GX Developer 编程软件可以采用三种编程语言（指令表、梯形图和 SFC），相互之间可以转换，指令表是一种与汇编语言类似的助记符编程表达方式。在 PLC 应用中，经常采用简易编程器将指令表语句输入到 PLC 中，从而达到系统控制的目的。虽然各个 PLC 生产厂家的指令表语句形式不同，但基本功能相差无几。

要通过指令表程序设计来完成电动机点动 PLC 控制，需要学习以下几条基本的 PLC 逻辑控制指令。

1. LD、LDI 指令

视频 LD、LDI、OUT 指令

(1) LD 指令

LD 指令称为“取指令”。其功能是使动合触点与左母线相连，对应梯形图如图 2-1-7 所示。

图 2-1-7　LD 指令对应梯形图

(2) LDI 指令

LDI 指令称为“取反指令”。其功能是使动断触点与左母线相连，对应梯形图如图 2-1-8 所示。

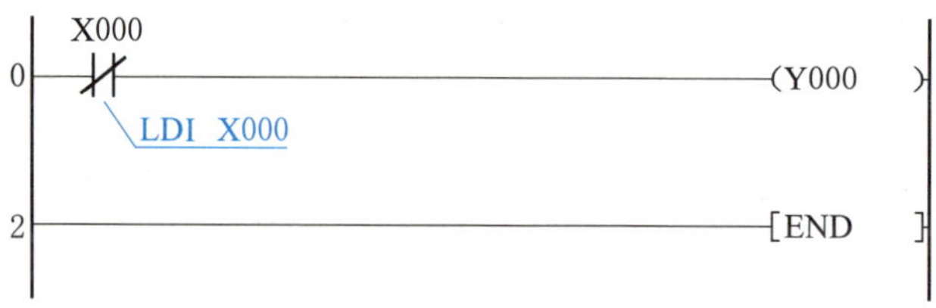

图 2-1-8　LDI 指令对应梯形图

LD 指令和 LDI 指令的操作元件可以是输入继电器(X)、输出继电器(Y)、辅助继电器(M)、状态继电器(S)、定时器(T)以及计数器(C)等。另外，与后文讲到的 ANB、ORB 指令组合,在分支起点处也可使用。

2. OUT 指令

OUT 指令称为“输出指令”或“驱动指令”,对应梯形图如图 2-1-9 所示,适用于将运算结果驱动输出继电器(Y)、辅助继电器(M)、定时器(T)和计数器(C)的线圈,但不能用于输入继电器(X)。OUT 指令可以连续使用,称为并行输出,如图 2-1-10 所示,程序中不允许重复多个 OUT 指令输出同一软元件。OUT 指令用于定时器和计数器的线圈时,必须有常数 K 紧跟,K 分别表示定时时间和计数次数。

图 2-1-9 OUT 指令对应梯形图

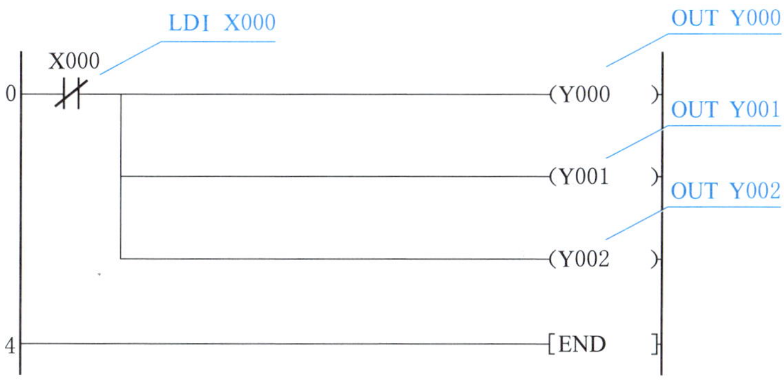

图 2-1-10 并行输出

3. END 指令

END 指令称为“结束指令”,无操作元件。任何一个完整的程序,都需要由 END 指令来结束,若程序中没有 END 指令,程序编译时,会提示错误信息。GX Developer 编程软件具有自动在梯形图或指令表最后添加 END 指令的功能,大大方便了用户的编程。当程序执行到 END 指令时,以后的程序将不再执行,直接进行输出处理,然后继续循环扫描。

注意:在程序调试过程中,可以按段插入 END 指令,顺序检查程序各段的动作情况,确认无误后,再删除多余的 END 指令。

请回答:

1. FX3U 系列 PLC 的编程指令中,LD 指令称为________,LDI 指令称为________,OUT 指令称为________。

2. LDI 指令在程序设计中可用的操作元件是________________。

任务实施

一、绘制 PLC 控制外部接线图

结合前面系统的分析及具体输入、输出继电器的介绍，现对具体任务，即三相交流异步电动机点动 PLC 控制，进行 I/O 地址分配，见表 2-1-1。

表 2-1-1　PLC 的 I/O 地址分配

输　　入			输　　出		
元件符号	输入端子地址	功能	元件符号	输出端子地址	功能
SB1	X0	启动按钮	KM	Y0	交流接触器

根据 PLC 的 I/O 地址分配，连接启动按钮 SB1 及接触器 KM 的线圈，设计出三相交流异步电动机点动 PLC 控制外部接线图，如图 2-1-11 所示（不包含主电路）。

请记录：PLC 控制外部接线图绘制的基本步骤。
步骤一：________
步骤二：________
步骤三：________

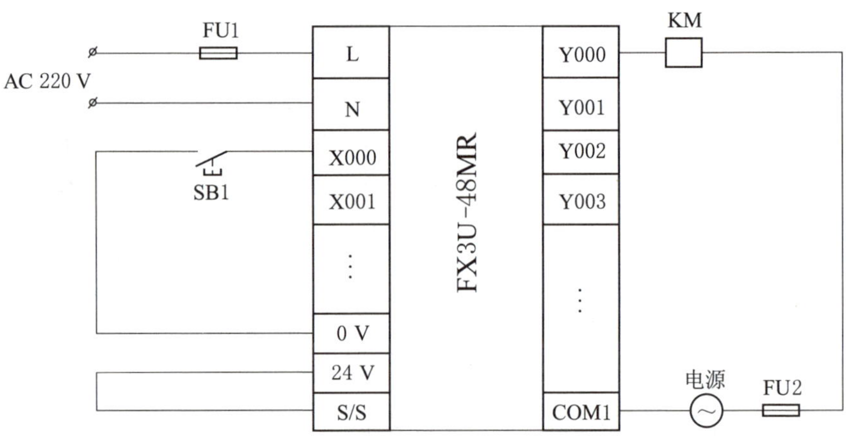

图 2-1-11　PLC 控制外部接线图

注意：PLC 输出回路部分中选用的 KM 线圈额定电压为 AC 220 V。

二、设计 PLC 控制程序

视频
点动程序仿真分析

结合三相交流异步电动机点动控制原理设计 PLC 控制梯形图，如图 2-1-12 所示。

从 PLC 控制原理上分析，如图 2-1-13 所示，按下启动按钮 SB1，PLC 输入端子 X0 有信号，动合触点闭合，Y0 接通，使 KM 线圈与外部电源构成通路，驱动 KM 线圈吸合，电动机开始运行，反之 Y0 断开，电动机停止运行。

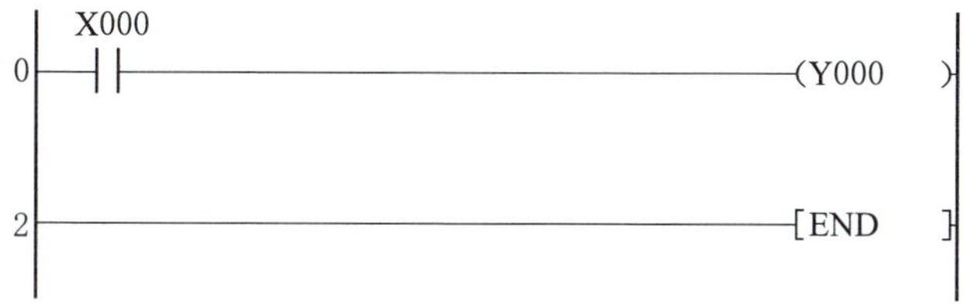

图 2-1-12　PLC 控制梯形图

请记录：电动机点动 PLC 控制原理。

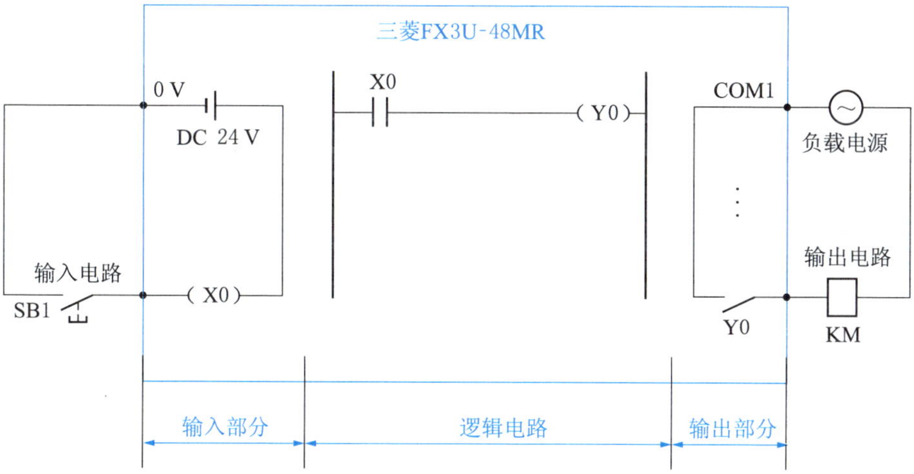

图 2-1-13　PLC 控制原理图

三、编辑与下载 PLC 控制程序

请实践：在 GX Developer 编程软件中，完成具体的程序编辑与下载。

视频
PLC 程序编辑演示 2-1

四、调试 PLC 控制程序

确定 PLC 处于正常的运行状态，按下及松开启动按钮 SB1，观察 PLC 输入输出指示灯及接触器 KM 的变化，调试结果填入表 2-1-2。

表 2-1-2　PLC 控制程序调试结果记录表

步骤	操作内容	观察内容		
		输入指示灯状态	输出指示灯状态	接触器 KM 线圈状态
1				
2				

请记录：电动机点动 PLC 控制调试的故障及原因分析。

知识拓展

1. 梯形图与指令表的直接切换

在 GX Developer 编程软件中，如何完成梯形图与指令表的直接切换呢？

要实现在 GX Developer 编程软件中直接进行梯形图与指令表之间的切换，操作十分简单。值得注意的是，只有经过变换（编译）后的梯形图才能进行指令表的切换。单击“梯形图/指令表显示切换”图标，在程序编辑区则可显示切换好的指令表，如图 2-1-14 所示。若再次单击该图标，则又切换为梯形图程序。

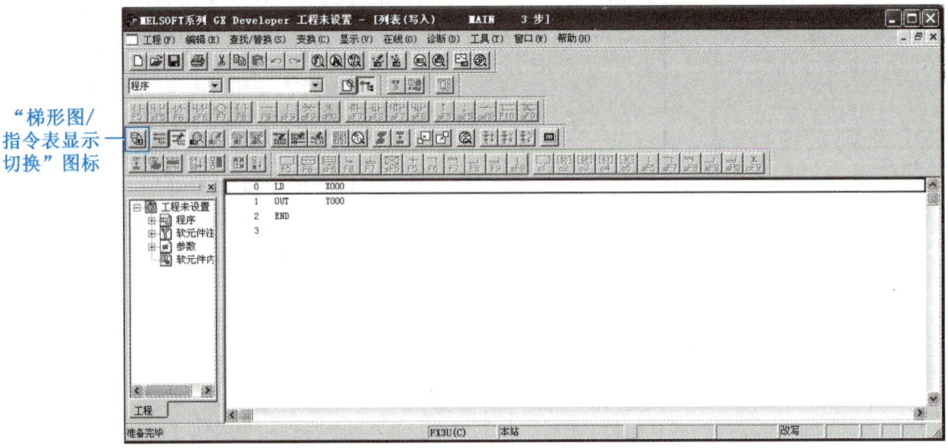

图 2-1-14　电动机点动 PLC 控制指令表

2. 梯形图编辑时要记住的编程规则

① 触点只能与左母线相连，不能与右母线相连，具体解释如图 2-1-15 所示。

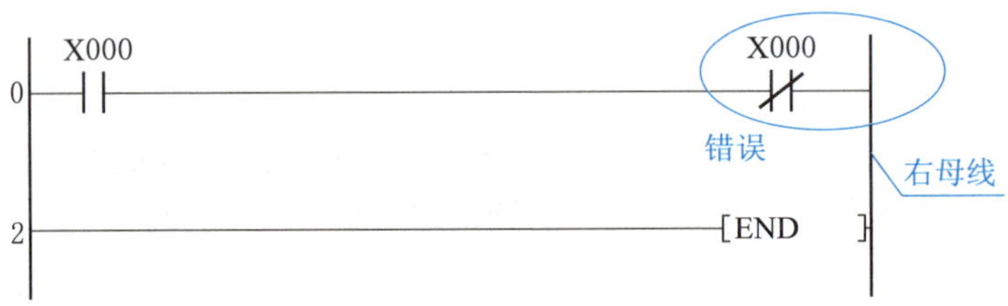

图 2-1-15　程序触点编程规则

② 线圈只能与右母线相连，不能直接与左母线相连，具体解释如图 2-1-16 所示。

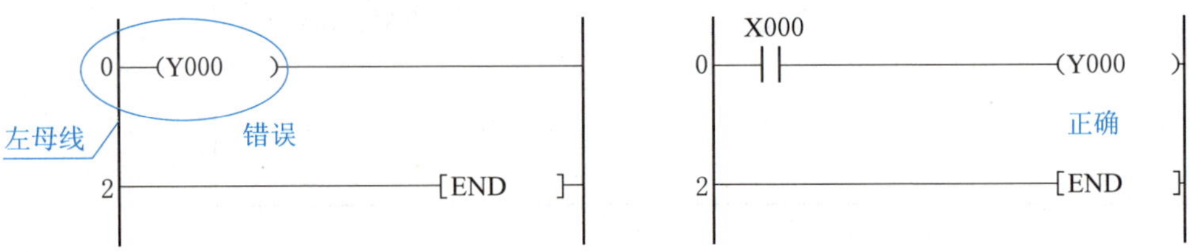

图 2-1-16　程序线圈编程规则 1

③ 线圈可以并联，但不能串联，具体解释如图 2-1-17 所示。

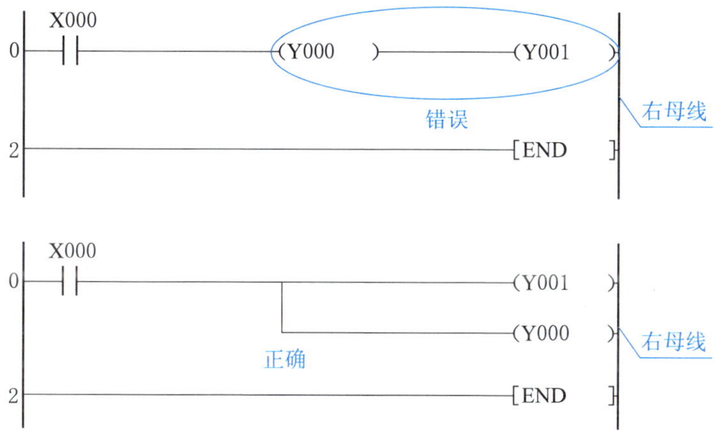

图 2-1-17　程序线圈编程规则 2

④ 合理设计梯形图，程序的编写应按照自上而下、从左到右的方式编写，如图 2-1-18 所示。

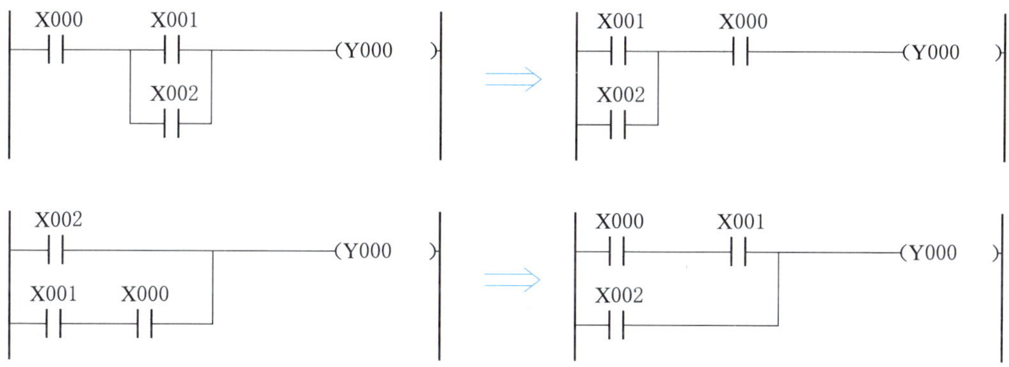

图 2-1-18　程序的合理设计

⑤ 应尽量避免双线圈输出，具体示例如图 2-1-19 所示。

图 2-1-19　双线圈输出

程序中，同一个编程软元件的线圈使用了两次或多次，称为双线圈输出。图 2-1-20 中有输出继电器 Y0 的两个线圈，在同一个扫描周期，两个线圈的逻辑运算结果可能刚好相反，即 Y0 线圈一个“断电”，一个“通电”。因为在程序执行完后才将 Y0 的通断(ON/OFF)状态送到输出模块，对于 Y0 控制的外部负载来说，真正起作用的是最后一个 Y0 线圈的状态。

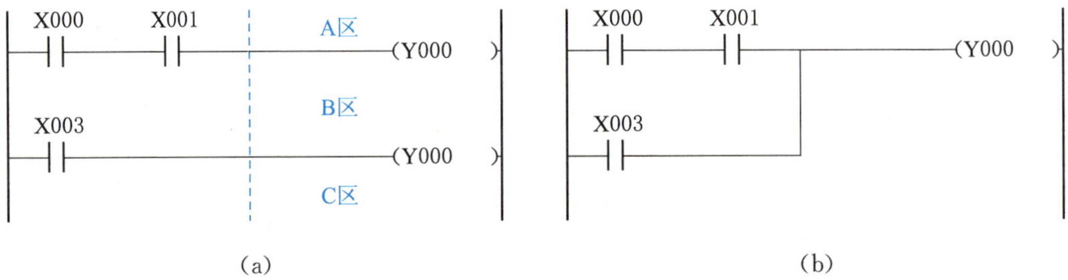

图 2-1-20　双线圈输出处理

由 PLC 的工作原理可知，PLC 程序执行的结果(即运算得到的线圈的通断状态)，马上就可以被后面的逻辑运算使用。Y0 线圈的通断状态除了对外部负载起作用外，通过其触点，还可能对程序中别的元件的状态产生影响。图 2-1-20(a)中 Y0 两个线圈所在的电路将梯形图划分为 3 个区域。因为 PLC 是循环执行程序的，A 区和 C 区中 Y0 的状态相同。如果两个线圈的通断状态相反，不同区域中 Y0 触点的状态也是相反的，可能使程序运行异常，如双线圈引起的输出继电器快速振荡的异常现象。所以一般应避免出现双线圈输出现象，可以将图 2-1-20(a)改为图 2-1-20(b)。

在这里要强调的是，如果同一元件的线圈分别在不同的程序段中(如自动程序和手动程序)，也不能用上述方法来处理双线圈问题，需要借助到中间继电器来辅助解决此类问题。同时只要能保证在同一扫描周期内只执行其中一个线圈对应的逻辑运算，这样的双线圈输出是允许的，这将在后面的项目中进行介绍。

互动练习

在线知识测评 2-1

任务二　三相交流异步电动机的连续运行控制

任务描述

假如在学校广场要安装一个小型喷泉，其中，水泵是一台小功率三相异步电动机，要求按下启动按钮，喷泉连续喷水，按下停止按钮，喷泉停止，如图 2-2-1 所示，下面介绍用 PLC 实现水泵的控制。

视频
电动机连续运行动作过程

动画
电动机连续运行功能演示

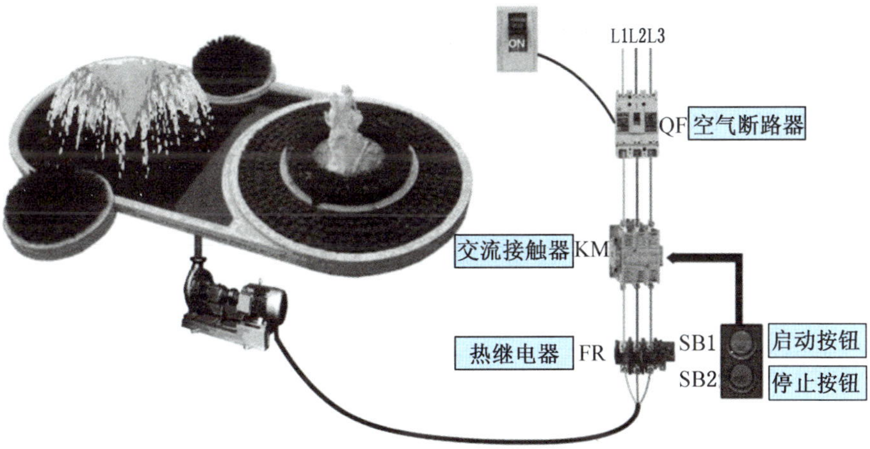

图 2-2-1　喷泉示意图

根据上述任务描述可知，水泵的控制为电动机的单向连续运行控制，其电气原理图如图 2-2-2 所示。

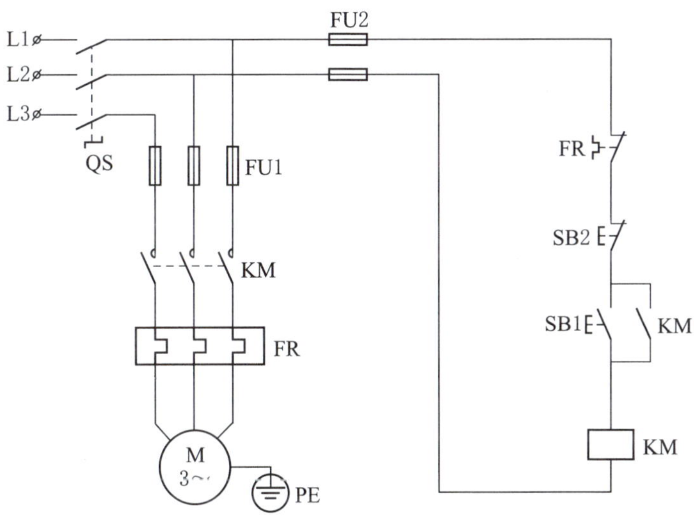

图 2-2-2　电动机单向连续运行控制电气原理图

工作原理分析：按下启动按钮 SB1，接触器 KM 线圈得电，主触点闭合，动合辅助触点闭合自锁，电动机连续运行；按下停止按钮 SB2，接触器 KM 线圈失电，主触点断开，电动机停止运行。

任务要求：基于 PLC 完成上述电动机单向连续运行的控制。

任务分析

采用 PLC 实现三相交流异步电动机的连续运行控制，关键在于用 PLC 控制替代图 2-2-2 中的继电器-接触器控制电路，具体的设计方法按照以下几个步骤执行：

① 认识和学习 AND、ANI、OR、ORI、SET、RST 基本指令。

② 根据任务要求，确定输入输出设备的数量、种类及特点，并进行 I/O 地址的分配。

③ 根据所确定的 I/O 地址完成 PLC 控制外部接线图的绘制，并完成电路的连接。

④ 根据控制要求设计 PLC 程序（梯形图和指令表），完成系统的运行与调试。

知识链接

一、学习基本指令 AND、ANI、OR、ORI

视频
AND、ANI、OR、ORI 指令

1. AND、ANI 指令

（1）指令含义

AND 指令称为“与指令”，用于串联单个动合触点，操作元件为：X、Y、M、S、T、C。

ANI（AND inverse）指令称为“与反指令”，用于串联单个动断触点，操作元件为：X、Y、M、S、T、C。

（2）指令用法示例

AND 指令用法示例如图 2-2-3 所示。

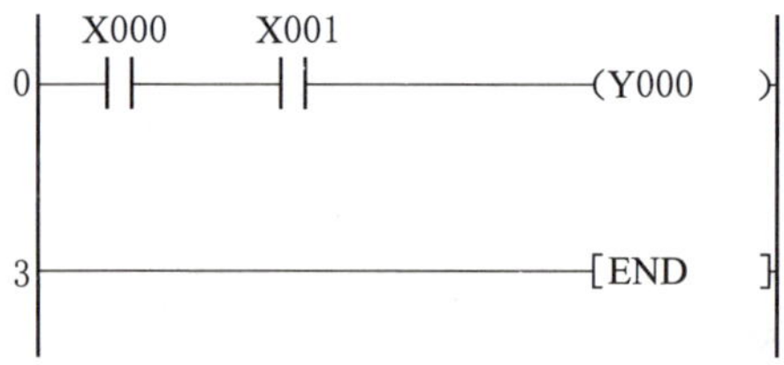


```
0    LD     X000
1    AND    X001
2    OUT    Y000
3    END
```

图 2-2-3　AND 指令用法示例

ANI 指令用法示例如图 2-2-4 所示。

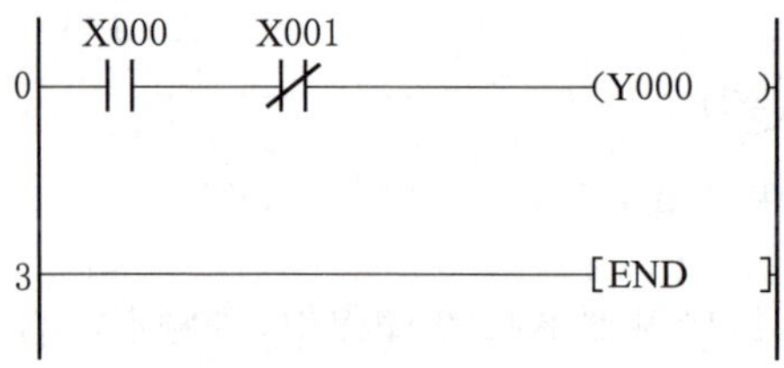


```
0    LD     X000
1    ANI    X001
2    OUT    Y000
3    END
```

图 2-2-4　ANI 指令用法示例

【例题 1】 分析如图 2-2-5 所示梯形图，写出对应的指令表。

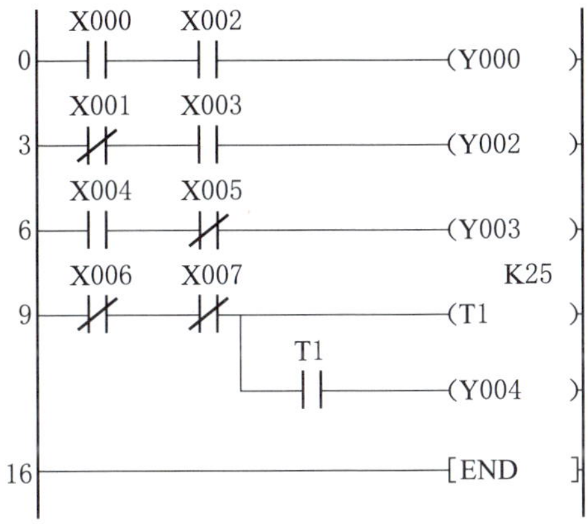

步序	指令	元件	
0	LD	X000	
1	AND	X002	
2	OUT	Y000	
3	LDI	X001	
4	AND	X003	
5	OUT	Y002	
6	LD	X004	
7	ANI	X005	
8	OUT	Y003	
9	LDI	X006	
10	ANI	X007	
11	OUT	T1	K25
14	AND	T1	
15	OUT	Y004	
16	END		

图 2-2-5　AND、ANI 指令例题梯形图及指令表

分析：

① 当 X0 接通，X2 接通时，Y0 接通，X2 对应 AND 指令。

② 当 X1 断开，X3 接通时，Y2 接通，X3 对应 AND 指令。

③ 当 X4 接通，X5 断开时，Y3 接通，X5 对应 ANI 指令。

④ 当 X6 断开，X7 断开，同时达到 2.5 s 时间，T1 接通，Y4 接通，X7 对应 ANI 指令，T1 对应 AND 指令。

（3）指令说明

① AND、ANI 指令用作 1 个触点的串联。串联触点的数量不受限制，可以连续使用。

② 当继电器的动合触点或动断触点与其他继电器的触点组成的电路块串联时，也使用 AND 指令或 ANI 指令。关于电路块的说明将在后面的任务中进行介绍。

2. OR、ORI 指令

（1）指令含义

OR 指令称为“或指令”，用于并联单个动合触点，操作元件为：X、Y、M、S、T、C。

ORI(OR inverse)指令称为“或反指令”，用于并联单个动断触点，操作元件为：X、Y、M、S、T、C。

（2）指令用法示例

OR 指令用法示例如图 2-2-6 所示。

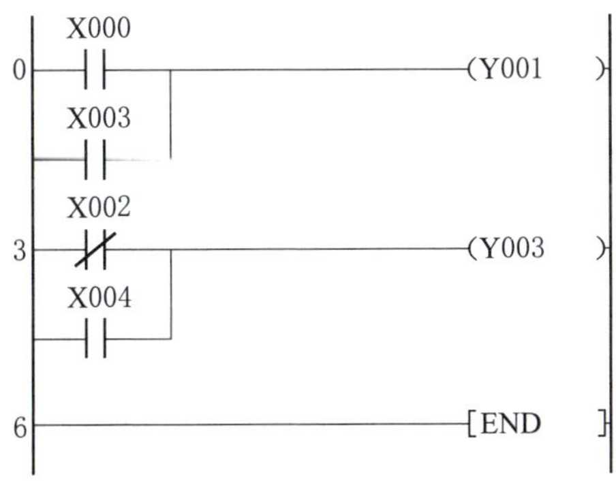

步序	指令	元件
0	LD	X000
1	OR	X003
2	OUT	Y001
3	LDI	X002
4	OR	X004
5	OUT	Y003
6	END	

图 2-2-6　OR 指令用法示例

说明：当 X0 或 X3 接通时，Y1 接通；当 X2 断开或 X4 接通时，Y3 接通。

ORI 指令用法示例如图 2-2-7 所示。

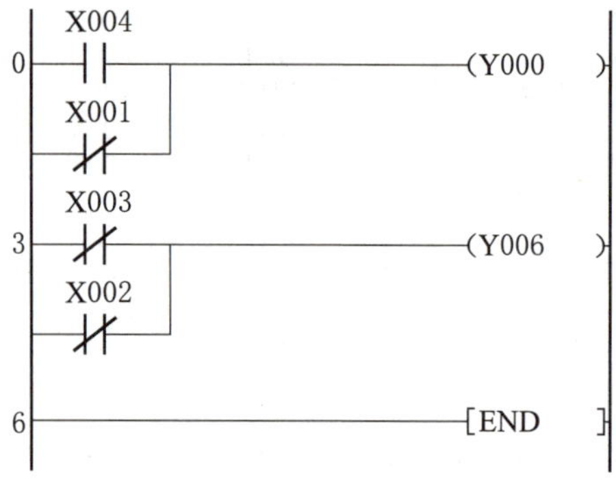

0	LD	X004
1	ORI	X001
2	OUT	Y000
3	LDI	X003
4	ORI	X002
5	OUT	Y006
6	END	

图 2-2-7　ORI 指令用法示例

说明：当 X4 接通或 X1 断开时，Y0 接通；当 X3 或 X2 断开时，Y6 接通。

【例题 2】 分析如图 2-2-8 所示梯形图，写出对应的指令表。

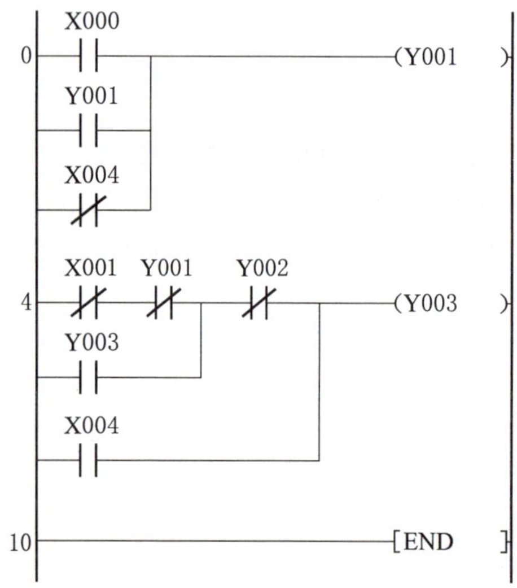

0	LD	X000
1	OR	Y001
2	ORI	X004
3	OUT	Y001
4	LDI	X001
5	ANI	Y001
6	OR	Y003
7	ANI	Y002
8	OR	X004
9	OUT	Y003
10	END	

图 2-2-8　OR、ORI 指令例题梯形图及指令表

分析：

① X0 动合触点与 Y1 动合触点、X4 动断触点相互并联，驱动线圈 Y1，故 Y1 动合触点、X4 动断触点对应于 OR、ORI 指令。

② X1 动断触点与 Y1 动断触点串联，后与 Y3 动合触点并联，然后与 Y2 动断触点串联，最后与 X4 动合触点并联，驱动线圈 Y3，故 Y3 动合触点、X4 动合触点均对应于 OR 指令。

（3）指令说明

① OR、ORI 指令用作 1 个触点的并联。

② OR、ORI 指令可以连续使用，并且不受使用次数的限制，如图 2-2-9 所示。

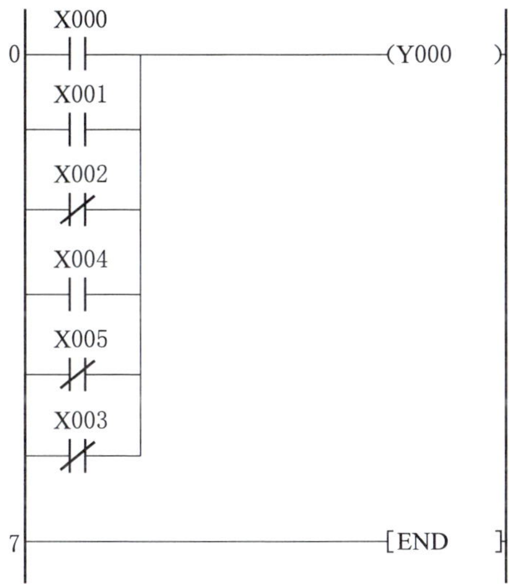

```
0    LD     X000
1    OR     X001
2    ORI    X002
3    OR     X004
4    ORI    X005
5    ORI    X003
6    OUT    Y000
7    END
```

图 2-2-9　OR、ORI 指令连续使用示意图

③ OR、ORI 指令是从该指令的步开始，与前面的 LD、LDI 指令的步进行并联。

④ 当继电器的动合触点或动断触点与其他继电器的触点组成的混联电路块并联时，也可以用 OR、ORI 指令。

请回答：

1. FX3U 系列 PLC 的 AND 指令的指令含义是________、ANI 指令的指令含义是________。

2. FX3U 系列 PLC 的 ANI 指令用于______个动断触点的串联，在程序设计中可以使用______次。

任务实施

一、绘制 PLC 控制外部接线图

由图 2-2-2 可知，电路中含有 2 个控制按钮（启动按钮 SB1 和停止按钮 SB2）以及接触器 KM。整个系统输入点数为 2 点，输出点数为 1 点。具体的 I/O 地址分配见表 2-2-1。

请记录：PLC 控制外部接线图绘制的基本步骤。

步骤一：________

步骤二：________

步骤三：________

表 2-2-1　PLC 的 I/O 地址分配

输入			输出		
元件符号	输入端子地址	功能	元件符号	输出端子地址	功能
SB1	X1	启动按钮	KM	Y0	交流接触器
SB2	X2	停止按钮			

根据 PLC 的 I/O 地址分配，绘制出连续运行 PLC 控制外部接线图，如图 2-2-10 所示。

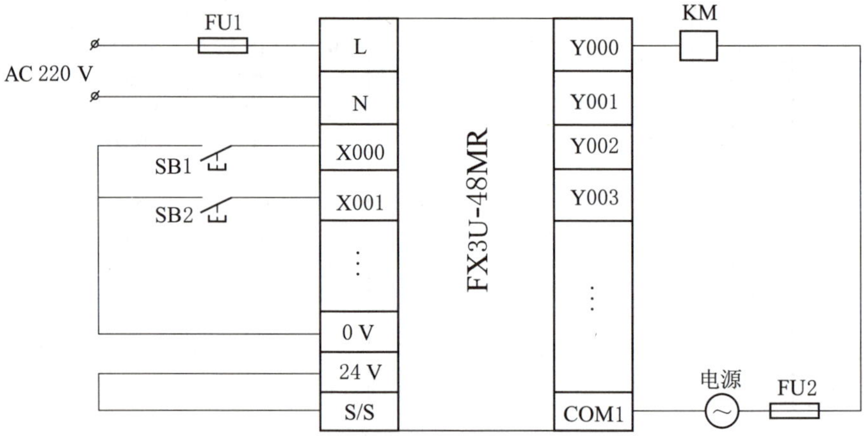

图 2-2-10　PLC 控制外部接线图

二、设计 PLC 控制程序

1. 梯形图设计

请记录：电动机连续运行 PLC 控制原理。

本任务是在任务一的基础上增加了自锁和停止功能，故可分两步进行：

步骤一：在点动 PLC 控制程序的基础上增加自锁功能，如图 2-2-11（a）所示。

步骤二：再增加停止功能，如图 2-2-11(b)所示。

视频
电动机连续运行程序仿真分析

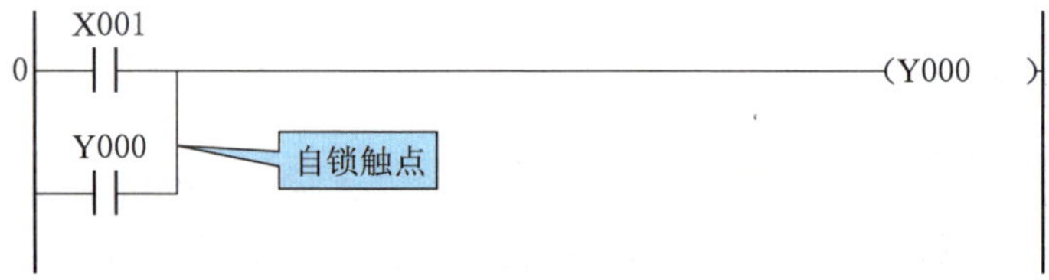

（a）自锁功能

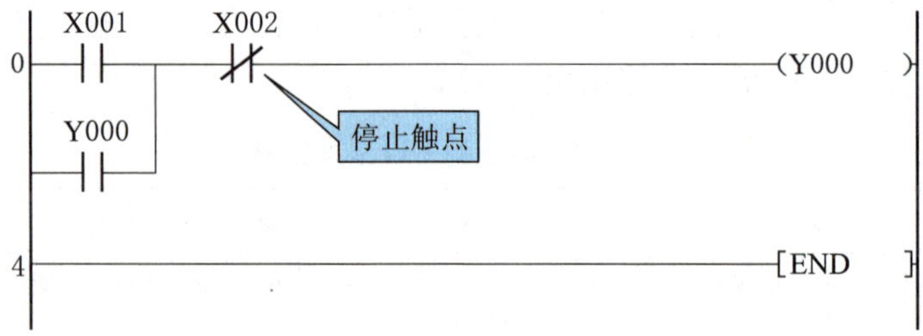

（b）停止功能

图 2-2-11　PLC 控制梯形图

2. 指令表

根据梯形图写出指令表，见表 2-2-2。

表 2-2-2　指令表

步　序	指　令	步　序	指　令
0	LD　　X001	3	OUT　　Y000
1	OR　　Y000	4	END
2	ANI　　X002		

三、编辑与下载 PLC 控制程序

视频

PLC 程序编辑演示 2-2

请实践：在 GX Developer 编程软件中，完成具体的程序编辑与下载。

四、调试 PLC 控制程序

确定 PLC 处于正常的运行状态，按下及松开启动按钮 SB1，观察 PLC 输入输出指示灯及接触器 KM 的变化，调试结果填入表 2-2-3。

表 2-2-3　PLC 控制程序调试结果记录表

步骤	操作内容	观　察　内　容		
		输入指示灯状态	输出指示灯状态	接触器 KM 线圈状态
1				
2				

请记录：电动机连续运行 PLC 控制调试的故障及原因分析。

知识拓展

在前面的学习中，已了解到自锁可以使动作保持。要实现自锁控制，PLC 控制系统中经常用到的比较方便的指令是：SET（置位）及 RST（复位）指令。

1. 指令含义

SET 指令称为“置位指令”，功能为驱动线圈输出，使动作保持，具有自锁功能，操作元件为：Y、M、S。

RST 指令称为“复位指令”，功能为清除保持的动作，以及寄存器清零，操作元件为：Y、M、S、T、C、D。

2. 指令用法示例

SET、RST 指令用法示例如图 2-2-12 所示。

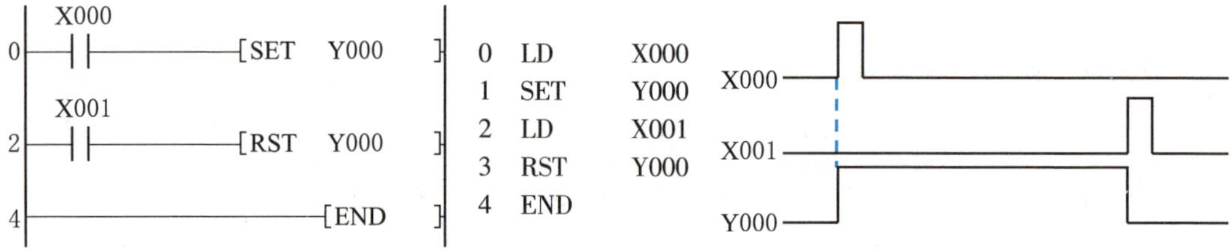

图 2-2-12　SET、RST 指令用法示例

说明：

① 当 X0 接通时，Y0 接通并自保持接通。

② 当 X1 接通时，Y0 清除保持。

3. 指令说明

① 用 SET 指令使软元件接通后，必须要用 RST 指令才能使其断开。

② 如果二者对同一软元件操作的执行条件同时满足，则复位优先。

③ 对数据寄存器(D)、变址寄存器(V、Z)的内容清零时，也可使用 RST 指令。

④ 积算定时器的当前值复位和触点复位也可用 RST 指令。

4. 运用 SET、RST 指令完成程序控制

(1) 梯形图设计

根据任务要求可知，当按下启动按钮时，利用 SET 指令使输出为 **1**，接触器 KM 线圈得电，电动机运行，当按下停止按钮时，利用 RST 指令使输出复位，接触器 KM 线圈失电，电动机停止运行，参考梯形图如图 2-2-13 所示。

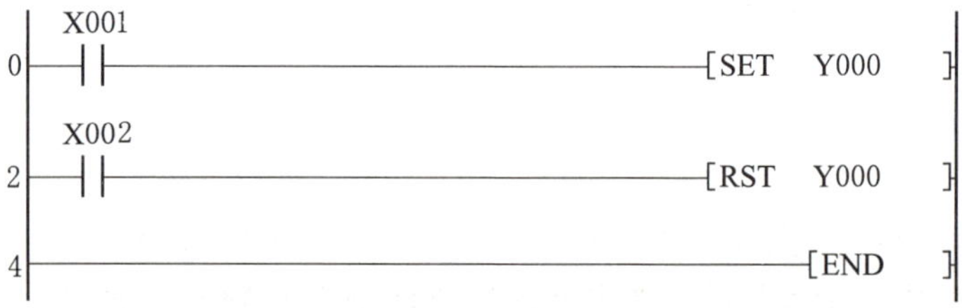

图 2-2-13　参考梯形图

在 GX Developer 编程软件中，针对程序中 SET、RST 指令的编辑，可将光标移至所需位置并双击，选择“-[ ]-”，先输入 SET 或 RST，再按空格键，最后输入目标元件即可，如图 2-2-14 所示。

图 2-2-14　SET、RST 指令编辑示意图

(2) 指令表

根据梯形图写出指令表，见表 2-2-4。

表 2-2-4　指令表

步　序	指　令	步　序	指　令
0	LD　X001	3	RST　Y000
1	SET　Y000	4	END
2	LD　X002		

互动练习
在线知识测评 2-2

任务三　三相交流异步电动机的点动与连续运行控制

任务描述

视频
电动机点动与连续运行动作过程

动画
电动机点动与连续运行功能演示

电动机的点动控制与连续运行控制在实际生活中应用较为广泛，但有些场合对于同一台电动机需要同时具备点动与连续运行控制功能。例如，在车间内下放重物，开始下放时电动机连续运行，当重物接近地面时采用点动控制。因此，需要在如图 2-2-2 所示电路的基础上增加一个启动按钮，并且为了实现同时具备点动与连续运行控制功能，采用中间继电器，其电气原理图如图 2-3-1 所示。

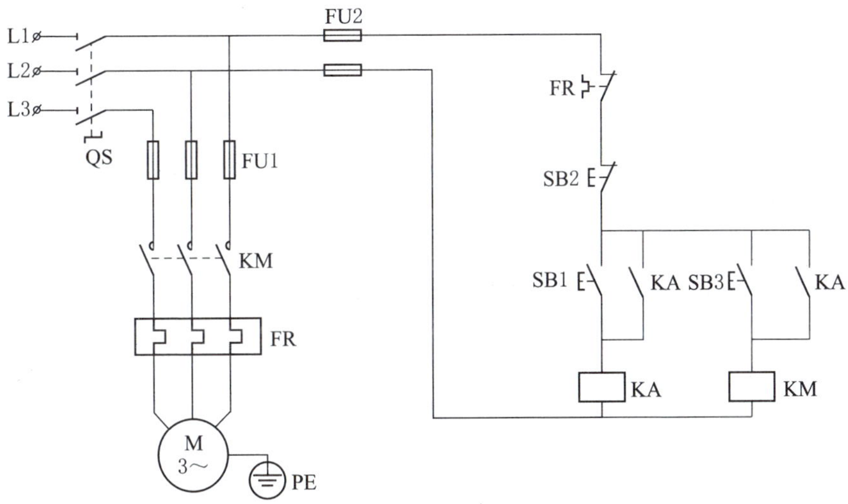

图 2-3-1　电动机点动与连续运行控制电气原理图

工作原理分析：按下启动按钮SB1，中间继电器KA线圈得电，主触点吸合，自锁触点闭合自锁，并使交流接触器KM线圈连续得电，电动机连续运行；按下停止按钮SB2，交流接触器KM线圈失电，电动机停止运行；按下点动按钮SB3，交流接触器KM线圈得电但不自锁，电动机点动运行。

任务要求：基于PLC完成上述电动机单向点动与连续运行的控制。

任务分析

采用PLC实现三相交流异步电动机的点动与连续运行控制时，关键在于用PLC控制替代图2-3-1中的继电器-接触器控制电路，具体的设计方法按照以下几个步骤执行：

① 认识和学习辅助继电器M。

② 根据任务要求，确定输入输出设备的数量、种类及特点，并进行I/O地址的分配。

③ 根据所确定的I/O地址完成PLC控制外部接线图的绘制，并完成电路的连接。

④ 根据控制要求设计PLC控制程序（梯形图和指令表），完成系统的运行与调试。

知识链接

一、认识辅助继电器(M)

与输出继电器一样，辅助继电器只能由程序驱动，但它不能直接驱动外部负载，用M表示。

1. 辅助继电器(M)的功能和编号

① PLC内部有很多辅助继电器(M)。FX系列PLC有1 024个常用的辅助继电器和256个特殊用途的辅助继电器。

② 辅助继电器的功能相当于各种中间继电器，可以由其他各种软元件驱动，也可驱动其他各种软元件。

③ 辅助继电器有动合和动断两种触点，可以无限次使用。

④ 辅助继电器的编号采用十进制进行编号。

2. 通用辅助继电器(M0～M499)

FX3U系列PLC通用辅助继电器的编号范围是M0～M499，共500点。

通用辅助继电器在PLC运行时，如果电源突然断电，则全部线圈均失电，没有断电保护功能。通用辅助继电器常在逻辑运算中作为辅助运算、状态暂存、移位等，作用与继电器控制系统中的中间继电器相似。

【例题1】 通用辅助继电器应用示例如图2-3-2所示。

基本控制原理：输入继电器(X)通过程序驱动辅助继电器(M)，由辅助继电器(M)去控制输出继电器(Y)。如图2-3-2所示，输入继电器X0通过程序驱动辅助继电器M0，输入继电器X2驱动辅助继电器M1，后有M0及M1控制输出继电器Y0。

3. 断电保持辅助继电器(M500～M1023)

FX3U系列PLC有M500～M1023共524个断电保持辅助继电器。与通用辅助继电器不同的是，断电保持辅助继电器具有断电保护功能，即能记忆断电瞬时的状态，并在重新得电后恢复断电前的状态。

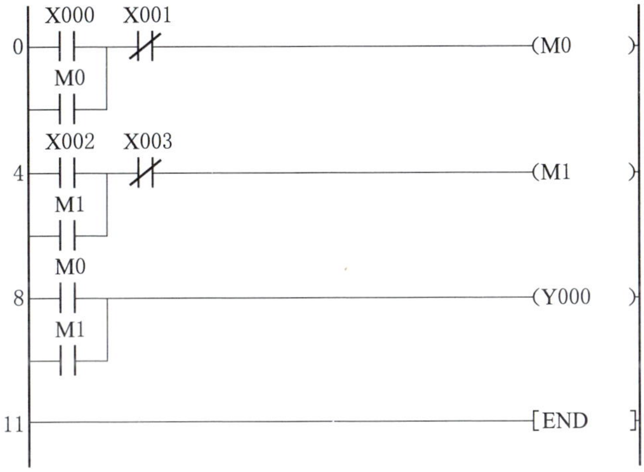

0	LD	X000
1	OR	M0
2	ANI	X001
3	OUT	M0
4	LD	X002
5	OR	M1
6	ANI	X003
7	OUT	M1
8	LD	M0
9	OR	M1
10	OUT	Y000
11	END	

图 2-3-2　通用辅助继电器应用示例

【例题 2】 断电保持辅助继电器应用示例如图 2-3-3 所示。

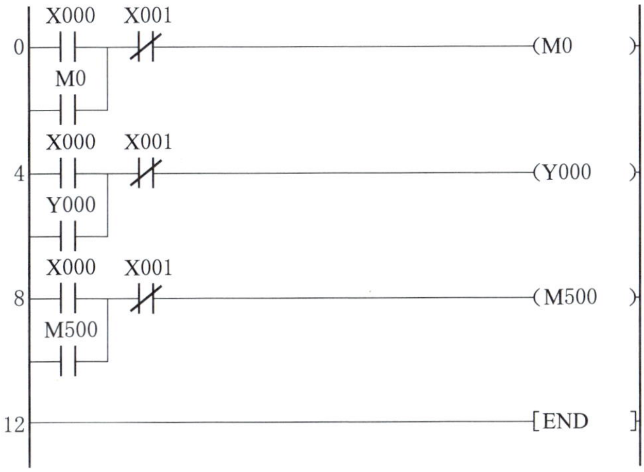

0	LD	X000
1	OR	M0
2	ANI	X001
3	OUT	M0
4	LD	X000
5	OR	Y000
6	ANI	X001
7	OUT	Y000
8	LD	X000
9	OR	M500
10	ANI	X001
11	OUT	M500
12	END	

图 2-3-3　断电保持辅助继电器应用示例

在图 2-3-3 中，当 X0 接通时，M0、Y0、M500 线圈均得电，若此时突然断电，则 M0、Y0、M500 线圈均失电，当重新来电，PLC 运行时，M0 和 Y0 线圈仍处于断开状态，但 M500 线圈将恢复成断电之前的状态。

请回答：

1. FX 系列 PLC 有________个辅助继电器，辅助继电器的符号是________。
2. FX 系列 PLC 辅助继电器采用________进制数编号，动合和动断触点在程序设计中可以使用________次。

请记录：PLC 控制外部接线图绘制的基本要点。

要点一：________

要点二：________

要点三：________

任务实施

一、绘制 PLC 控制外部接线图

由图 2-3-1 可知，电路中含有 3 个控制按钮(1 个启动按钮、1 个点动按钮和 1 个停止按钮)以及 1 个接触器 KM。整个系统输入点数为 3 点，输出点数为 1 点。具体的 I/O 地址分配见表 2-3-1。

表 2-3-1　PLC 的 I/O 地址分配

输入			输出		
元件符号	输入端子地址	功能	元件符号	输出端子地址	功能
SB1	X1	启动按钮	KM	Y0	交流接触器
SB2	X2	停止按钮			
SB3	X3	点动按钮			

根据 PLC 的 I/O 地址分配，绘制出点动与连续运行 PLC 控制外部接线图，如图 2-3-4 所示。

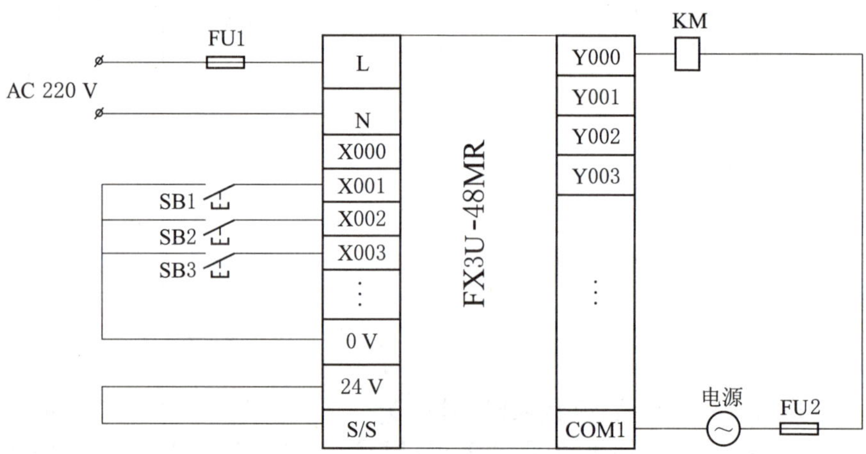

图 2-3-4　PLC 控制外部接线图

二、设计 PLC 控制程序

由于本任务是任务一和任务二的综合，故可结合前两个任务的程序。

视频
电动机点动与连续运行程序仿真分析

1. 梯形图(图 2-3-5)

图 2-3-5　PLC 控制梯形图

2. 指令表(表 2-3-2)

表 2-3-2　指令表

步　序	指　令		步　序	指　令	
0	LD	X001	5	OR	M0
1	OR	M0	6	ANI	X002
2	ANI	X002	7	OUT	Y000
3	OUT	M0	8	END	
4	LD	X003			

请记录:电动机点动与连续运行 PLC 控制原理。

三、编辑与下载 PLC 控制程序

请实践:在 GX Developer 编程软件中,完成具体的程序编辑与下载。

视频

PLC 程序编辑演示 2-3

四、调试 PLC 控制程序

确定 PLC 处于正常的运行状态,分别按下按钮 SB1、SB2 和 SB3,观察 PLC 输入输出指示灯及接触器 KM 的变化,调试结果填入表 2-3-3。

表 2-3-3　PLC 控制程序调试结果记录表

步骤	操作内容	观　察　内　容		
		输入指示灯状态	输出指示灯状态	接触器 KM 线圈状态
1				
2				
3				
4				

请记录:电动机点动与连续运行 PLC 控制调试的故障及原因分析。

知识拓展

FX3U 系列 PLC 有 256 个特殊辅助继电器，它们都有各自的特殊功能，可分成触点型和线圈型两大类。特殊辅助继电器具有特殊功能，为用户编写程序提供方便，下面介绍几种常用的特殊辅助继电器。

(1) 触点型：其线圈由 PLC 自动驱动，用户只可使用其触点。

① M8000 为运行监控继电器。当 PLC 运行时，M8000 自动处于接通状态，当 PLC 停止运行时，M8000 处于断开状态，因此可以利用 M8000 的触点经输出继电器(Y)在外部显示程序是否运行，起到 PLC 运行监控的作用。M8000 功能示意图如图 2-3-6 所示。

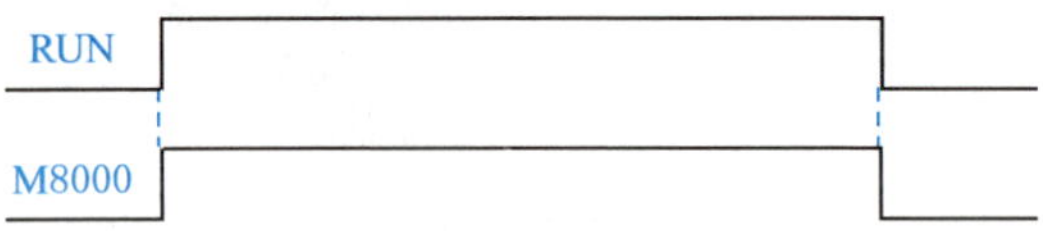

图 2-3-6　M8000 功能示意图

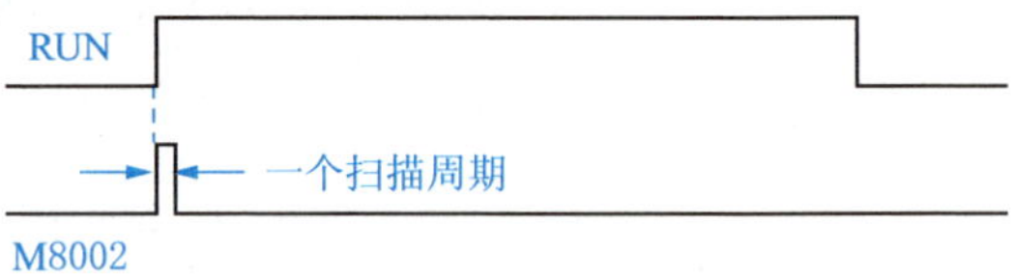

图 2-3-7　M8002 功能示意图

② M8002 为初始化脉冲继电器。当 PLC 运行开始时，M8002 就接通，自动发出宽度为一个扫描周期的脉冲信号。M8002 常用作计数器、保持继电器等的初始化信号，其功能示意图如图 2-3-7 所示。

③ M8011、M8012、M8013、M8014 分别为 10 ms、100 ms、1 s、1 min 时钟脉冲发生器，其功能示意图如图 2-3-8 所示。

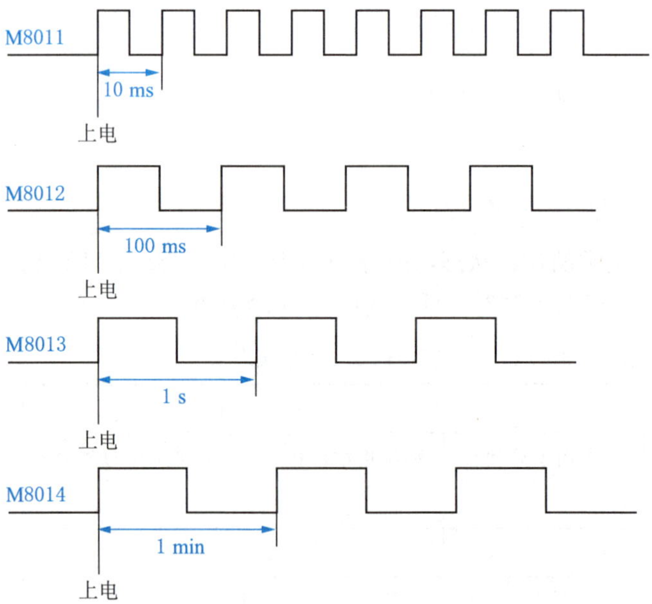

图 2-3-8　M8011、M8012、M8013、M8014 功能示意图

（2）线圈型：由用户程序驱动线圈后，PLC 执行特定的动作。

① M8033 为 PLC 停止时输出保持特殊辅助继电器。当程序执行时，一旦 M8033 接通，如果 PLC 由 RUN 状态切换到 STOP 状态，程序存储器和数据存储器中的内容将保留下来。这种情况主要用于 PLC 由 STOP 状态切换到 RUN 状态时，能够继续按之前的步序和数据运行，而不至于需要从头再来。

② M8034 为禁止全部输出继电器。当程序执行时，一旦 M8034 接通，所有输出继电器（Y）的输出自动断开，使 PLC 没有输出，但这并不影响 PLC 内部程序的执行。M8034 常用于控制系统出现故障时切断输出而保留 PLC 内部程序正常执行。

互动练习

在线知识测评 2-3

以上特殊辅助继电器的动合、动断触点在 PLC 编程时可以无限次使用，未被定义的辅助继电器不能使用，更多的特殊辅助继电器将在后面的任务中逐步介绍。

知识测评

一、选择题

1. SET 指令不能输出控制的继电器是（　　）。

A. Y　　B. D　　C. M　　D. S

2. 梯形图程序执行的顺序是（　　）。

A. 从左到右，从上到下　　B. 从右到左，从上到下

C. 从右到左，从下到上　　D. 不分顺序同时执行

3. OUT 指令对于（　　）是不能使用的。

A. 输入继电器　　B. 输出继电器　　C. 辅助继电器　　D. 状态继电器

4. M8013 归类于（　　）。

A. 普通继电器　　B. 计数器　　C. 特殊辅助继电器　　D. 高速计数器

5. 下列指令中为“取指令”的是（　　）。

A. LD　　B. LDI　　C. OR　　D. ORI

二、分析设计题

1. 根据题表 2-1 所示指令表，绘制出对应的梯形图。

题表 2-1

步　序	指　令	步　序	指　令
0	LD　X001	5	LD　X004
1	OR　X002	6	ANI　X005
2	AND　X003	7	ORI　M101
3	OR　M100	8	ORI　M1021
4	OUT　Y000	9	OUT　Y001

2. 根据题图 2-1 所示梯形图,写出对应的指令表。

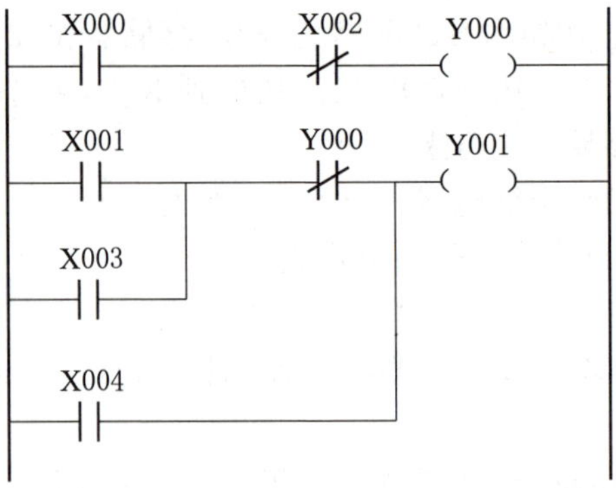

题图 2-1

3. 分析题图 2-2 所示 PLC 程序,并进行正确的补充,具体实现的功能是:当 Y1 得电后,Y2 才能得电,Y1 与 Y2 同时停止。

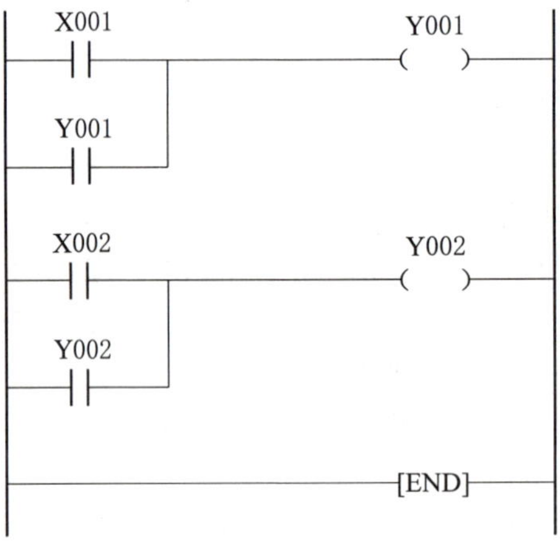

题图 2-2

项目三

三相交流异步电动机基础运行的 PLC 控制

项目导入

本项目主要介绍三相交流异步电动机基础运行的 PLC 控制，包括三相交流异步电动机的正反转控制、星-三角压降启动控制、单按钮实现的启停控制，涉及 FX3U 系列 PLC 内部软元件 T、C、D 的认识及 MPS、MRD、MPP 基础编程指令的学习。通过三个任务的实践与学习，能懂定时器(T)、计数器(C)的基本原理及具体功能，学会基础编程指令的综合运用。

知识目标

1. 认识定时器(T)，明白通用定时器的工作原理及应用方法；
2. 熟悉堆栈指令 MPS、MRD、MPP 的功能及基本原理；
3. 掌握计数器(C)的功能及应用注意事项。

能力目标

1. 能根据任务要求应用定时器(T)、计数器(C)完成 PLC 控制程序的编写；
2. 会结合程序进行相应时序图的分析与绘制；
3. 能根据程序调试结果进行故障分析和简单排查。

素养目标

1. 养成严谨细致、规范操作的职业习惯；
2. 具备自主探究、敢于尝试的工程实践意识；
3. 形成善于发现问题、积极主动解决问题的专业学习精神。

任务一 三相交流异步电动机的正反转控制

任务描述

在实际工业控制中，会经常遇到电动机的正反转控制，如电梯的上下运行、机床的进退刀、自动伸缩门控制等。图 3-1-1 所示为卷扬机的上下运行控制示意图，控制要求为按下正转启动按钮，电动机正转，小车上行；按下停止按钮，小车停止；按下反转启动按钮，电动机

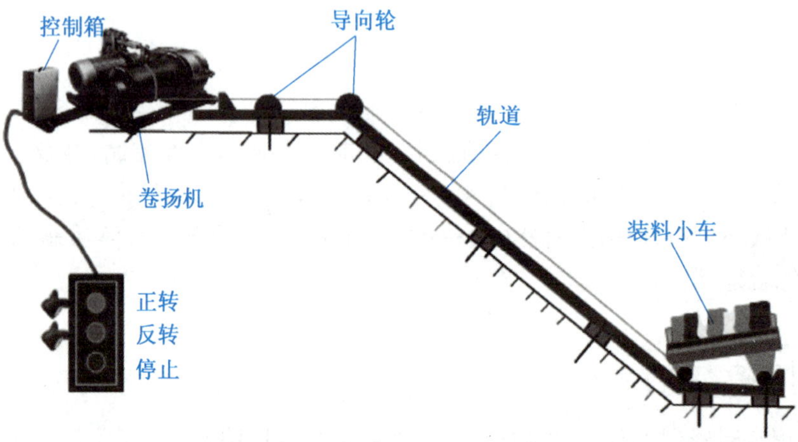

图 3-1-1 卷扬机的上下运行控制示意图

视频
电动机正反转动作过程

动画
电动机正反转功能演示

反转，小车下行；按下停止按钮，小车停止。

根据上述任务描述可知，卷扬机的控制为典型电动机正反转控制，为实现电路的安全可靠运行和易于操作，采用机械、电气双重联锁控制，其电气原理图如图 3-1-2 所示。

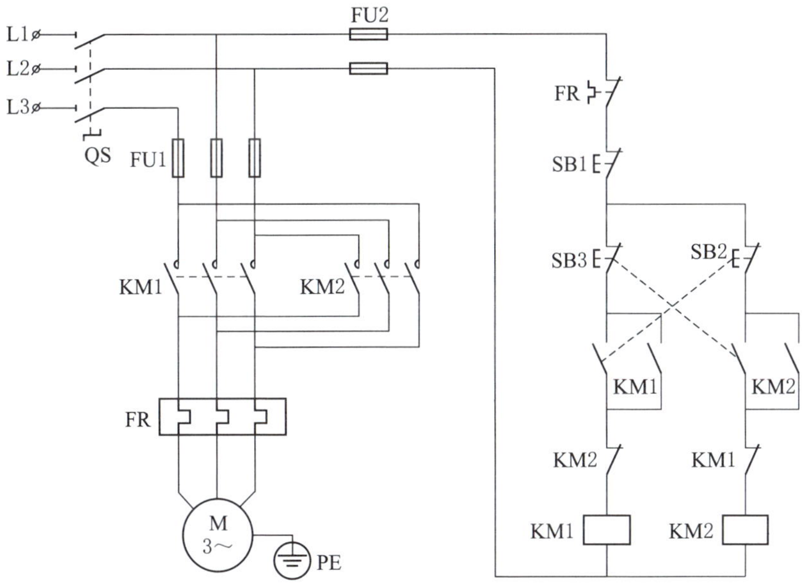

图 3-1-2　三相交流异步电动机正反转控制电气原理图

工作原理分析：按下正转启动按钮 SB2，交流接触器 KM1 吸合，电动机正转连续运转，同时执行相应的联锁保护；按下反转启动按钮 SB3，交流接触器 KM2 吸合，电动机反转连续运转，同时执行相应的联锁保护；按下停止按钮 SB1，接触器 KM1 或接触器 KM2 断开，电动机停止运行。

任务要求：基于 PLC 完成上述电动机正反转连续运行的控制。

任务分析

采用 PLC 实现三相交流异步电动机的正反转控制时，关键在于用 PLC 控制替代图 3-1-2 中的继电器-接触器控制电路，具体的设计方法按照以下几个步骤执行：

① 认识和学习定时器(T)。

② 根据任务要求，确定输入输出设备的数量、种类及特点，并进行 I/O 地址的分配。

③ 根据所确定的 I/O 地址完成 PLC 控制外部接线图的绘制，并完成电路的连接。

④ 根据控制要求设计 PLC 控制程序(梯形图和指令表)，完成系统的运行与调试。

知识链接

视频
定时器(T)

定时器(T)相当于继电器控制系统中的通电延时型时间继电器。定时器中有一个设定值寄存器(一个字长)、一个当前值寄存器(一个字长)和一个用来存储其输出触点的映象寄存器(一个二进制位),这三个量使用同一地址编号,但使用场合不一样,意义也不同。

1. 定时器(T)的功能和编号

① PLC 内部有很多定时器(T)。FX3U 系列 PLC 有 256 个定时器,编号为 T0～T255,每个定时器组件的设定值范围为 1～32 767。

② 定时器通常以用户程序存储器内的常数 K 作为设定值,也可以使用数据寄存器(D)的内容作为设定值。

③ 定时器有动合触点和动断触点两种,可以无限次使用。

④ 定时器的触点能直接驱动外部负载。

⑤ 定时器的编号采用十进制进行编号。

FX3U 系列 PLC 中定时器分为通用定时器和积算定时器两种。它们是通过对一定周期的时钟脉冲进行累计而实现定时的,时钟脉冲有周期为 1 ms、10 ms、100 ms 三种,当计数值达到设定值时触点动作。

2. 通用定时器

通用定时器的特点是不具备断电的保持功能,即当控制电路断开或停电时,定时器复位,分 100 ms 和 10 ms 两种。

(1) 通用定时器的分类

① 100 ms 通用定时器(T0～T199)共 200 点,其中,T192～T199 为子程序和中断服务程序专用定时器。这类定时器是对 100 ms 时钟脉冲累积计数,设定值为 1～32 767,定时范围为 0.1～3 276.7 s。

② 10 ms 通用定时器(T200～T245)共 46 点。这类定时器是对 10 ms 时钟脉冲累积计数,设定值为 1～32 767,定时范围为 0.01～327.67 s。

(2) 通用定时器的工作原理

如图 3-1-3 所示,当 X0 接通时,定时器 T200 从 0 开始对 10 ms 时钟脉冲进行累积计数,当计数值与设定值 K123 相等时,定时器的动合触点接通 Y0,经过的时间为 123 × 0.01 s = 1.23 s。当 X0 断开后,定时器复位,计数值变为 0,其动合触点断开,Y0 也随之断开。若外部电源断电,定时器也将复位。

3. 积算定时器

积算定时器具有计数累积的功能。在定时过程中,假如 PLC 断电或定时器线圈失电,积算定时器将保持当前的计数值(当前值),当 PLC 通电或定时器线圈得电后继续累积计时,即其当前值具有保持功能,只有将积算定时器复位,当前值才变为 0。

(1) 积算定时器的分类

① 1 ms 积算定时器(T246～T249)共 4 点。这类定时器是对 1 ms 时钟脉冲进行累积计数,定时范围为 0.001～32.767 s。

② 100 ms 积算定时器(T250～T255)共 6 点。这类定时器是对 100 ms 时钟脉冲进行累积计数,定时范围为 0.1～3 276.7 s。

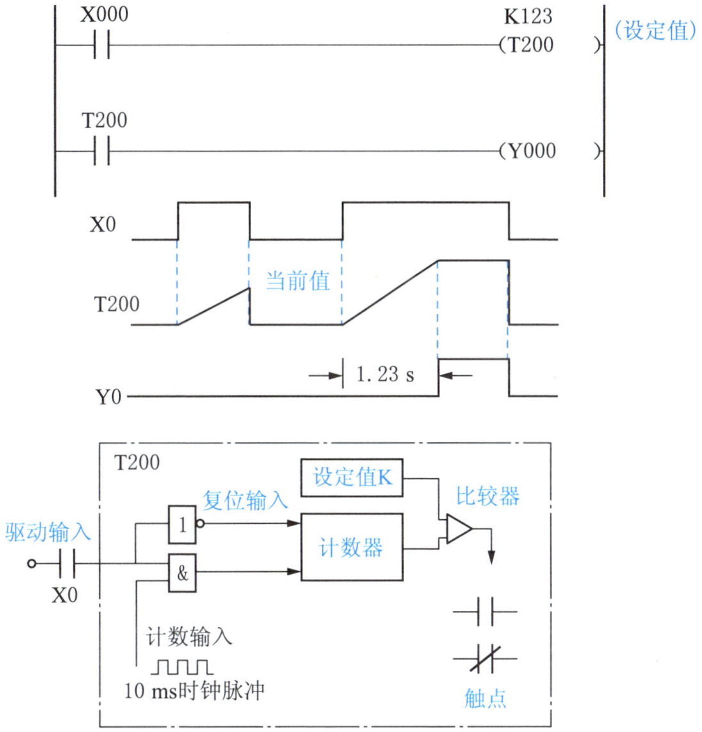

图 3-1-3　通用定时器工作原理

视频
延时控制程序仿真分析

（2）积算定时器的工作原理

如图 3-1-4 所示，当 X0 接通时，T253 当前值计数器开始累积 100 ms 时钟脉冲的个数。当 X0 经时间 t_0 后断开，而 T253 尚未计数到设定值 K345 时，其计数当前值保存。当

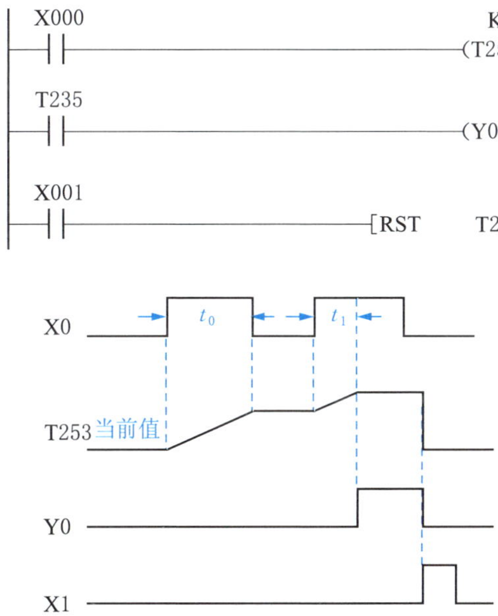

图 3-1-4　积算定时器工作原理

X0 再次接通，T253 从当前保存值开始继续累积计数，经过时间 t_1，当前值达到 K345 时，定时器的触点动作。累积的时间为 $t_0+t_1=0.1\ \text{s}\times 345=34.5\ \text{s}$。当 X1 接通时，定时器才复位，当前值变为 0，T253 触点也随之复位。

4. 定时器的编辑

定时器有触点和线圈，触点的编辑方法与 X、Y 的触点相同，假设定时器 T0 定时 10 s，则设定值 K 为 100，在编辑线圈时，在对话框中选择线圈符号“-( )-”，输入“T0”，按空格键，再输入“K100”，如图 3-1-5 所示。

图 3-1-5　定时器(T)编辑示意图

5. 定时器应用典型控制程序

定时器在工业自动控制程序中应用非常广泛，主要用于延时、定时和脉冲控制的梯形图程序中。

(1) 接通延时控制

图 3-1-6 所示为接通延时控制的梯形图及时序图，主要功能为：按下启动按钮，X1 接通，延时 10 s 后驱动线圈 Y0 接通。

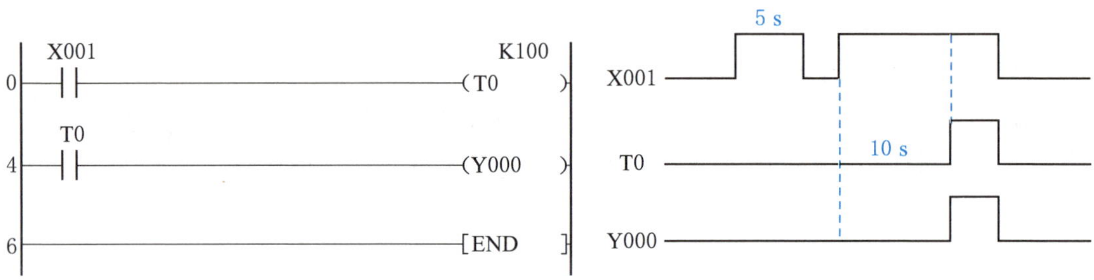

图 3-1-6　接通延时控制的梯形图及时序图

(2) 限时控制

图 3-1-7 所示为限时控制的梯形图及时序图，主要功能为：按下启动按钮，X1 接通，线圈 Y1 接通，运行 10 s 后线圈 Y1 自动关断。

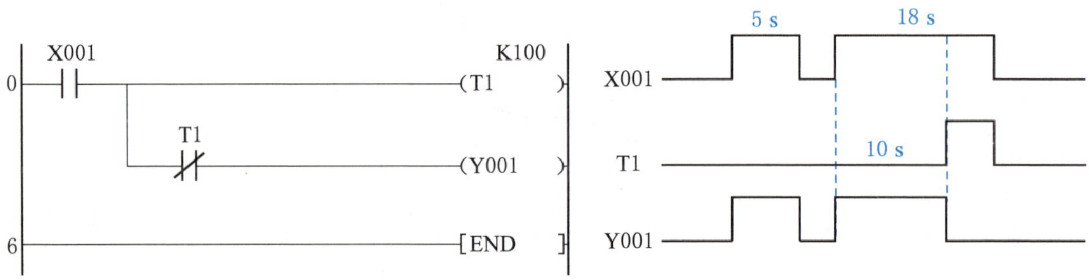

图 3-1-7　限时控制的梯形图及时序图

(3) 振荡电路控制

图 3-1-8 所示为振荡电路控制的梯形图及时序图，主要功能为：按下启动按钮，X0 接通，线圈 Y0 以断开 10 s 接通 10 s 的频率自动循环交替运行。

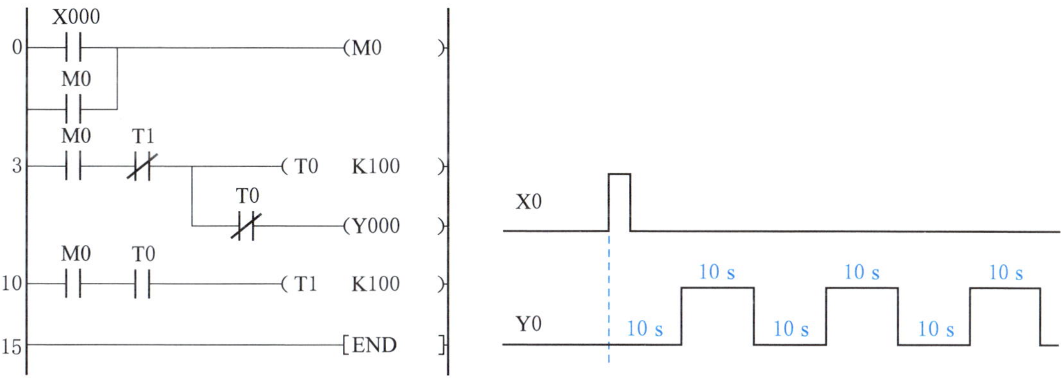

图 3-1-8 振荡电路控制的梯形图及时序图

请回答：

1. 分析图 3-1-8 振荡电路控制的梯形图，其中：

T1 触点的作用是：________________；

T0 触点的作用是：________________。

2. 如果线圈 Y0 以断开 3 s 接通 5 s 的频率自动循环交替运行，图 3-1-8 所示的梯形图应该怎么修改？

____

____

任务实施

一、绘制 PLC 控制外部接线图

由图 3-1-2 可知，电路中含有 3 个控制按钮（2 个启动按钮和 1 个停止按钮）以及 2 个接触器 KM（正转交流接触器和反转交流接触器）。整个系统输入点数为 3 点，输出点数为 2 点。具体的 I/O 地址分配见表 3-1-1。

请思考：三相交流异步电动机正反转 PLC 控制外部接线图中，如何实现联锁保护？

____

表 3-1-1　PLC 的 I/O 地址分配

输　　入			输　　出		
元件符号	输入端子地址	功　能	元件符号	输出端子地址	功　能
SB1	X1	停止按钮	KM1	Y1	正转交流接触器
SB2	X2	正转启动按钮	KM2	Y2	反转交流接触器
SB3	X3	反转启动按钮			

根据 PLC 的 I/O 地址分配，绘制出正反转 PLC 控制外部接线图，如图 3-1-9 所示。

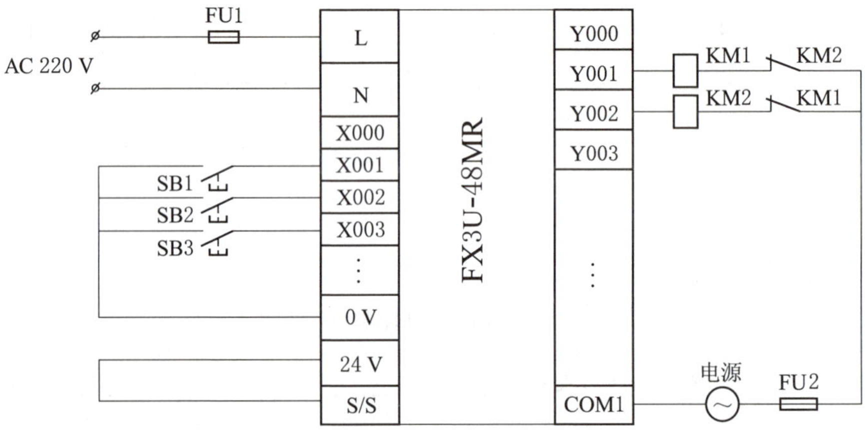

图 3-1-9　PLC 控制外部接线图

> 请回答：三相交流异步电动机正反转 PLC 控制梯形图设计主要思路。
> 1. ________
> 2. ________

二、设计 PLC 控制程序

1. 梯形图

正反转控制的梯形图设计可由单向连续运行控制的梯形图完善而来，具体分以下几个步骤。

> 请记录：三相交流异步电动机正反转 PLC 控制的基本步骤。
> 步骤一：________
> 步骤二：________
> 步骤三：________

步骤一：画出正转运行控制梯形图，如图 3-1-10 所示。

图 3-1-10　正转运行控制梯形图

步骤二：在图 3-1-10 的基础上，采用类似的方法，再增加反转运行控制梯形图，如图 3-1-11 所示。

图 3-1-11　正反转运行控制梯形图

步骤三：考虑到两个接触器不能同时输出的问题，需要在各自的逻辑行中增加具有电气互锁的动断触点，如图 3-1-12 所示。

请回答：电气互锁的含义。

图 3-1-12　互锁的正反转运行控制梯形图

步骤四：最后，为了操作方便，避免正反转切换时必须先停止的问题，需要在各自的逻辑行中增加具有机械互锁的动断触点，即完成了本任务的梯形图设计，如图 3-1-13 所示。

视频
正反转运行控制程序仿真分析

请分析：三相交流异步电动机正反转 PLC 控制梯形图。

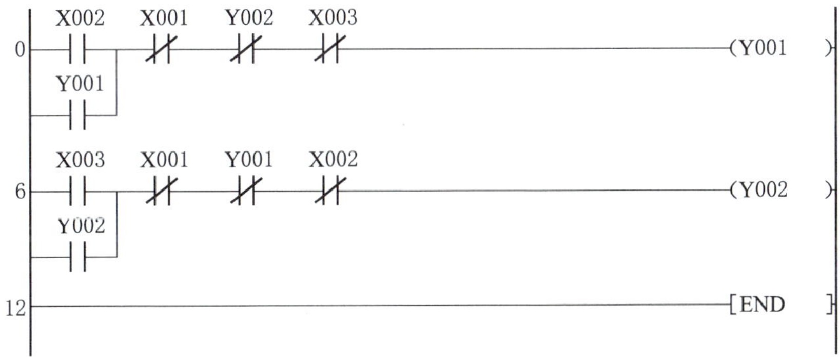

图 3-1-13　PLC 控制梯形图

2. 指令表(表 3-1-2)

表 3-1-2　指令表

步　序	指　令		步　序	指　令	
0	LD	X002	7	OR	Y002
1	OR	Y001	8	ANI	X001
2	ANI	X001	9	ANI	Y001
3	ANI	Y002	10	ANI	X002
4	ANI	X003	11	OUT	Y002
5	OUT	Y001	12	END	
6	LD	X003			

请回答:指令表中 ANI 指令的功能。

三、编辑与下载 PLC 控制程序

请实践:在 GX Developer 编程软件中,完成具体的程序编辑与下载。

视频
PLC 程序编辑演示 3-1

四、调试 PLC 控制程序

请记录:三相交流异步电动机正反转 PLC 控制程序调试的故障及原因分析。

确定 PLC 处于正常的运行状态,分别按下按钮 SB1、SB2 和 SB3,观察 PLC 输入输出指示灯及接触器 KM1、KM2 的变化,调试结果填入表 3-1-3。

表 3-1-3　PLC 控制程序调试结果记录表

步骤	操作内容	观　察　内　容			
		输入输出指示灯	状态	接触器	状态
1	按下 SB2	X002		正转接触器 KM1	
		Y001			
		Y002		反转接触器 KM2	
2	按下 SB3	X003		正转接触器 KM1	
		Y001			
		Y002		反转接触器 KM2	
3	按下 SB1	X001		正转接触器 KM1	
		Y001			
		Y002		反转接触器 KM2	

想一想：

如何运用定时器实现对正反转的自动控制？

控制要求：按下正转启动按钮 SB2，电动机正转连续运转，经过 5 s 后电动机自行反转，按下停止按钮 SB1，电动机停止运行。

根据控制要求，结合本任务的工作原理，主电路保持不变，控制电路不需要反转启动按钮，通过定时器的控制直接实现正反转的切换，参考程序如图 3-1-14 所示。

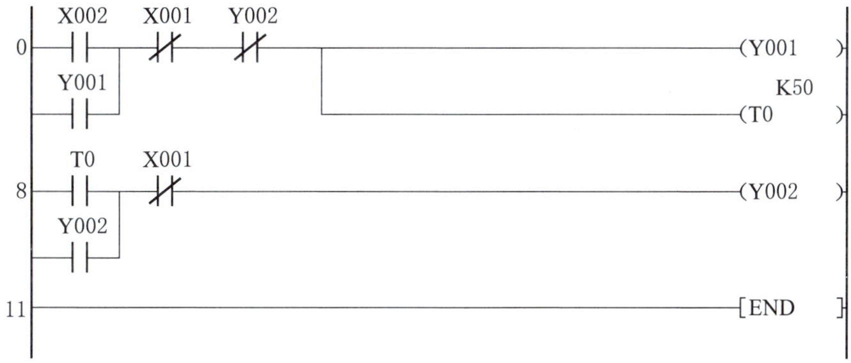

图 3-1-14　正反转自动控制梯形图

知识拓展

数据寄存器(D)是用于数据处理的数值存储软元件，也是"字元件"。当 PLC 用于模拟量控制、位置控制、数据输入或输出时，需要用数据寄存器(D)存储数据和工作参数。每个数据寄存器(D)均为 16 位，且最高位为符号位，当最高位为"**0**"时表示正数，为"**1**"时表示负数，可处理的数值范围为－32 768～＋32 767。当需要存储 32 位的数据时，可将两个连续的数据寄存器(D)合并起来使用，且最高位仍为符号位，可处理的数值范围为－2 147 483 648～＋2 147 483 647，如图 3-1-15 所示。

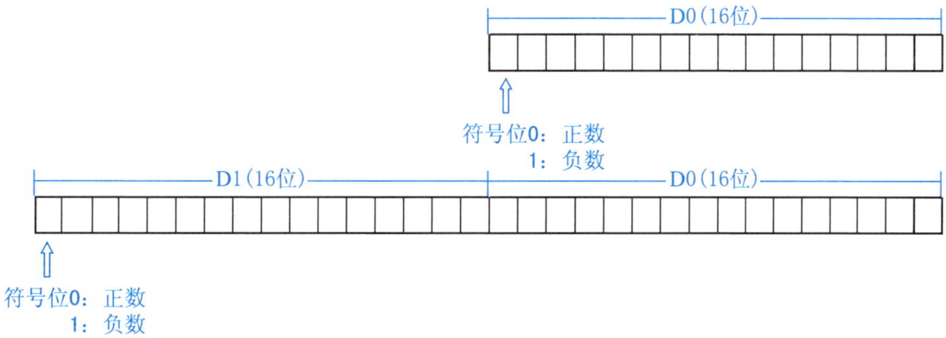

图 3-1-15　数据寄存器(D)示意图

1. 一般数据寄存器

一般数据寄存器的软元件编号为 D0～D199，共 200 点。每个数据寄存器都可以存入 16 位数据，若 32 位数据存入 D0、D1 中，则 D1 中存高 16 位，D0 中存低 16 位。存放在一般数据寄存器中的数据，不写入其他数据时，其内容保持不变，直到写入新的数据。但是当 PLC 从“RUN”运行状态转到“STOP”停止状态或掉电时，且特殊辅助继电器 M8033 为“**0**”，即“OFF”时，一般数据寄存器不具有断电保持功能，此时一般数据寄存器中的数据均自动清零；如果特殊辅助继电器 M8033 为“**1**”，即“ON”时，一般数据寄存器具有断电保持功能，这时数据可以保持。

2. 断电保持数据寄存器

断电保持数据寄存器的软元件编号为 D200～D7999，共 7 800 点。它与一般数据寄存器一样，除非改写，否则原有数据不会变化。但它具有断电保持功能，PLC 从“RUN”运行状态转到“STOP”停止状态或掉电时，存入断电保持数据寄存器的数据都将保持不变，直到存入新的数据。它又可细分为停电保持型和停电保持专用型两种。

① 停电保持型数据寄存器：D200～D511。当 PLC 由“RUN”运行状态转到“STOP”停止状态或掉电时，该寄存器中的数据会被保持。若两台 PLC 采用并联通信（点对点通信），当主站→从站时，D490～D499 被用于通信；当从站→主站时，D500～D509 被用于通信。

② 停电保持专用型数据寄存器：D512～D7999。其中，D1000 以后的数据寄存器可通过参数设定，并以 500 为单位用作文件寄存器（D1000～D7999，共 7 000 点）。不用作文件寄存器用时，与通常的停电保持型数据寄存器一样，可通过程序或外围设备进行数据读写操作。

3. 特殊数据寄存器

特殊数据寄存器的软元件编号为 D8000～D8255，共 256 点。它用于写入特定目的的数据或事先写入特定内容，以及监控 PLC 中各种软元件的运行方式。PLC 上电时，特殊数据寄存器先全部清零，然后由系统 ROM 写入初始值。例如：D8000 存放的监控定时器的定时时间是由系统 ROM 设定的，若要改变，需用传送指令将目的时间送入 D8000，该值在 PLC 由“RUN”运行状态转到“STOP”停止状态时保持不变。

4. 其他寄存器

其他还有变址寄存器（V、Z），共 2 点。V 和 Z 都是 16 位的寄存器，可单独使用，也可合并为 32 位寄存器，V 为高 16 位，Z 为低 16 位，其具体的应用在后面的任务中介绍。

互动练习

在线知识测评

3-1

任务二　三相交流异步电动机的星-三角降压启动控制

任务描述

在实际生活中，小功率电动机常采用直接启动的方法，操作简单方便。但是对于大功率电动机，由于在启动瞬间启动电流较大，为防止对电网的冲击和影响其他用电设备的正常运行，要求采用降压启动，降压启动有多种方法，常采用星-三角降压启动，其电气原理图如图 3-2-1 所示。

视频
电动机星-三角降压启动动作过程

动画
电动机星-三角降压启动功能演示

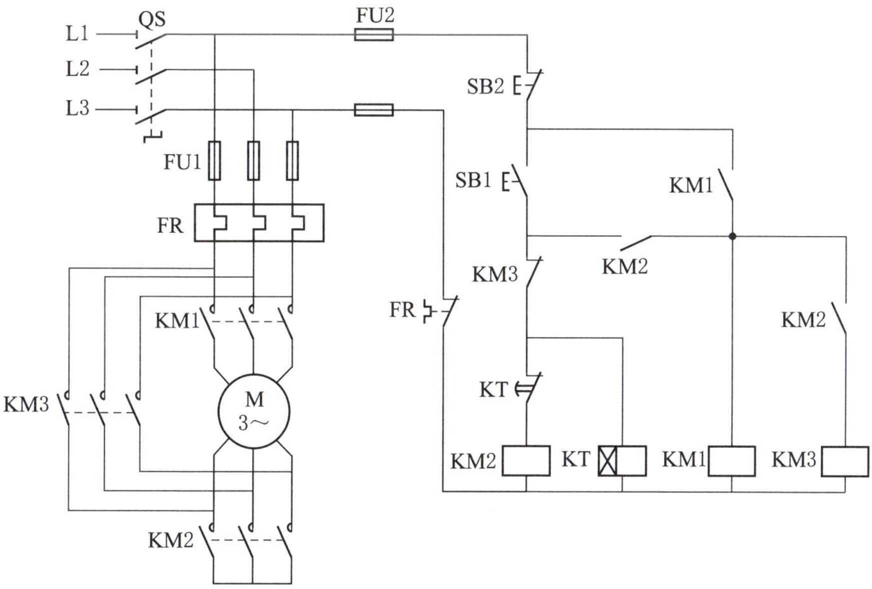

图 3-2-1　三相交流异步电动机星-三角降压启动控制电气原理图

工作原理分析：按下启动按钮 SB1，交流接触器 KM1 及 KM2 线圈得电，主触点吸合，电动机星形启动，同时时间继电器 KT 线圈得电开始计时，10 s 后，交流接触器 KM2 线圈失电，交流接触器 KM3 线圈得电，主触点吸合，电动机由星形启动切换为三角形正常运行；按下停止按钮 SB2，交流接触器 KM3 及 KM1 线圈失电，主触点断开，电动机停止运行。

任务要求：基于 PLC 完成上述电动机星-三角降压启动运行的控制。

任务分析

采用 PLC 实现三相交流异步电动机的星-三角降压启动控制时，关键在于用 PLC 控制替代图 3-2-1 中的继电器-接触器控制电路，其中，时间继电器由定时器替代，具体的设计方法按照以下几个步骤执行：

① 认识和学习堆栈指令 MPS、MRD、MPP。

② 根据任务要求，确定输入输出设备的数量、种类及特点，并进行 I/O 地址的分配。

③ 根据所确定的 I/O 地址完成 PLC 控制外部接线图的绘制，并完成电路的连接。

④ 学习根据控制要求设计 PLC 控制程序（梯形图和指令表），完成系统的运行与调试。

知识链接

一、熟悉堆栈指令 MPS、MRD、MPP

视频

MPS、MRD、MPP 指令

1. 指令的功能

堆栈指令用于多重输出电路，主要有进栈 MPS、出栈 MPP、读栈 MRD 三条指令。

MPS 指令称为“进栈指令”，用于将指令处的运算结果压入堆栈中存储，并执行下一步指令。

MRD 指令称为“读栈指令”，用于将堆栈中由 MPS 指令存储的结果读出，需要时可以反复读出，栈中的内容不变。

MPP 指令称为“出栈指令”，用于将堆栈中由 MPS 指令存储的结果读出，并清除栈中内容。

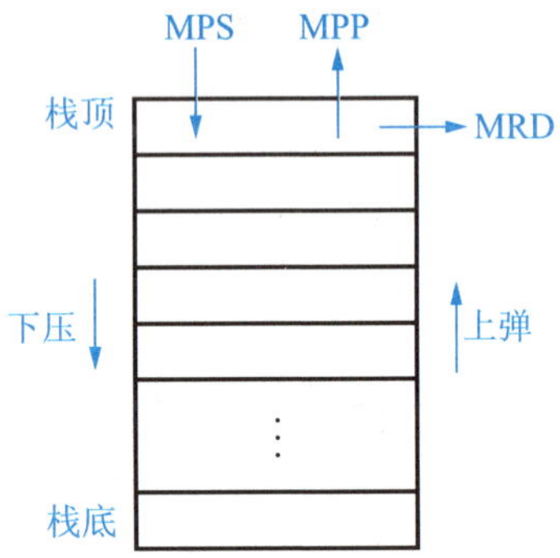

图 3-2-2　堆栈指令工作过程示意图

FX 系列 PLC 中有 11 个栈存储器，用来存储运算的中间结果，遵循“先进后出、后进先出”的原则，其工作过程示意图如图 3-2-2 所示。

使用一次 MPS 指令就将此刻的运算结果送入堆栈的第一段，而将原来的第一段存储的数据移到堆栈的下一段。

MRD 指令只用来读出堆栈最上段（栈顶）的最新数据，此时堆栈内的数据不移动。

使用 MPP 指令，各数据向上一段移动，最上段的数据被读出，同时这个数据就从堆栈中清除。

2. 指令的使用

【例题】 堆栈指令使用示例如图 3-2-3 所示。

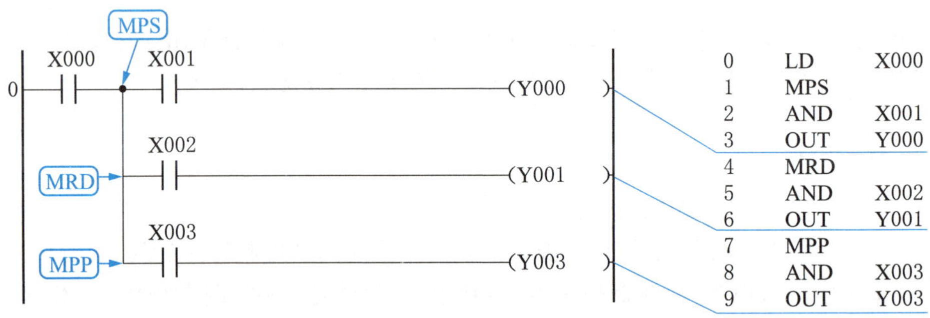

图 3-2-3　堆栈指令使用示例

说明：这是一个利用堆栈指令进行分支执行的程序，利用 MPS 指令，存储运算的中间结果，在驱动输出 Y0 后，通过 MRD 指令读取存储的中间结果，然后进行 Y1 的逻辑控制，最后通过 MPP 指令读取并清除存储的中间结果，进行 Y3 的逻辑控制。

试一试：

分析图 3-2-4 所示一层堆栈使用示例。

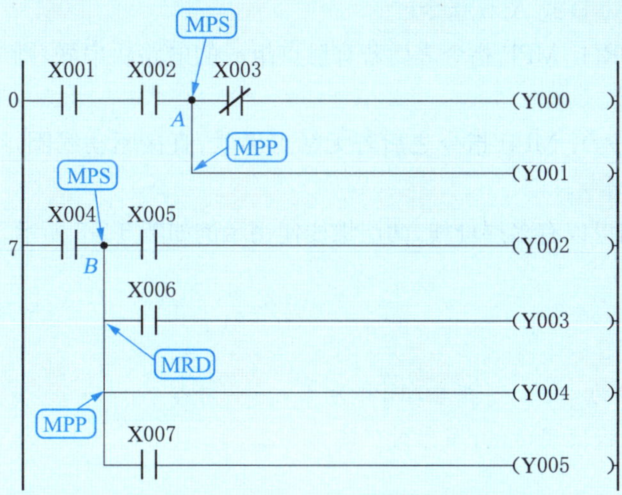

步	指令	元件
0	LD	X001
1	AND	X002
2	MPS	
3	ANI	X003
4	OUT	Y000
5	MPP	
6	OUT	Y001
7	LD	X004
8	MPS	
9	AND	X005
10	OUT	Y002
11	MRD	
12	AND	X006
13	OUT	Y003
14	MPP	
15	OUT	Y004
16	AND	X007
17	OUT	Y005

（步 2～6：第一次进出栈；步 8～17：第二次进出栈）

图 3-2-4　一层堆栈使用示例

指令使用说明：

① MPS、MRD、MPP 指令无操作元件。

② MPS、MPP 指令可以重复使用，但是连续使用不能超过 11 次，且两者必须成对使用，缺一不可，MRD 指令有时可以不用。

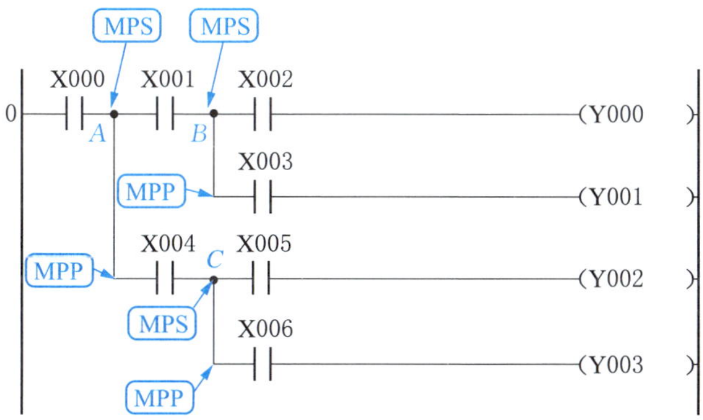

步	指令	元件
0	LD	X000
1	MPS	
2	AND	X001
3	MPS	
4	AND	X002
5	OUT	Y000
6	MPP	
7	AND	X003
8	OUT	Y001
9	MPP	
10	AND	X004
11	MPS	
12	AND	X005
13	OUT	Y002
14	MPP	
15	AND	X006
16	OUT	Y003

（步 3～8：一层栈；步 1～16：二层栈；步 11～16：一层栈）

图 3-2-5　两层堆栈使用示例

③ MRD 指令可以多次使用，但在打印等方面有 24 行限制。

④ 最终输出电路以 MPP 指令代替 MRD 指令，读出存储并复位清零。

⑤ MPS、MRD、MPP 指令之后若有单个动合触点或动断触点串联，则应该使用 AND 或 ANI 指令。

⑥ MPS、MRD、MPP 指令之后若有触点组成的电路块串联，则应该使用 ANB 指令。

⑦ MPS、MRD、MPP 指令之后若无触点串联，直接驱动线圈，则应该使用 OUT 指令。

⑧ 指令使用可以有多层堆栈，两层堆栈使用示例如图 3-2-5 所示。

请回答：

1. MPS 为________指令，MRD 为________指令，MPP 为________指令。

2. 请分析图 3-2-6 所示四层堆栈使用示例，写出对应的指令表。

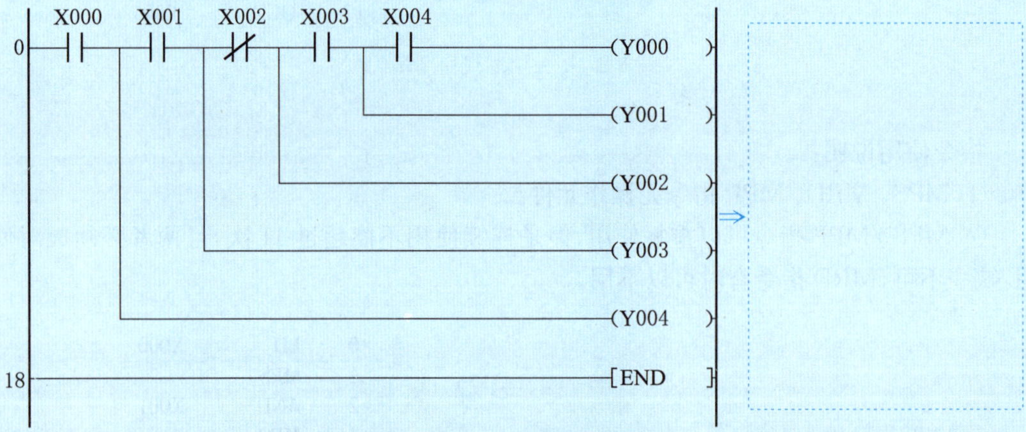

图 3-2-6 四层堆栈使用示例

请简述：三相交流异步电动机星－三角降压启动基本控制原理。

任务实施

一、绘制 PLC 控制外部接线图

由图 3-2-1 可知，电路中含有 2 个控制按钮（1 个启动按钮和 1 个停止按钮）以及 3 个交流接触器 KM1、KM2 和 KM3。整个系统输入点数为 2 点，输出点数为 3 点。具体的 I/O 地址分配见表 3-2-1。

表 3-2-1　PLC 的 I/O 地址分配

输入			输出		
元件符号	输入端子地址	功　能	元件符号	输出端子地址	功　能
SB1	X1	启动按钮	KM1	Y1	交流接触器
SB2	X2	停止按钮	KM2	Y2	星形交流接触器
			KM3	Y3	三角形交流接触器

根据 PLC 的 I/O 地址分配，绘制出电动机星-三角降压启动 PLC 控制外部接线图，如图 3-2-7 所示。

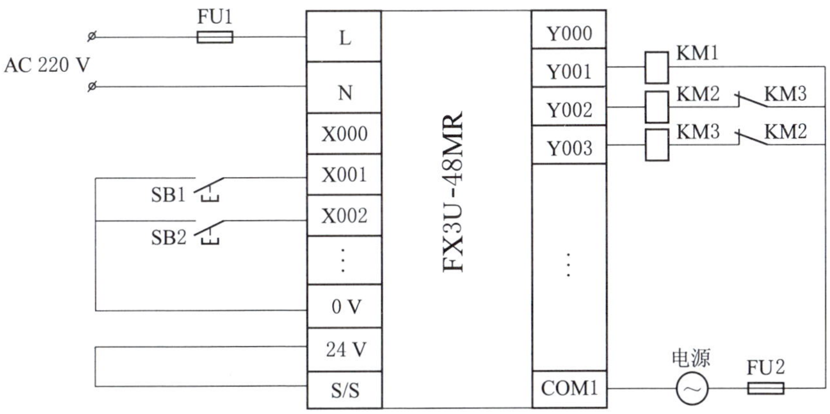

图 3-2-7　PLC 控制外部接线图

请回答：三相交流异步电动机星-三角降压启动 PLC 控制外部接线图绘制注意事项。

二、设计 PLC 控制程序

1. 梯形图

PLC 控制三相交流异步电动机星-三角降压启动的思路来源于继电器-接触器控制电路的分析，结合电路的基本控制原理来进行程序的设计，主要分两步实施。

步骤一：完成电动机星形启动的梯形图程序设计，即按下启动按钮 SB1，接触器 KM1、KM2 得电并自锁，同时定时器得电计时，如图 3-2-8 所示。

请分析：星形启动梯形图中 T0 的功能。

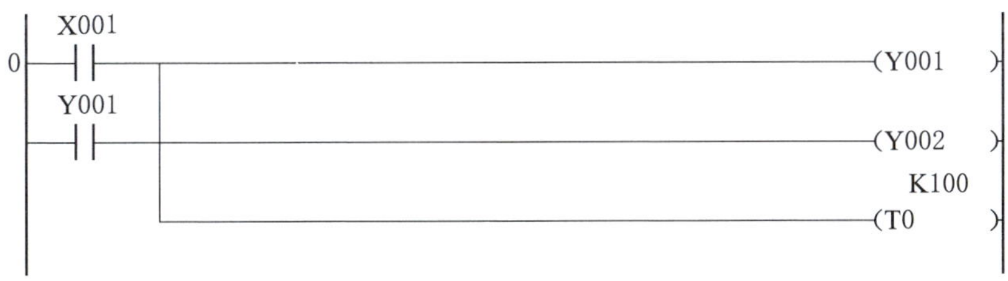

图 3-2-8　星形启动梯形图

请回答：星-三角降压启动控制梯形图中 Y003 常闭触点的作用。

步骤二：在步骤一的程序基础上完成电动机三角形运行的梯形图设计，即接触器 KM2 失电，KM3 得电自锁，同时切除定时器，按下停止按钮 SB2，电动机停止运行，对应完整梯形图如图 3-2-9 所示。

视频
电动机星-三角降压启动程序仿真分析

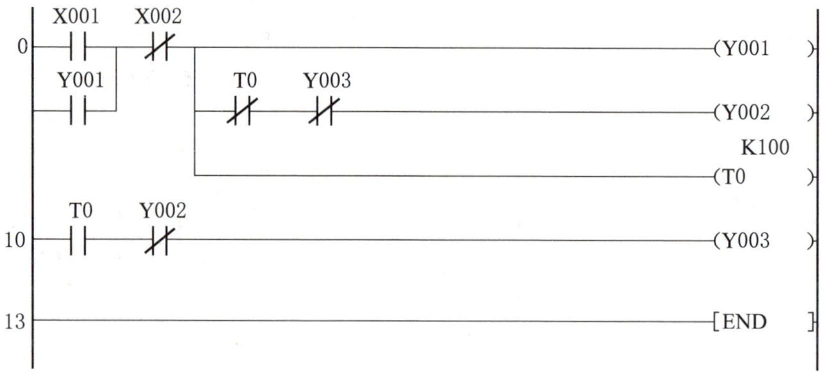

图 3-2-9 星-三角降压启动控制梯形图

请回答：指令表中为什么没有 MRD 指令？

2. 指令表（表 3-2-2）

表 3-2-2 指令表

步 序	指 令	步 序	指 令
0	LD X001	7	OUT Y002
1	OR Y001	8	MPP
2	ANI X002	9	OUT T0 K100
3	OUT Y001	10	LD T0
4	MPS	11	ANI Y002
5	ANI T0	12	OUT Y003
6	ANI Y003	13	END

三、编辑与下载 PLC 控制梯形图

请记录：程序调试的主要步骤及遇到的问题。

1. ______

2. ______

请实践：在 GX Developer 编程软件中，完成具体的程序编辑与下载。

视频
PLC 程序编辑演示 3-2

四、调试 PLC 控制程序

确定 PLC 处于正常的运行状态，分别按下按钮 SB1 和 SB2，观察 PLC 输入输出指示灯及接触器、定时器的变化，调试结果填入表 3-2-3。

表 3-2-3　PLC 控制程序调试结果记录表

步骤	操作内容	观察内容			
		输入输出指示灯	状态	接触器 KM 和定时器 KT	状态
1	按下 SB1	X001		主接触器 KM1	
		Y001		星形接触器 KM2	
		Y002		三角形接触器 KM3	
		Y003		定时器 KT	
2	10 s 以后	X001		主接触器 KM1	
		Y001		星形接触器 KM2	
		Y002		三角形接触器 KM3	
		Y003		定时器 KT	
3	按下 SB2	X002		主接触器 KM1	
		Y001		星形接触器 KM2	
		Y002		三角形接触器 KM3	
		Y003		定时器 KT	

知识拓展

如图 3-2-10 所示，梯形图程序改动部分如虚线方框所示，若要写出此梯形图程序所对应的指令表，需要学习新的串联电路块并联指令 ORB、并联电路块串联指令 ANB。

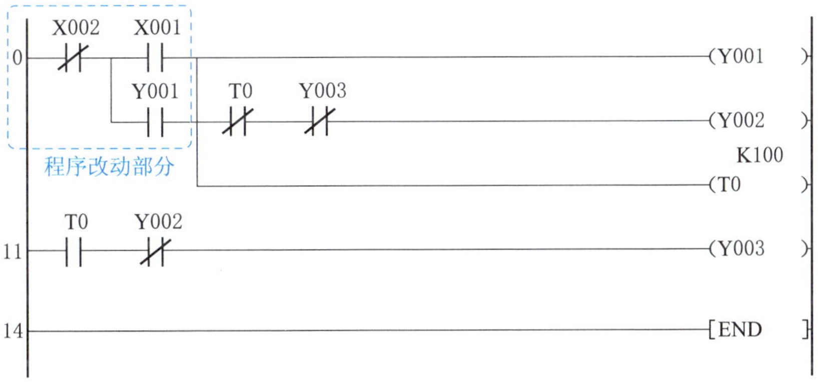

图 3-2-10　改动的星-三角降压启动控制梯形图

1. 串联电路块并联指令 ORB

视频
ORB 指令

两个或两个以上的接点串联的电路称为串联电路块。当串联电路块和其他电路并联时，分支开始用 LD、LDI 指令，分支结束用 ORB 指令。ORB 指令和后面的 ANB 指令是无操作元件的指令。

ORB 指令也可成批使用，但要注意，LD、LDI 指令的重复使用次数受限制，不得超过 8 次。ORB 指令使用说明如图 3-2-11 所示。

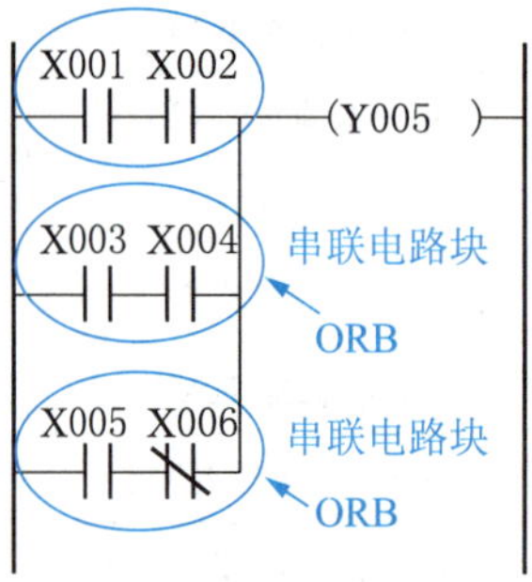

(a) 梯形图

正确编程程序

步	指令	元件
0	LD	X001
1	AND	X002
2	LD	X003
3	AND	X004
4	ORB	
5	LD	X005
6	ANI	X006
7	ORB	
8	OUT	Y005

不推荐程序

步	指令	元件
0	LD	X001
1	AND	X002
2	LD	X003
3	AND	X004
4	LD	X005
5	ANI	X006
6	ORB	
7	ORB	
8	OUT	Y005

(b) 指令表

图 3-2-11 ORB 指令使用说明

2. 并联电路块串联指令 ANB

两个或两个以上接点并联的电路称为并联电路块。当并联电路块和其他接点串联时，电路块的起点用 LD、LDI 指令，并联电路块结束后，使用 ANB 指令与前面的电路串联。ANB 指令是无操作元件的指令。ANB 指令使用说明如图 3-2-12 所示。

视频

ANB 指令

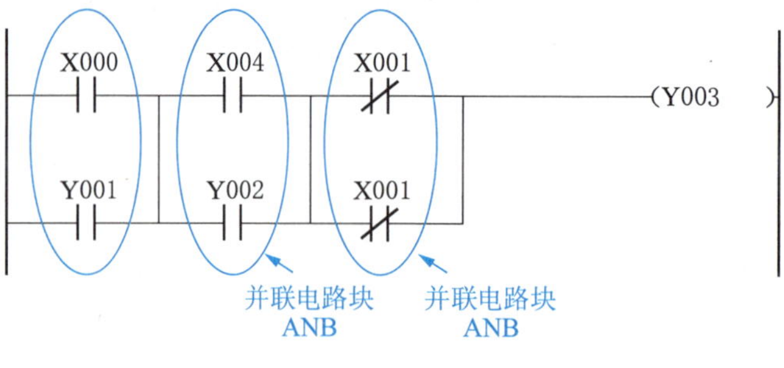

(a) 梯形图

步	指令	元件
0	LD	X000
1	OR	Y001
2	LD	X004
3	OR	Y002
4	ANB	
5	LDI	X001
6	ORI	X001
7	ANB	
8	OUT	Y003
9	END	

(b) 指令表

图 3-2-12 ANB 指令使用说明

【例题】 分析图 3-5-13 所示 ANB、ORB 指令综合应用的梯形图及指令表。

3. 指令使用说明

① ORB、ANB 指令是无操作元件的独立指令，它们只描述电路的串并联关系。

② 有多个串联电路时，若对每个电路块使用 ORB 指令，则串联电路没有限制。

③ 若多个并联电路块按顺序和前面的电路串联，则 ANB 指令的使用次数没有限制。

④ 使用 ORB、ANB 指令编程时，也可以采取 ORB、ANB 指令连续使用的方法；但连续使用不得超过 8 次，建议不使用此方法。

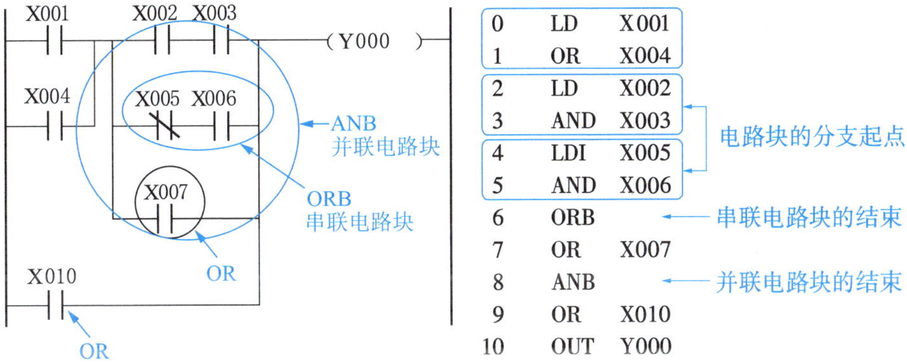

图 3-2-13　ANB、ORB 指令综合应用的梯形图及指令表

4. 参考指令表

针对图 3-2-10 所示星-三角降压启动控制梯形图对应的参考指令表见表 3-2-4。

互动练习
在线知识测评 3-2

表 3-2-4　参考指令表

步　　序	指　　令	步　　序	指　　令
0	LDI　X002	8	OUT　Y002
1	LD　X001	9	MPP
2	OR　Y001	10	OUT　T0　K100
3	ANB	11	LD　T0
4	OUT　Y001	12	ANI　Y002
5	MPS	13	OUT　Y003
6	ANI　T0	14	END
7	ANI　Y003		

任务三　单按钮实现三相交流异步电动机的启停控制

任务描述

电动机的启动与停止是最基本的控制要求，前面已经介绍了电动机的点动控制、连续运行控制、正反转控制等，这些控制电路中均包含启动按钮和停止按钮，假如现在只有一个按钮，如何实现电动机的启动与停止呢？其时序图如图 3-3-1 所示。

动画
单按钮启停电动机功能演示

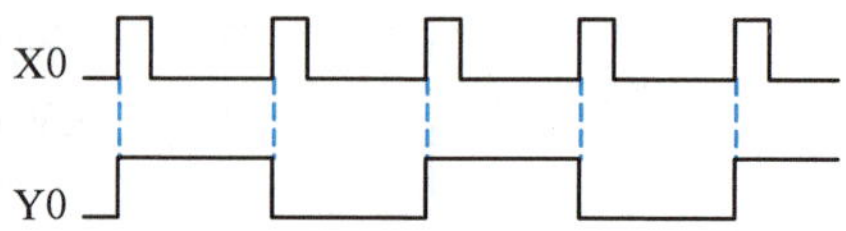

图 3-3-1　单按钮控制电动机启停时序图

工作原理分析：按下按钮，输入的是启动信号，电动机启动运行，再按一下该按钮，输入的则是停止信号，电动机停止，即奇数次为启动信号，偶数次为停止信号。

任务要求：基于 PLC 完成上述电动机单按钮启动和停止运行的控制。

任务分析

采用 PLC 实现单按钮控制电动机的启动和停止时，关键在于设计 PLC 控制电路，具体的设计方法按照以下几个步骤执行：

① 认识和学习计数器(C)。

② 根据任务要求，确定输入输出设备的数量、种类及特点，并进行 I/O 地址的分配。

③ 根据所确定的 I/O 地址完成 PLC 控制外部接线图的绘制，并完成电路的连接。

④ 根据控制要求设计 PLC 控制程序(梯形图和指令表)，完成系统的运行与调试。

知识链接

一、认识计数器(C)

1. 计数器(C)的功能和编号

计数器(C)的功能是对指定输入端子上的输入脉冲或其他继电器逻辑组合的脉冲进行计数，达到计数器设定值时，计数器的触点动作。输入脉冲一般要求具有一定的宽度，计数发生在输入脉冲的上升沿。

PLC 内部计数器有一个设定值寄存器(一个字长)、一个当前值寄存器(一个字长)以及动合和动断触点(可无限次使用)。对于每个计数器，这三个量使用同一地址编号，但使用场合不一样。

① PLC 内部有很多计数器(C)。FX3U 系列 PLC 有 256 个计数器，计数器的编号采用十进制进行编号，编号为 C0～C255。

② 计数器通常以用户程序存储器内的常数 K 作为设定值，也可以使用数据寄存器(D)的内容作为设定值。

③ 计数器有动合触点和动断触点两种，可以无限次使用。

④ 计数器的触点能直接驱动外部负载。

三菱 FX3U 系列 PLC 内部主要有两种计数器：普通计数器和高速计数器。内部计数器是在执行扫描操作时对内部信号(如 X、Y、M、S、T 等)进行计数。内部输入信号的接通和断开时间应比 PLC 的扫描周期稍长。

2. 16 位增计数器

这类计数器为递增计数，使用前先设置一设定值，当输入信号(上升沿)个数累加到设定值时，计数器动作，其动合触点闭合、动断触点断开。计数器的设定值为 1～32 767(16 位二进制)，设定值除了用常数 K 设定外，还可间接通过指定数据寄存器设定。

(1) 16 位增计数器的分类

16 位增计数器(C0～C199)共 200 点，其中，C0～C99 为通用型，共 100 点；C100～C199 为断电保持型(即断电后能保持当前值，待通电后继续计数)，共 100 点。

(2) 通用型 16 位增计数器的工作原理

如图 3-3-2 所示，X10 为复位信号，当 X10 接通时，C0 复位。X11 是计数输入，每当 X11 接通一次，计数器当前值增加 1(注意：X10 断开，计数器不会复位)。当计数器计数当前值为设定值 10 时，计数器 C0 的输出触点动作，Y0 被接通。此后即使计数输入 X11 再接通，计数器当前值也保持不变。当复位输入 X10 接通时，执行 RST 复位指令，计数器复位，输出触点也复位，Y0 断开。

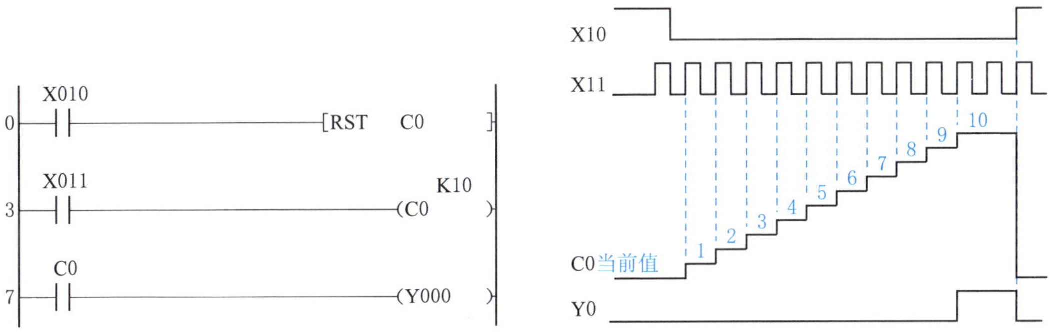

图 3-3-2　通用型 16 位增计数器工作原理

3. 32 位增减计数器

这类计数器与 16 位增计数器相比，除位数不同外，还能通过控制实现加减双向计数。设定值范围均为－2 147 483 648～＋2 147 483 647(32 位)。

(1) 32 位增减计数器的分类

32 位增/减计数器(C200～C234)共 35 点，其中，C200～C219 为通用型，共 20 点；C220～C234 为断电保持型，共 15 点。

C200～C234 是增计数还是减计数，分别由特殊辅助继电器 M8200～M8234 设定。对应的特殊辅助继电器被置为 ON 时为减计数，置为 OFF 时为增计数。

(2) 32 位增减计数器的工作原理

此类计数器的设定值与 16 位增计数器一样，可直接用常数 K 或间接用数据寄存器(D)的内容作为设定值。在间接设定时，要用编号紧连在一起的两个数据寄存器。

如图 3-3-3 所示，X12 用来控制 M8200，X12 接通时为减计数方式，断开时为增计数方式。X14 为计数输入，C200 的设定值为－3(可正、可负)。若 C200 置为增计数方式(M8200 为 OFF)，当 X14 计数输入累加由－4→－3 时，计数器的输出触点动作。当复位输入 X13 接通时，计数器当前值复位为 0，输出触点也随之复位。

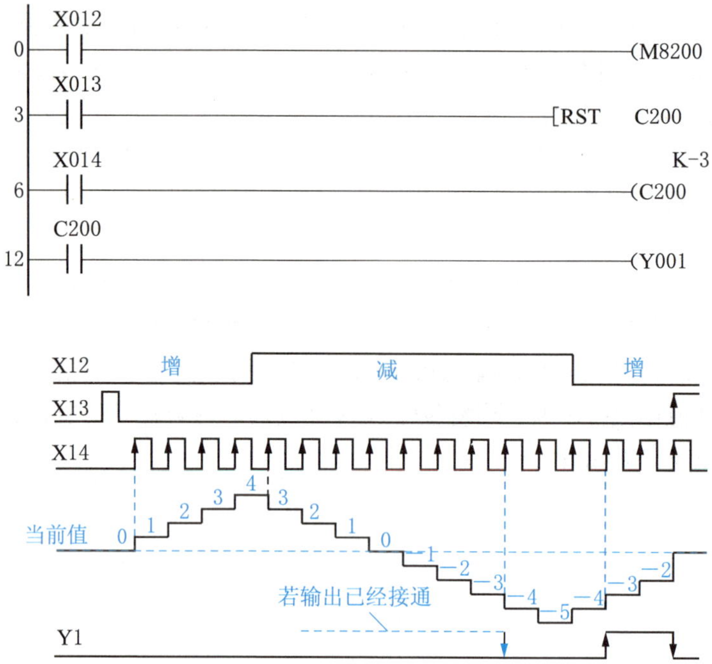

图 3-3-3　32 位增减计数器工作原理

4. 高速计数器

FX3U 系列 PLC 的高速计数器是 PLC 的编程软元件，相对于普通计数器，高速计数器用于频率高于机内扫描频率的机外脉冲计数，由于计数信号频率高，计数以中断方式进行，计数器的当前值等于设定值时，计数器的输出触点立即工作。

FX3U 系列 PLC 内置有 21 点高速计数器 C235～C255，每一个高速计数器都规定了其功能和占用的输入点。

(1) 高速计数器的功能分配

① C235～C245 共 11 点高速计数器用作一相一计数输入的高速计数，即每一计数器占用 1 点高速计数输入点，计数方向可以是增或者减计数，取决于对应的特殊辅助继电器 M8□□□的状态。例如，C245 占用 X2 作为高速计数输入点，当对应的特殊辅助继电器 M8245 被置位时，作增计数。C245 还占用 X3 和 X7 分别作为该计数器的外部复位和置位输入端。

② C246～C250 共 5 点高速计数器用作一相二计数输入的高速计数，即每一计数器占用 2 点高速计数输入点，其中一点为增计数输入点，另一点为减计数输入点。例如，C250 占用 X3 作为增计数输入点，占用 X4 作为减计数输入点，另外占用 X5 作为外部复位输入端，占用 X7 作为外部置位输入端。同样，计数器的计数方向也可以通过编程对应的特殊辅助继电器 M8□□□的状态指定。

③ C251～C255 共 5 点高速计数器用作二相二计数输入的高速计数，即每一计数器占

用 2 点高速计数输入点，其中一点为 A 相计数输入点，另一点为与 A 相相位差 90°的 B 相计数输入点。高速计数器 C251～C255 的功能和占用的输入点见表 3-3-1。

表 3-3-1　高速计数器 C251～C255 的功能和占用的输入点

高速计数器	X0	X1	X2	X3	X4	X5	X6	X7
C251	A	B						
C252	A	B	R					
C253				A	B	R		
C254	A	B	R				S	
C255				A	B	R		S

注：A 为 A 相计数输入；B 为 B 相计数输入；R 为复位输入；S 为置位输入。

每一个高速计数器都规定了不同的输入点，但所有的高速计数器的输入点都在 X0～X7 范围内，并且这些输入点不能重复使用。例如，如果使用了 C251，因为 X0、X1 被占用，所以规定占用这两个输入点的其他高速计数器（如 C252、C254）都不能使用。

(2) 高速计数器的编程

如果外部高速计数源（旋转编码器输出）已经连接到 PLC 的输入端，那么在程序中就可直接使用相对应的高速计数器进行计数。例如，在图 3-3-4 中，当 X10 接通，方向标志位 M8235 置位，计数器 C235 递减计数，反之递增计数，当 X11 接通，C235 复位，当 X12 接通，C235 对 X12 输入的脉冲信号计数，C235 的设定值为 1234，当 C235 的当前值等于 1234 时，计数器的输出接点立即工作。

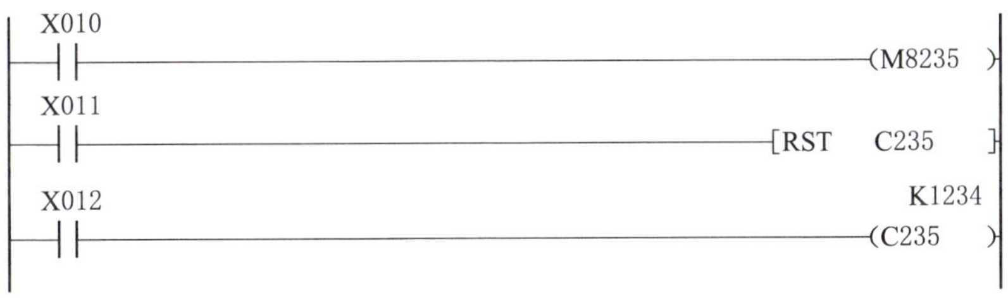

图 3-3-4　高速计数器 C235 应用示例

5. 计数器的应用拓展

计数器在应用上，除了最基本的计数应用，也可以和定时器配合使用，完成时间上的控制。

【例题 1】 定时器与计数器级联扩大延时时间，如图 3-3-5 所示。

说明：图 3-3-5 所示程序中，当 X0 接通后，T0 每隔 30 s 产生一个扫描周期的脉冲，成为计数器 C0 的输入信号，在 C0 计数 100 次时，其动合触点接通 Y3 线圈。可见，从 X0 接通到 Y3 动作，延时时间为定时器（30 s）和计数器设定值（100）的乘积（3 000 s）。X1 为 C0 的复位信号。

图 3-3-5　定时器与计数器级联扩大延时时间

【例题 2】 计数器与计数器级联扩大延时时间，如图 3-3-6 所示。

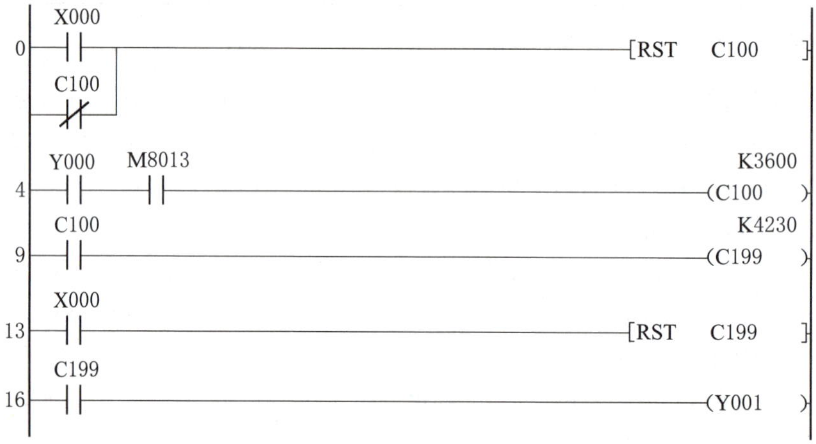

图 3-3-6　计数器与计数器级联扩大延时时间

6. 计数器的编辑

计数器有触点和线圈，触点的编辑方法与定时器的相同，假设计数器 C0 计数 5 次，则设定值 K 为 5。要完成其线圈的编辑，则在如图 3-3-7 所示对话框中选择线圈符号“-( )-”，输入“C0”，按空格键，再输入“K5”即可。

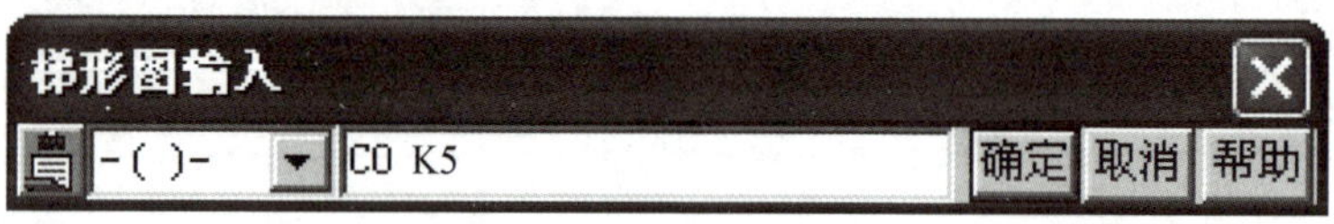

图 3-3-7　计数器(C)编辑示意图

请回答：

1. FX3U 系列 PLC 中有________个计数器，采用________进制数编号。
2. 32 位增减计数器 C202 的功能及应用方法是：________________________________

____

二、熟悉脉冲微分指令 PLS、PLF

视频
PLS、PLF 指令

视频
LDP、LDF 指令

脉冲微分指令主要作为信号变化的检测，即从断开到接通的上升沿和从接通到断开的下降沿信号的检测，如果条件满足，则被驱动的软元件产生一个扫描周期的脉冲信号。

1. 指令的功能

PLS 指令称为“上升沿微分输出指令”，用于在输入信号的上升沿产生脉冲输出。

PLF 指令称为“下降沿微分输出指令”，用于在输入信号的下降沿产生脉冲输出。

这两条指令的操作元件是 Y 和 M，但特殊辅助继电器不能作为操作元件。PLS 指令为信号上升沿（OFF→ON）接通一个扫描周期，PLF 指令为信号下降沿（ON→OFF）接通一个扫描周期。

2. 指令的使用

结合图 3-3-8 所示 PLS、PLF 指令使用示例，进行如图 3-3-9 所示时序图的分析。

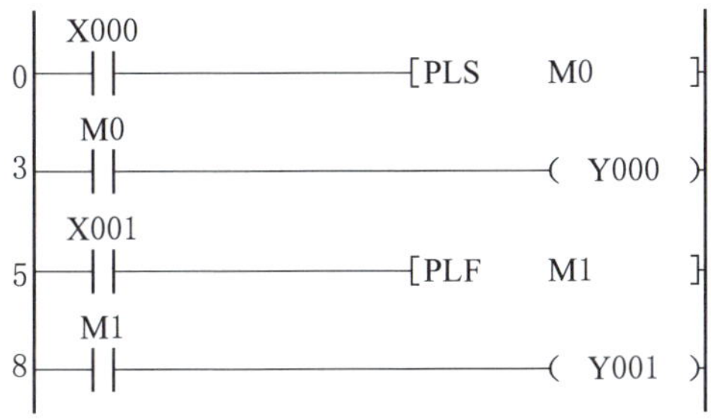

0	LD	X000
1	PLS	M0
3	LD	M0
4	OUT	Y000
5	LD	X001
6	PLF	M1
8	LD	M1
9	OUT	Y001

图 3-3-8　PLS、PLF 指令使用示例

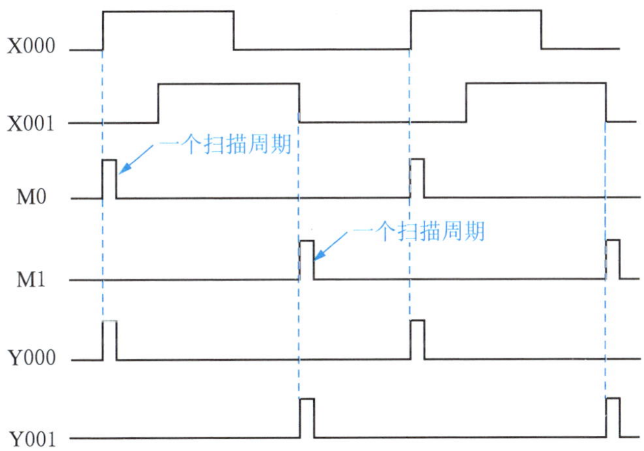

图 3-3-9　PLS、PLF 指令使用示例时序图

分析：

① 当检测到 X0 的上升沿时，PLS 指令的操作元件 M0 产生一个扫描周期的脉冲，Y0

接通一个扫描周期。

② 当检测到 X1 的下降沿时，PLF 指令的操作元件 M1 产生一个扫描周期的脉冲，Y1 接通一个扫描周期。

指令使用说明：

① PLS 指令驱动的软元件只在逻辑输入结果由 OFF→ON 时动作一个扫描周期。

② PLF 指令驱动的软元件只在逻辑输入结果由 ON→OFF 时动作一个扫描周期。

③ 特殊辅助继电器不能作为 PLS、PLF 指令的操作元件。

【例题】 图 3-3-10 所示为两个二分频电路的梯形图及波形图，结合对 PLS 指令的理解对 PLC 编程实现分频的方法进行分析。

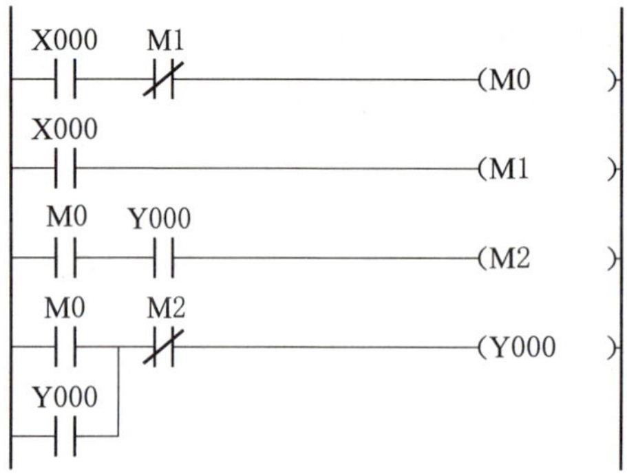

(a) 梯形图之一

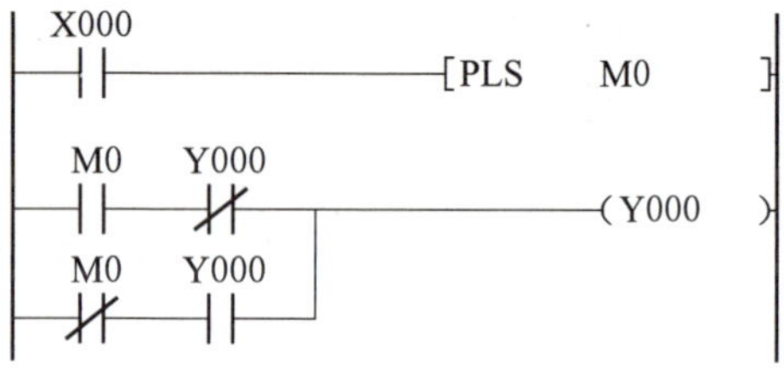

(b) 梯形图之二

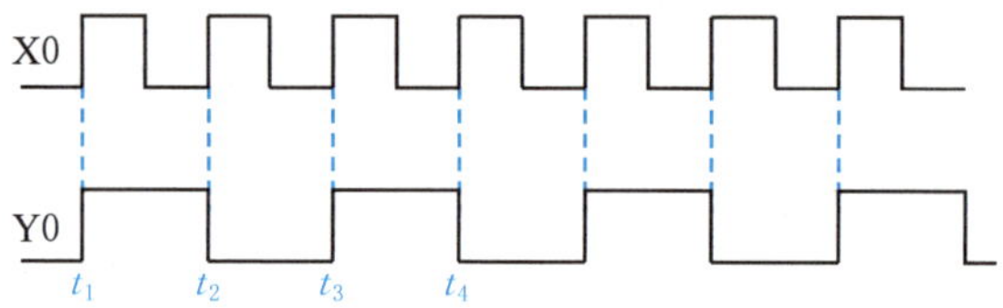

(c) 波形图

图 3-3-10 两个二分频电路的梯形图及波形图

图 3-3-10(a)中，当输入 X0 在 t_1 时刻接通时，此时 M0 产生一个扫描周期的脉冲，然后输出 Y0 在此前并未接通，其动合触点处于断开状态。因此扫描程序至第三行时，尽管 M0 接通，M2 也不可能接通，扫描至第四行时，Y0 接通并自保持。此后这部分程序虽多次扫描，但由于 M0 仅接通一个扫描周期，M2 也不可能接通。Y0 接通使其对应的动合触点闭合，为 M2 接通做好了准备。到 t_2 时刻，输入 X0 再次接通，M0 再次产生单脉冲。因此扫描程序至第三行时，M2 满足接通条件而接通，对应的动断触点断开，扫描至第四行时，Y0 断电。此后，X0 继续存在，但由于 M0 是单脉冲信号，虽多次扫描第四行，输出 Y0 也不可能接通。到 t_3 时刻，输入 X0 第三次接通，M0 又产生单脉冲，输出 Y0 再次接通。到 t_4 时刻，输出 Y0 再次失电。这样循环往复，使 Y0 正好是 X0 的二分频。这种逻辑是每当输入控制信号出现时，就产生输出状态的翻转，因此也可用作触发器。

图 3-3-10(b)中,待分频的脉冲信号加在 X0 端,在第一个脉冲信号到来时,M0 产生一个扫描周期的脉冲,使 M0 的动合触点闭合一个扫描周期。这时确定 Y0 状态的前提是 Y0 置 **0**, M0 置 **1**。图中 Y0 工作条件的两个支路中,上一支路接通,下一支路断开,Y0 置 **1**。第一个脉冲到来一个扫描周期后,M0 置 **0**,Y0 置 **1**,在这样的条件下分析 Y0 的状态,下一支路使 Y0 保持置 **1**。当第二个脉冲到来时,M0 再产生一个扫描周期的脉冲,这时 Y0 置 **1**, M0 也置 **1**,这使 Y0 的状态由置 **1** 变为置 **0**。第二个脉冲到来一个扫描周期后,Y0 置 **0** 且 M0 也置 **0**。直到第三个扫描周期到来时,Y0 及 M0 的状态和第一个脉冲到来时完全相同,Y0 的状态变化将重复前边讨论的过程。通过以上的分析可知,X0 每送两个脉冲,Y0 产生一个脉冲,完成了对信号的二分频。

3. 指令的编辑

PLS、PLF 指令在编程软件中的编辑方法:在光标处双击选择“-[ ]-”,先输入“PLS”或“PLF”,再按空格键,最后输入操作元件 Y 或 M,如图 3-3-11 所示。

图 3-3-11 PLS 指令编辑示意图

请回答:

1. PLS 指令的功能是:____________________,驱动的软元件只有在逻辑输入结果由________时动作________个扫描周期。

2. PLF 指令的功能是:____________________,驱动的软元件只有在逻辑输入结果由________时动作________个扫描周期。

3. 画出 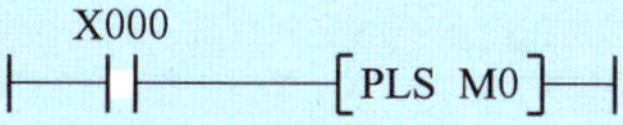 的时序图。

任务实施

一、绘制 PLC 控制外部接线图

由图 3-3-1 分析可知,电路设计时只需 1 个控制按钮,既作为启动按钮又作为停止按钮,以及 1 个接触器 KM,因此整个系统输入点数为 1 点,输出点数为 1 点。具体的 I/O 地址分配见表 3-3-2。

请思考:单按钮实现电动机启停 PLC 控制的程序设计思路和方法有哪些?

1. ____________

____

2. ____________

____

表 3-3-2　PLC 的 I/O 地址分配

输　　入			输　　出		
元件符号	输入端子地址	功　能	元件符号	输出端子地址	功　能
SB1	X0	启动/停止按钮	KM	Y0	接触器

根据 PLC 的 I/O 地址分配，绘制出单按钮实现电动机启停 PLC 控制外部接线图，如图 3-3-12 所示。

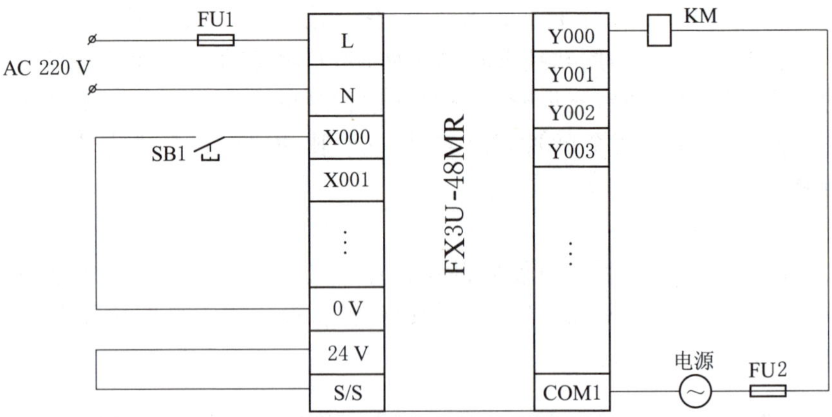

图 3-3-12　PLC 控制外部接线图

请简述：计数器(C)应用时的注意事项。

二、设计 PLC 控制程序

1. 运用计数器(C)完成的程序设计

(1) 梯形图

视频　单按钮控制程序仿真分析

根据任务控制要求可知，当第一次驱动输入信号时，接触器 KM 得电，电动机启动，当第二次驱动输入信号时，接触器 KM 失电，电动机停止。其梯形图如图 3-3-13 所示。

图 3-3-13　单按钮控制启动与停止梯形图(一)

请回答：程序中 C1 的功能。

（2）指令表（表 3-3-3）

表 3-3-3　指令表

步　序	指　令	步　序	指　令
0	LD　X000	9	OUT　Y000
1	OUT　C0　K1	10	LD　C1
4	OUT　C1　K2	11	RST　C0
7	LD　C0	12	RST　C1
8	ANI　C1	13	END

2. 运用脉冲指令 PLS 完成的程序设计

（1）梯形图

根据任务控制要求可知，采用上升沿微分输出指令 PLS 完成电动机启动与停止的控制。其梯形图如图 3-3-14 所示。

请分析：程序中 M1 的主要作用。

1. ______

2. ______

图 3-3-14　单按钮控制启动与停止梯形图（二）

（2）指令表（表 3-3-4）

表 3-3-4　指令表

步　序	指　令	步　序	指　令
0	LD　X000	6	LD　M0
1	PLS　M0	7	OR　Y000
3	LD　M0	8	ANI　M1
4	AND　Y000	9	OUT　Y000
5	OUT　M1	10	END

三、编辑与下载 PLC 控制程序

视频
PLC 程序编辑演示 3-3

请实践：在 GX Developer 编程软件上，完成具体的程序编辑与下载。

四、调试 PLC 控制程序

确定 PLC 处于正常的运行状态，按下按钮 SB1，观察 PLC 输入输出指示灯及接触器 KM 的变化，调试结果填入表 3-3-5。

请记录：单按钮实现电动机启停 PLC 控制程序调试的故障及原因分析。

1. ____________

2. ____________

表 3-3-5　PLC 控制程序调试结果记录表

步骤	操作内容	观察内容			
		输入输出指示灯	状态	接触器	状态
1	奇数次按下按钮 SB1	X000		接触器 KM	
		Y000			
2	偶数次按下按钮 SB1	X000		接触器 KM	
		Y000			

知识拓展

在程序设计中常常会有这样的情况，多个线圈受一个或多个触点控制，要是在每个线圈的控制电路中都要串入同样的触点，将占用多个存储单元，应用主控指令 MC 和主控复位指令 MCR 就可以解决这一问题，如图 3-3-15 所示。

视频
MC、MCR 指令

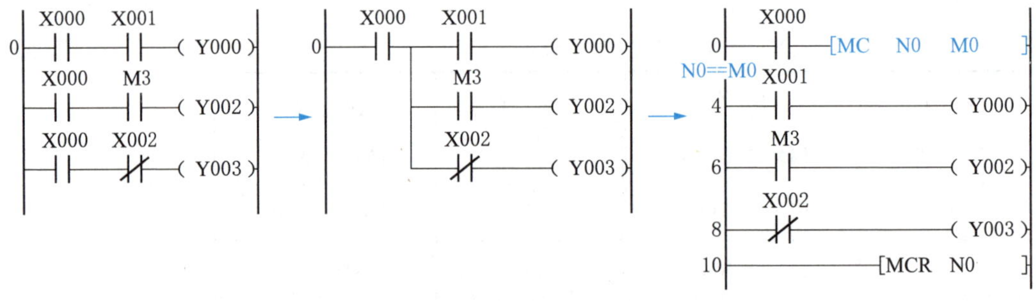

图 3-3-15　MC、MCR 指令应用示例

分析如图 3-3-16 所示梯形图及指令表中 MC、MCR 指令的应用。

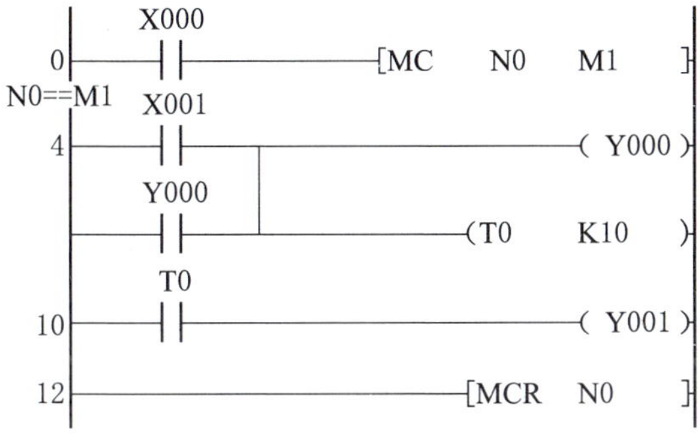

步	指令	元件	
0	LD	X000	
1	MC	N0	M1
4	LD	X001	
5	OR	Y000	
6	OUT	Y000	
7	OUT	T0	K10
10	LD	T0	
11	OUT	Y001	
12	MCR	N0	

图 3-3-16　MC、MCR 指令应用示例梯形图及指令表

分析：

① 当 X0 接通时，执行 MC 至 MCR 之间的程序。

② MC 至 MCR 之间的程序只有在 X0 接通后才能执行。

指令说明：

① 在上述程序中，输入 X0 接通时，直接执行 MC 至 MCR 之间的程序，如果 X0 输入为断开状态，则根据不同的元件形成不同的状态：

a. 保持当前状态：积算定时器、计数器、SET/RST 指令驱动的软元件；

b. 断开状态：非积算定时器、用 OUT 指令驱动的软元件。

② 主控指令 MC 后，母线(LD、LDI)临时移到主控触点后，主控复位指令 MCR 为将临时母线返回原母线的位置的指令。

③ MC 指令的操作元件可以是输出继电器 Y 或辅助继电器 M(特殊辅助继电器除外)。

④ MC 指令后，必须用 MCR 指令使临时左母线返回原来位置。

⑤ MC、MCR 指令可以嵌套使用，即 MC 指令内可以再使用 MC 指令，但是必须使嵌套级编号从 N0 到 N7 按顺序增加，顺序不能颠倒；而 MCR 指令的嵌套级编号必须从大到小，即按 N7 到 N0 的顺序返回，不能颠倒，最后一定是 MCR N0 指令，下面分别为无嵌套程序及有嵌套程序示例。

a. 无嵌套程序示例如图 3-3-17 所示。

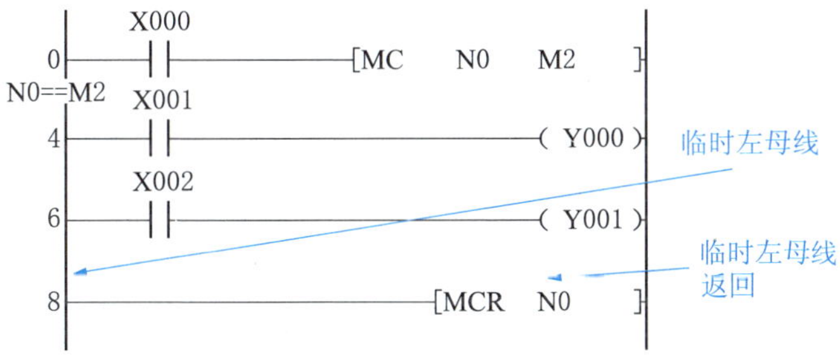

步	指令	元件	
0	LD	X000	
1	MC	N0	M2
4	LD	X001	
5	OUT	Y000	
6	LD	X002	
7	OUT	Y001	
8	MCR	N0	

图 3-3-17　无嵌套程序示例

图 3-3-17 所示程序为无嵌套程序，操作元件 N 编程，且 N 在 N0～N7 之间任意使用没有限制；有嵌套结构时，嵌套级 N 的地址号增序使用，即 N0 至 N7。

b. 有嵌套程序示例一如图 3-3-18 所示。

c. 有嵌套程序示例二如图 3-3-19 所示。

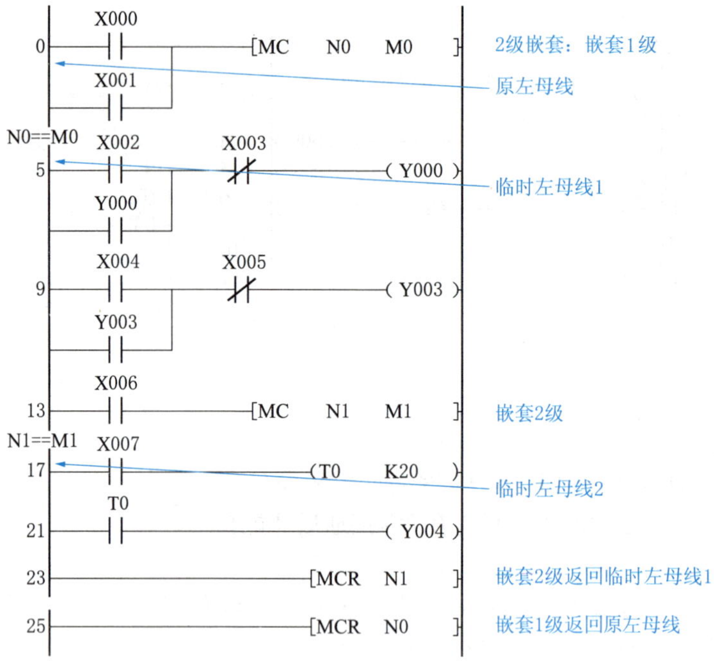

图 3-3-18　有嵌套程序示例一

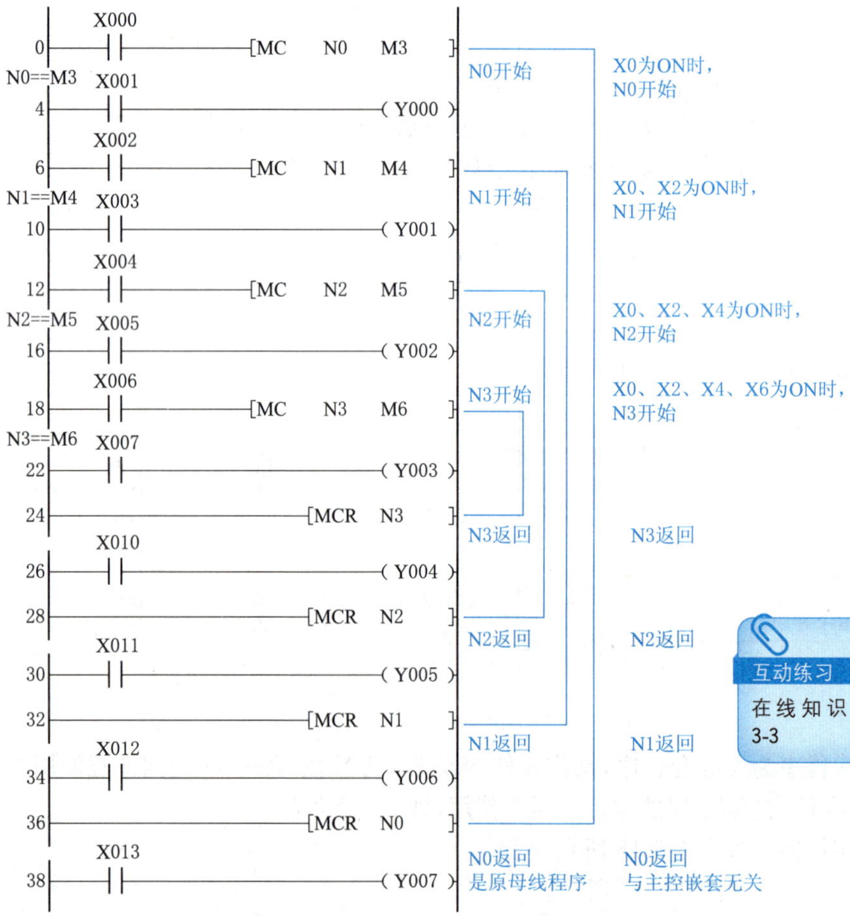

图 3-3-19　有嵌套程序示例二

互动练习

在线知识测评

3-3

知识测评

一、选择题

1. 有一个 PLC 控制系统，已占用了 16 个输入点和 8 个输出点，合理的 PLC 型号是（　　）。

A. FX3U-16MR　　B. FX3U-32MR　　C. FX3U-48MR　　D. FX3U-64MR

2. 表示逻辑块与逻辑块并联的指令是（　　）。

A. AND　　B. ANB　　C. OR　　D. ORB

3. 定时器的动合触点在梯形图中可以使用（　　）次。

A. 1　　B. 10　　C. 100　　D. 无限

4. SET 指令不能输出控制的继电器是（　　）。

A. Y　　B. D　　C. M　　D. S

5. 题图 3-1 所示梯形图对应的指令表是（　　）。

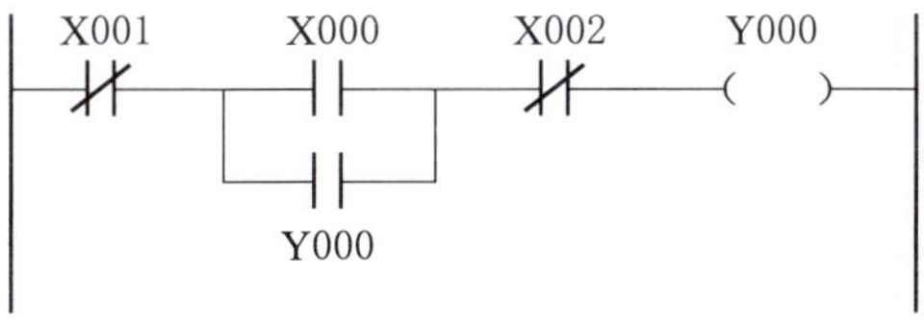

题图 3-1

A.

0	LDI	X001
1	OR	X000
2	OR	Y000
3	ANI	X002
4	OUT	Y000

B.

0	LDI	X001
1	LD	X000
2	OR	Y000
3	ANB	
4	ANI	X002
5	OUT	Y000

C.

0	LDI	X001
1	AND	X000
2	AND	Y000
3	ANI	X002
4	OUT	Y000

D.

0	LDI	X001
1	OR	X000
2	OR	Y000
3	ANB	
4	ANI	X002
5	OUT	Y000

二、分析设计题

1. 根据题表 3-1 所示指令表画出对应的梯形图。

题表 3 1

步序	指令		步序	指令	
0	LD	X001	5	ANI	X005
1	OR	X002	6	ORI	M101
2	AND	X003	7	ANB	
3	OR	M100	8	ORI	M102
4	LD	X004	9	OUT	Y000

2. 根据题图 3-2 所示梯形图，写出对应的指令表。

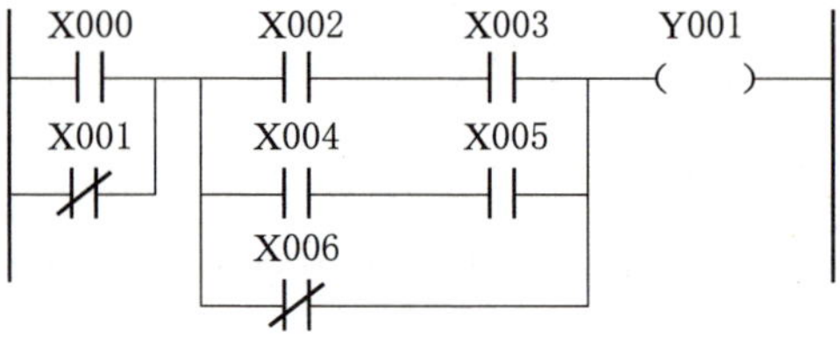

题图 3-2

3. 试设计满足题图 3-3 所示波形图的梯形图。

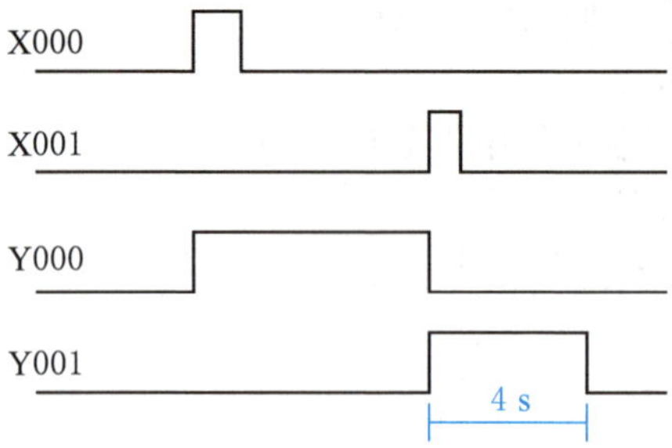

题图 3-3

4. 现有两台小功率的电动机，均采用直接启动控制方式，设计一个 PLC 控制系统，具体要求是：当 1 号电动机启动后，2 号电动机才允许启动，停止时，既可以单独停止，又可以同时停止。在提供的程序框架（题图 3-4）上进行修改，完成 PLC 控制程序的设计。

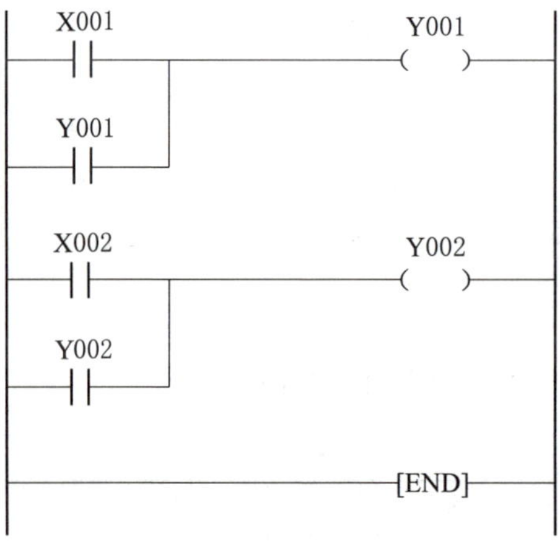

题图 3-4

项目四

自动运料小车的PLC控制

项目导入

运料小车作为生产线上物料输运的主要设备，能否正常运行，对工业生产的影响很大。随着自动化水平的提高，将PLC应用于运料小车控制系统，可实现对小车的自动控制，降低运营费用。

本项目主要介绍自动运料小车的PLC控制，包括简易的小车往返运动控制及小车装料、卸料的综合控制，涉及三菱FX3U系列PLC编程中单序列状态转移图（SFC）的学习与应用。通过本项目的实践与学习，能对状态转移图的结构组成以及如何应用步进顺控指令进行程序设计与编辑有一定的了解，在综合项目的编程能力及知识应用能力上有更大的提高。

视频

自动运料小车工程案例

知识目标

1. 了解状态转移图的组成和基本结构；
2. 熟悉步进顺控指令的基本用法；
3. 明白单序列状态转移图的基本结构形式。

能力目标

1. 会根据工艺要求绘制单序列状态转移图；
2. 能熟练完成状态转移图的编辑；
3. 能结合任务要求完成程序的分析及调试，进行现场故障的排查。

素质目标

1. 养成认真细致、实事求是、积极探索的科学态度和工作作风；
2. 形成自主学习、积极创新的良好学习习惯；
3. 通过实践操作，培养良好的团队协作和全面分析、解决问题的能力。

任务一 运料小车两地自动往返运行的控制

任务描述

如图 4-1-1 所示，小车在煤场和煤仓两地间自动往返运煤。小车的往返运行是通过电动机的正反转进行控制的，另增加相应的行程开关或传感器来实现自动往返运行，整个运行过程具有一定的前后顺序关系。

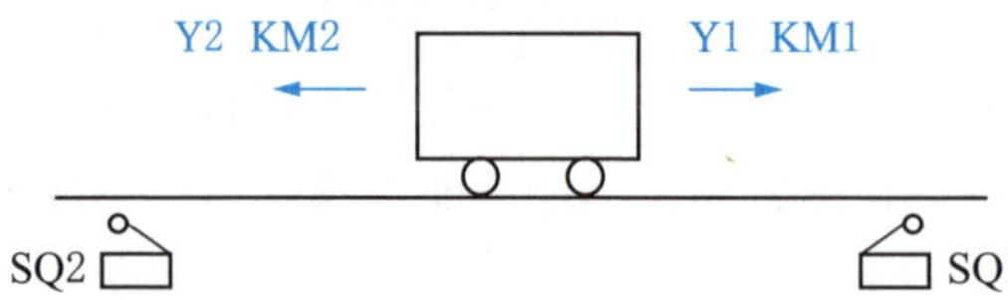

图 4-1-1 某小车两地自动往返运行控制示意图

动画
自动运料小车功能演示

工作原理分析：按下启动按钮 SB1 后，小车右行，碰到限位开关 SQ1 时，变为左行，到达限位开关 SQ2 时，停止运行。

任务要求：应用 PLC 完成小车的模拟运行，用单序列状态转移图编程。

任务分析

采用三菱 FX3U-48MR 型 PLC 来实现任务的控制要求。小车两地往返控制系统属于顺序控制，可将控制过程分解为若干个工作状态，首先理清每个工作状态的作用以及转移到其他工作状态的条件，再根据控制顺序的要求，把所有的工作状态连接起来，就形成了状态转移图。完成任务要求的 PLC 控制，必须执行以下几个环节：

① 了解状态转移图的组成要素，明确绘制状态转移图时的注意事项。

② 学习步进顺控指令，明确指令使用时的注意事项。

③ 正确绘制 PLC 控制外部接线图，完成程序的设计。

④ 会编辑单序列状态转移图，将其转换为梯形图程序并进行程序的调试。

知识链接

一、认识状态转移图(SFC)

视频
状态转移图

状态编程法是将一个复杂的控制过程分解为若干个工作状态，然后分步骤实施。当各个工作状态均顺序完成时，整个系统的控制要求逐步达成。类似于某生产车间有一自动化流水线，分为若干个工位，每个工位都需要完成产品的一个加工步骤，到流水线的结束工位时，整个产品也就完成了。

用状态转移图来进行编程，可使编程工作程序化、规范化，而且思路清晰。利用状态转移图编写 PLC 步进顺控程序时有一必不可少的编程要素，即状态元件(S)，它也是 PLC 的软元件之一，是组成状态转移图的重要部分。它除了在状态转移图中使用外，也可作为一般的辅助继电器使用，其触点在梯形图中使用次数不受限制。在 FX3U 系列 PLC 中共有 1 000 个状态继电器，其编号和用途见表 4-1-1。

表 4-1-1　FX3U 系列 PLC 状态继电器的编号和用途

类　别	元件编号	个　数	用　途
初始状态	S0～S9	10	用作 SFC 的初始状态
返回状态	S10～S19	10	多运行模式控制中，用作返回原点的状态
一般状态	S20～S499	480	用作 SFC 的中间状态
断电保持状态	S500～S899	400	具有掉电保持功能，用于停电恢复后需继续执行的场合
信号报警状态	S900～S999	100	用作报警元件使用

状态转移图是用状态元件描述工序状态的工艺流程图，由步、转移和动作组成。

1. 步

根据控制系统输出状态的变化将系统的一个工作周期划分为若干个顺序相连的阶段，这些阶段称之为步。它可分为初始步和工作步。

(1) 初始步

与系统的初始状态相对应的步称为初始步,初始步用双线框表示,每一个状态转移图至少应该有一个初始步,初始步可以没有具体完成的动作。

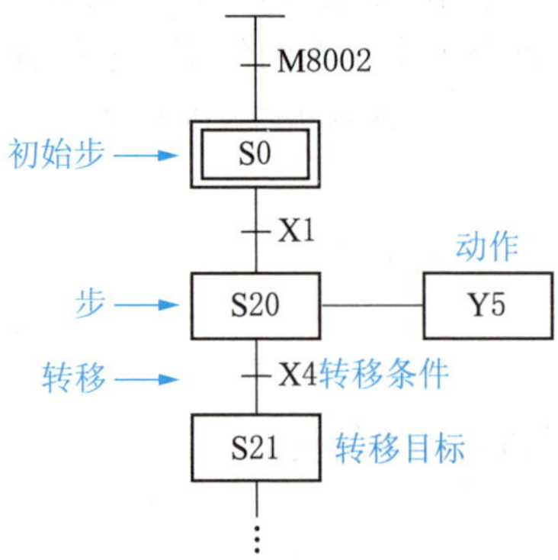

图 4-1-2 某状态转移图

结合图 4-1-2 分析,当 PLC 通电,转换开关切换至“RUN”运行模式,M8002 特殊辅助继电器的动合触点接通一个扫描周期的脉冲,使步进顺控程序进入初始状态 S0,并激活。由于初始状态 S0 本身没有与其他程序所对应的功能,因此它处于系统等待状态,等待系统的启动。

(2) 工作步

当系统处于某一步所在的阶段时,该步处于工作状态,该步称为工作步。步处于工作状态时,相应的动作被执行;步处于非工作状态时,相应的非存储型命令被停止执行。若图 4-1-2 中 X1 接通,则程序进入当前工作步 S20,相应的动作被执行,即 Y5 得电动作。

2. 转移

转移分为转移方向(有向连线)和转移条件。

在状态转移图中,随着时间的推移和转移条件的满足,活动状态将会随之移动,它的移动路线和方向由有向连线来决定,所谓有向连线是指步与步之间的连线。步的活动状态进展按有向连线规定的路线进行。有向连线上无箭头标注时,其进展方向是自上而下、从左到右,在这两个方向上的有向连线的箭头可以省略,但如果不是上述方向,应在有向连线上用箭头注明方向。

步的工作状态进展是由转移来完成的。转移用与有向连线垂直的短画线来表示,在短画线旁边标注出从前一步的工作步转移到下一步的转移条件。转移条件通常用文字语言、逻辑方程或图形符号表示。例如,转移条件 X、$\overline{X}$ 分别表示当逻辑信号为 ON 和 OFF 时,状态转移。步与步之间不允许直接相连,必须有转移隔开,而转移与转移之间也同样不能直接相连,必须有步隔开。

在使用状态转移图时要注意,转移的前一步必须是工作步,当转移条件满足后,当前步变为工作步,前一步被自动复位,即由完成前一步动作,转移到执行下一步动作。

图 4-1-2 中,在步 S20 为工作步的情况下,若转移条件 X4 成立,则状态进行转移,步 S21 变成工作步,而步 S20 停止工作,Y5 自动复位。

3. 动作

动作是指某步处于工作步时,PLC 向被控系统发出命令,或系统要执行的动作,如图 4-1-2 中输出继电器 Y5 线圈得电。

4. 状态转移图的类型

状态转移图有三种类型:单序列状态转移图、选择序列状态转移图和并行序列状态转移图。单序列的状态转移只有一种顺序,所有的步依次被激活,每个步后面只有一个转移,每个转移后面也只有一个步。

> **请回答：**
>
> 1. 状态转移图由________、________和________组成。
> 2. 步的工作状态进展是由________来完成的。转移用________来表示。

二、学习步进顺控指令 STL、RET

任何状态转移图(SFC)都可以转换为相应的梯形图，在此类步进顺控梯形图中，FX3U 系列 PLC 为编程人员提供了两条专用步进顺控指令 STL 和 RET。STL 是步进开始指令，RET 是 STL 的返回指令，即步进返回指令。

视频 STL、RET 指令

1. 指令说明

STL 指令称为“步进开始指令”，只能和状态元件(S)配合使用，但在步进顺控程序中，连续状态的转移都需要由 SET 指令来完成，因此，SET 指令在步进顺控程序中也是必不可少的。SET 指令可以理解为：当满足某个转移条件时，系统从一个状态顺利转移到另一个状态，强调进入当前状态；而真正要去执行状态对应的程序时，必须先激活本状态，这就是 STL 指令的功能。

RET 指令称为“步进返回指令”，其功能是使程序重新回到主母线上。在一系列 STL 指令的最后，必须写入 RET 指令，表明步进顺控梯形图指令的结束。

在将状态转移图(SFC)转换为梯形图程序时，要注意转换的原则，具体过程可概括为：进入当前状态(SET 指令实现)→激活当前状态(STL 指令实现)→执行程序→添加转移条件→进入下一个状态→再激活→执行程序……以此类推，如图 4-1-3 所示。

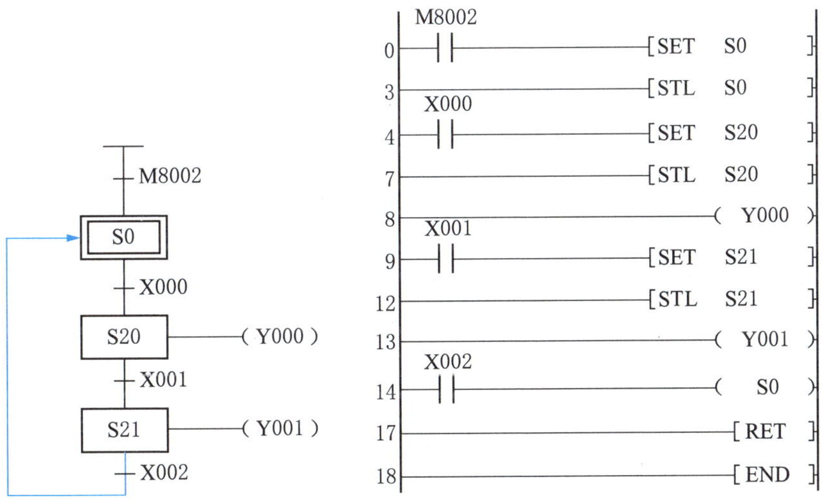

0	LD	M8002
1	SET	S0
3	STL	S0
4	LD	X000
5	SET	S20
7	STL	S20
8	OUT	Y000
9	LD	X001
10	SET	S21
12	STL	S21
13	OUT	Y001
14	LD	X002
15	OUT	S0
17	RET	
18	END	

(a) 状态转移图　(b) 梯形图　(c) 指令表

图 4-1-3　状态转移图与梯形图之间的转换

当 PLC 通电运行时，M8002 接通一个扫描周期的脉冲，步进顺控程序通过 SET 指令进入初始状态 S0。S0 状态被 STL 指令激活后，母线已被移至步进节点之后，因此其后的触点用指令语句编写时，可直接用 LD、LDI 指令。当转移条件 X0 为 ON 时，步进顺控程序转入状态 S20 执行……依此类推，当程序执行至状态 S21 时，梯形图通过 OUT 指令实现了向不连续状态 S0 的跳转。

2. STL 指令使用注意事项

① STL 指令可以直接驱动 Y、M、S、T 等软元件的线圈或应用指令，允许双线圈输出，但要注意同一软元件的多个线圈不能同时出现在同一工作步的 STL 指令区域内。

② STL 指令在同一程序中对某一状态继电器只能使用一次，不能重复使用。同一定时器可在程序中出现多次，但因为相邻两步的状态继电器会同时扫描一个扫描周期，因此同一定时器不能出现在相邻的两步中。

③ 若顺序不连续转移(跳转)，则不使用 SET 指令状态转移，应用 OUT 指令进行状态转移。

④ 在 STL 和 RET 指令之间不能使用 MC、MCR 指令。

⑤ 当前状态被激活后，先编写可直接输出的线圈，然后编写有条件触点才能输出的线圈，如图 4-1-4 所示。

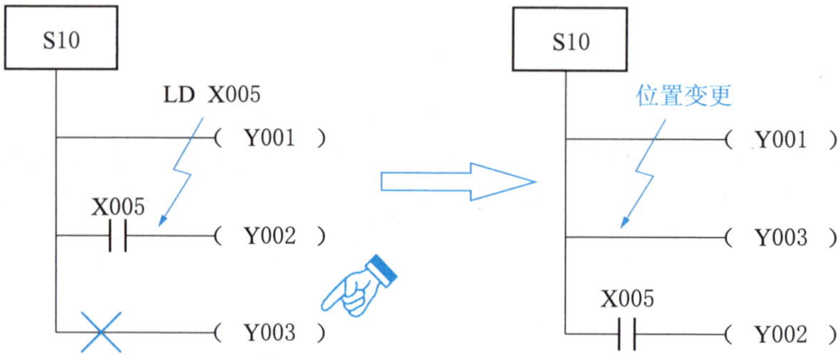

图 4-1-4　状态内的线圈驱动顺序

请回答：

1. STL 表示________指令，RET 表示________指令。
2. 在一系列 STL 指令的最后，必须写入 RET 指令，表明________________。

任务实施

一、绘制 PLC 控制外部接线图

根据控制要求，需要 1 个启动按钮和 2 个限位开关，小车的右行利用电动机的正转来实现，小车的左行利用电动机的反转来实现，所以需要两个交流接触器来控制电动机的正反转。因此，整个系统总的输入点数为 3 点，输出点数为 2 点。具体的 I/O 地址分配见表 4-1-2。

表 4-1-2　PLC 的 I/O 地址分配

输　　入			输　　出		
元件符号	输入端子地址	功　　能	元件符号	输出端子地址	功　　能
SB1	X0	启动按钮	KM1	Y1	电动机正转，小车右行
SQ1	X1	右限位开关	KM2	Y2	电动机反转，小车左行
SQ2	X2	左限位开关			

请记录：简述运料小车两地自动往返运行 PLC 控制系统设计总体思路。

1. ______________________

2. ______________________

根据 PLC 的 I/O 地址分配，绘制出 PLC 控制外部接线图，如图 4-1-5 所示。

请记录：PLC 控制外部接线的基本要点。

____

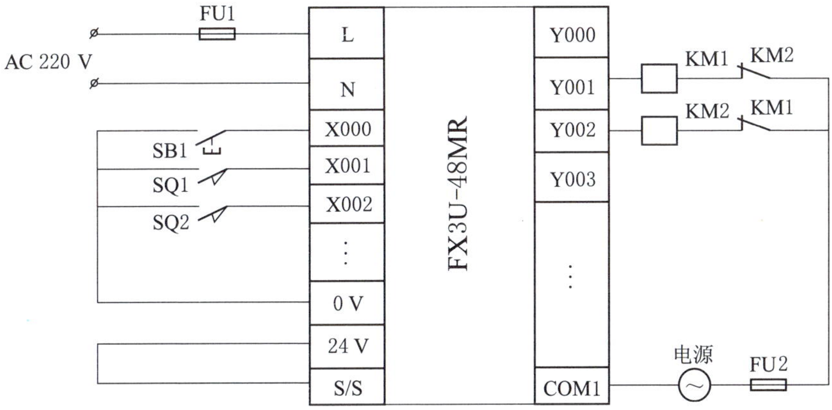

图 4-1-5　PLC 控制外部接线图

二、设计 PLC 控制程序

本控制系统中，小车两地自动往返运行周期可划分为三步，依次分别为初始步(准备)、小车前进和小车后退，各按钮和限位开关提供的信号是各步之间的转移条件。

结合任务控制要求，可以绘制出描述控制系统的控制过程、功能和特性的流程图。流程图又称功能图，如图 4-1-6 所示。

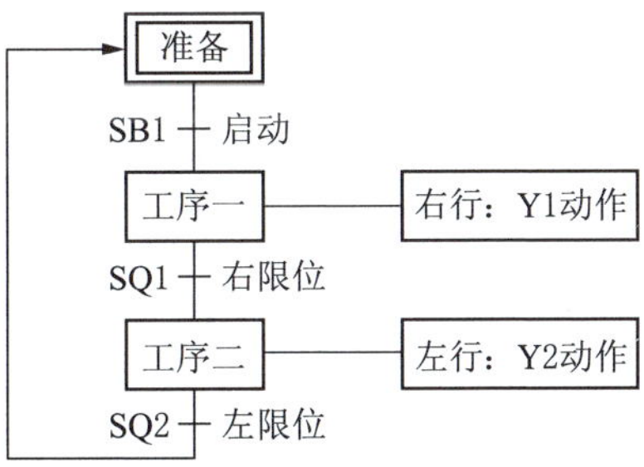

图 4-1-6　小车自动往返控制任务流程图

流程图中的每一步，可用一个状态来表示，由此绘制出如图 4-1-7 所示小车自动往返控制状态转移图。

请记录：M8002 在此状态转移图中的作用。

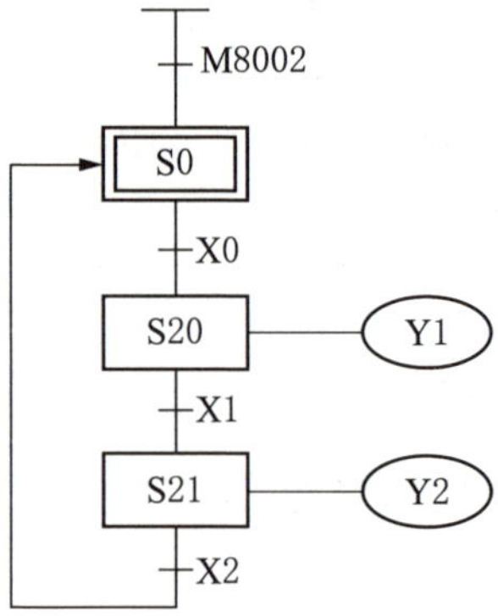

图 4-1-7　小车自动往返控制状态转移图

根据小车自动往返控制状态转移图，编制梯形图和指令表，如图 4-1-8 所示。

视频
单序列程序仿真分析

请记录：当 X1 为 ON 时，实现对状态 S0 的转移，为何不用 SET S0?

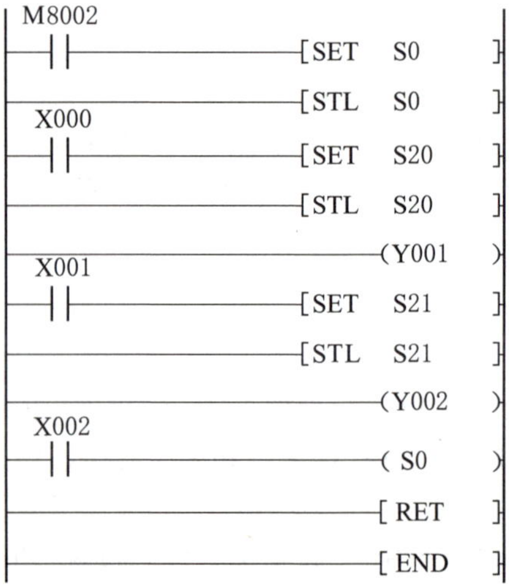

(a) 梯形图

0	LD	M8002
1	SET	S0
3	STL	S0
4	LD	X000
5	SET	S20
7	STL	S20
8	OUT	Y001
9	LD	X001
10	SET	S21
12	STL	S21
13	OUT	Y002
14	LD	X002
15	OUT	S0
17	RET	
18	END	

(b) 指令表

图 4-1-8　小车自动往返控制梯形图和指令表

程序说明：当 PLC 转换开关切换至“RUN”运行模式，M8002 的动合触点立刻接通，步进顺控程序进入初始状态 S0，并激活。当 X0 触点一接通，动作状态就向 S20 转移，S0 变为“**0**”状态，同时输出 Y1，小车右行；当 X1 触点一接通，动作状态就向 S21 转移，S20 变为“**0**”状态，同时输出 Y2，小车左行；当 X2 触点一接通，动作状态就向 S0 跳转，S21 变为“**0**”状态，小车停止运行。

三、编辑与下载 PLC 控制程序

视频
SFC 程序编辑演示 4-1

请实践：在 GX Developer 编程软件中，完成具体的程序编辑与下载。

四、调试 PLC 控制程序

确定 PLC 处于正常的运行状态，分别按下启动按钮 SB1，压下限位开关 SQ1、SQ2，观察 PLC 输入输出指示灯及接触器的变化，调试结果填入表 4-1-3。

请记录：调试过程中出现的问题及解决方法。

表 4-1-3　PLC 控制程序调试结果记录表

<table>
<tr><th rowspan="2">步骤</th><th rowspan="2">操作内容</th><th colspan="4">观　察　内　容</th></tr>
<tr><th>输入输出指示灯</th><th>状态</th><th>接触器 KM 线圈</th><th>状态</th></tr>
<tr><td rowspan="2">1</td><td rowspan="2">按下 SB1</td><td>X001</td><td></td><td rowspan="2">KM1 线圈</td><td rowspan="2"></td></tr>
<tr><td>Y000</td><td></td></tr>
<tr><td rowspan="3">2</td><td rowspan="3">压下 SQ1</td><td>X002</td><td></td><td rowspan="2">KM1 线圈</td><td rowspan="2"></td></tr>
<tr><td>Y000</td><td></td></tr>
<tr><td>Y001</td><td></td><td>KM2 线圈</td><td></td></tr>
<tr><td rowspan="3">3</td><td rowspan="3">压下 SQ2</td><td>X003</td><td></td><td rowspan="3">KM2 线圈</td><td rowspan="3"></td></tr>
<tr><td>Y001</td><td></td></tr>
<tr><td>Y000</td><td></td></tr>
</table>

知识拓展

互动练习
在线知识测评 4-1

如图 4-1-9 所示，SFC 程序的编辑分为两块：梯形图块和 SFC 块。

① 梯形图块，这是在 SFC 程序中与主母线相连的程序段。例如，在程序开始时用于激活初始状态的程序段，其编辑方法与普通梯形图编辑相同。

② SFC 块，如图 4-1-10 所示，SFC 程序可用方框、连线、短画线和箭头等表示。在 SFC 程序中，一个 SFC 块表示一个 SFC 流程，一般以其初始状态的状态元件命名。一个 SFC 程序最多只能有 10 个 SFC 块。

在 SFC 块上，是看不到与状态母线相连的有关驱动输出、转移条件和转移方向等梯形图块的，把这些看不到的梯形图程序称为 SFC 内置梯形图。

现以图 4-1-11 为例，讲解 STL 指令单序列状态转移图的编辑。

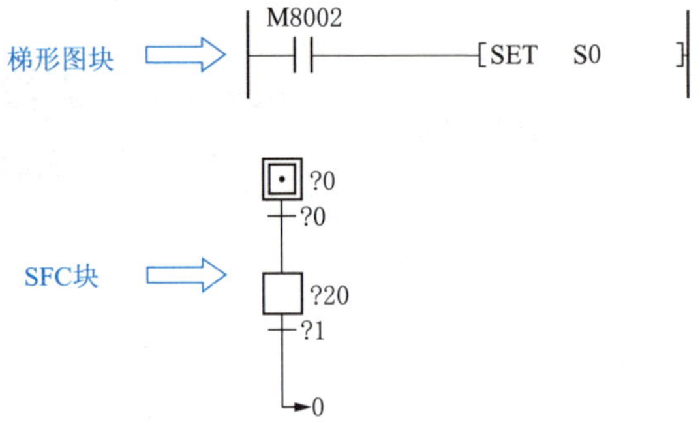

图 4-1-9 SFC 程序的块

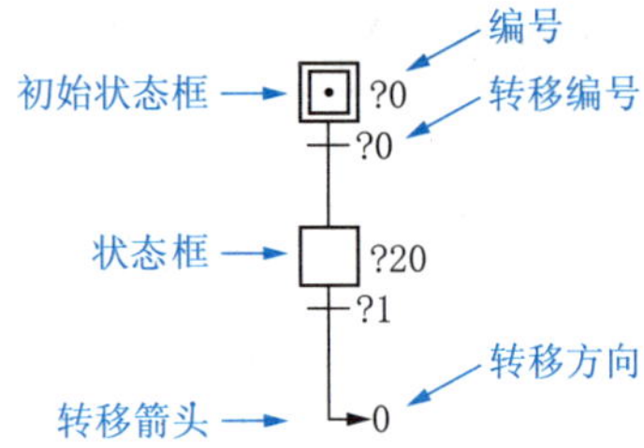

图 4-1-10 SFC 块

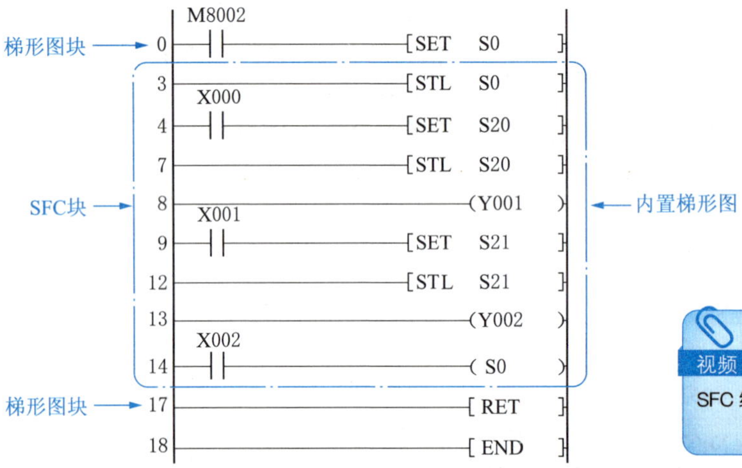

图 4-1-11 小车自动往返控制 STL 指令梯形图

视频

SFC 编辑

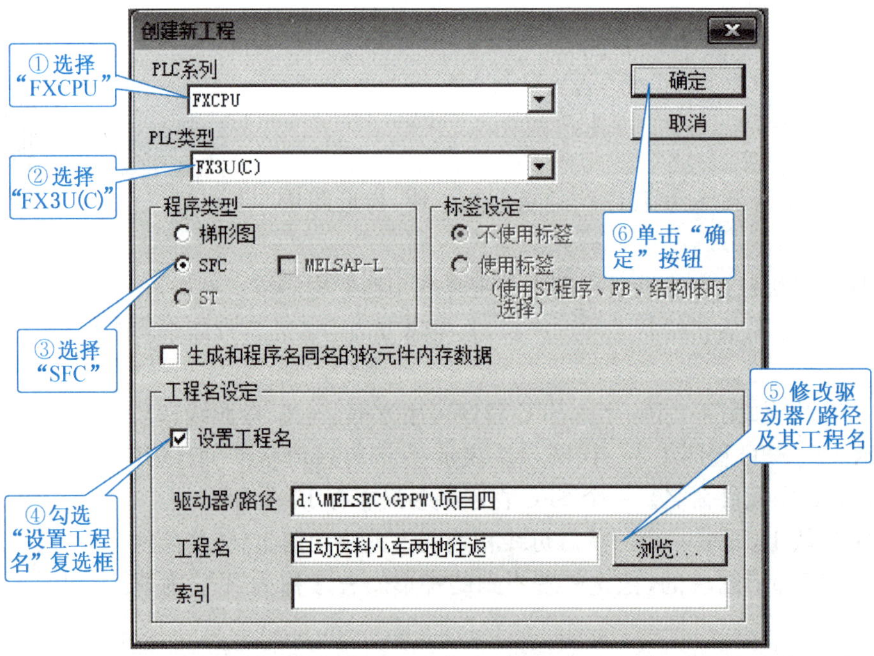

图 4-1-12 “创建新工程”对话框

1. 启动 SFC 编辑窗口

启动 GX Developer 编程软件，单击“工程”→“创建新工程”，创建一个新工程，弹出如图 4-1-12 所示对话框，在“PLC 系列”下拉列表框中选择“FXCPU”，在“PLC 类型”下拉列表框中选择“FX3U(C)”，“程序类型”选择“SFC”，在“工程名设定”框内勾选“设置工程名”复选框，在“驱动器/路径”栏选定程序所要保存的位置，在“工程名”栏输入程序的名称，如“自动运料小车两地往返”。

单击“确定”按钮后，出现如图 4-1-13 所示块列表窗口。

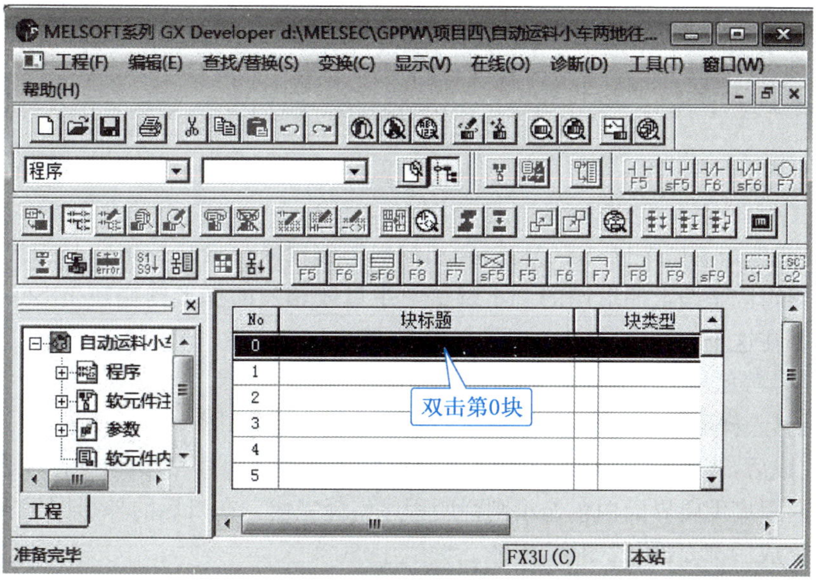

图 4-1-13 块列表窗口

在双击第 0 块后，弹出如图 4-1-14 所示“块信息设置”对话框。

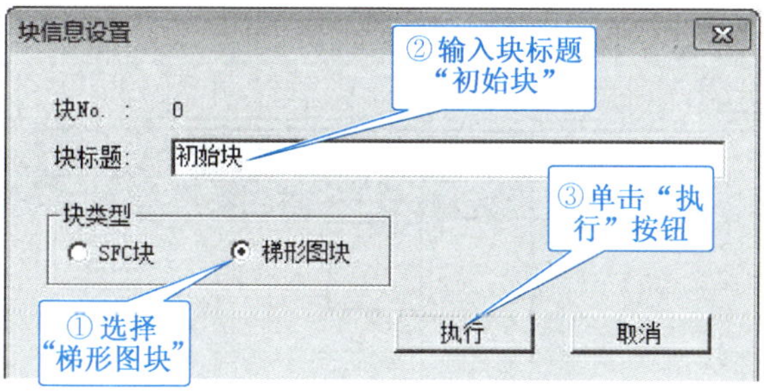

图 4-1-14 “块信息设置”对话框

首先激活初始状态 S0 的程序行。按图 4-1-14 中①→②顺序进行选择或填写，在单击“执行”按钮后，出现 SFC 编辑窗口，如图 4-1-15 所示。

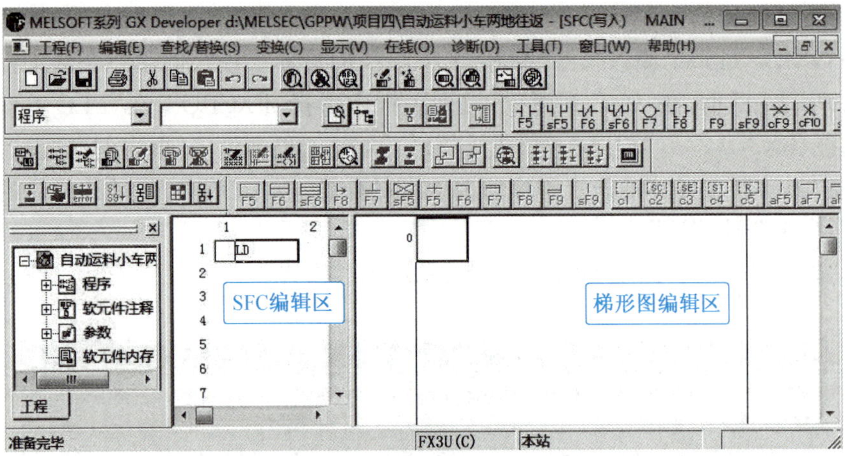

图 4-1-15　SFC 编辑窗口

SFC 编辑窗口有两个区:SFC 编辑区和梯形图编辑区。SFC 编辑区是编辑 SFC 程序的,梯形图编辑区是编辑梯形图的。不管是与主母线相连的梯形图块还是 SFC 程序的内置梯形图,都在这里编辑。

2. 编辑梯形图块

将光标移入梯形图编辑区,编辑激活初始状态程序块,如图 4-1-16 所示。

编辑完成后,该程序块为灰色,说明该段程序还未编译。直接按键盘上的 F4 键,进行程序块变换,程序编辑界面白色显示则说明程序编译完成。在以后的梯形图编辑区中的程序块,编辑完成后都要进行“变换”操作。

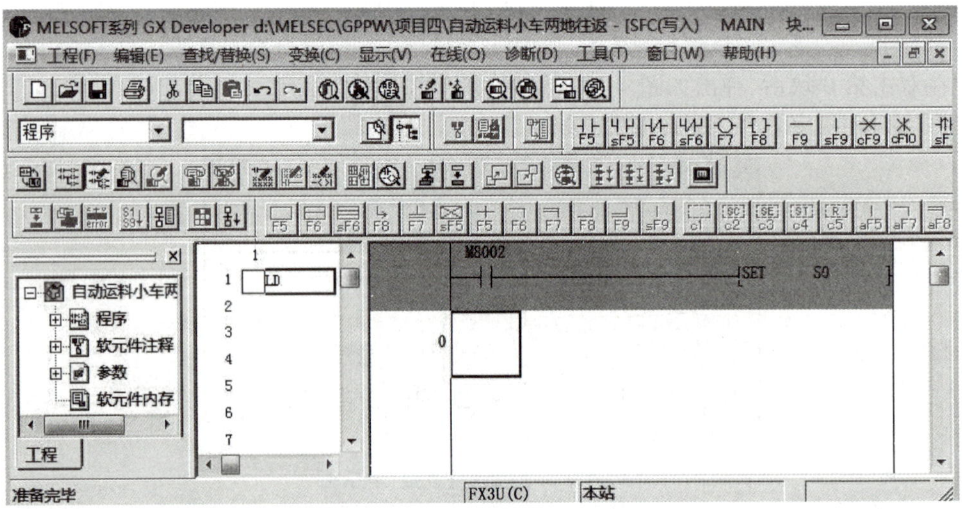

图 4-1-16　编辑激活初始状态程序块

3. 编辑 SFC 块

SFC 块编辑包括驱动输出程序编辑、转移条件编辑和程序转移编辑。

步骤一：设置 SFC 块信息。

单击如图 4-1-16 所示窗口右上角“关闭”图标，如图 4-1-17 所示。出现块列表窗口，如图4-1-13 所示。

双击第 1 块，弹出“块信息设置”对话框，如图 4-1-18 所示。

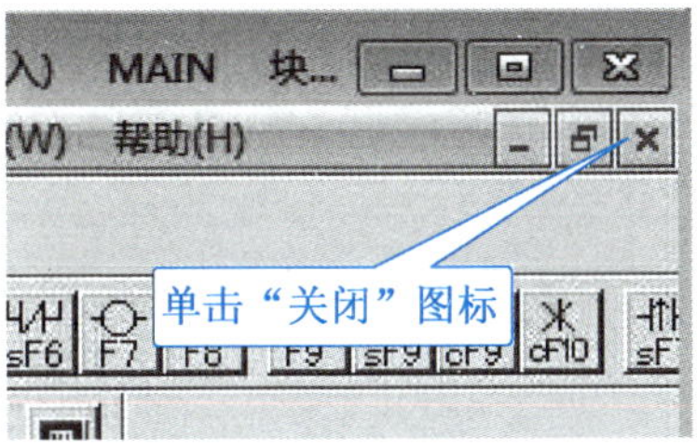

图 4-1-17　关闭梯形图块编辑窗口

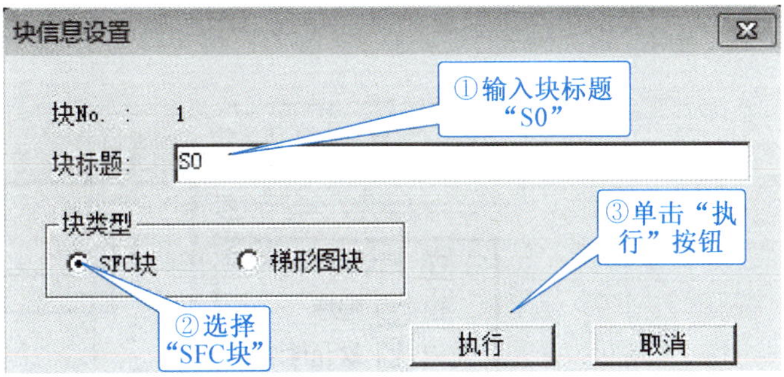

图 4-1-18　“块信息设置”对话框

在“块标题”栏中输入“S0”，表示这个 SFC 控制流程是以 S0 为初始状态的。在 SFC 程序的编辑中，一个流程为一个块，以初始状态编号为块标题，因此，块标题只能填入 S0～S9。

按图 4-1-18 中①→②顺序进行选择或填写，在单击“执行”按钮后，出现 SFC 编辑窗口。

在 SFC 编辑区出现了表示初始状态的双线框及表示状态相连的有向连线和表示转移条件的短画线等图标，如图 4-1-19 所示。双线框和短画线旁有“?0”，“?0”表示初始状态 S0 内还没有驱动输出梯形图。图标的上面有一行数字，表示图标所在列位置编号；图标左边的一行数字，表示图标所在行位置编号，图 4-1-19 中双线框的位置为 1×1（行×列）。

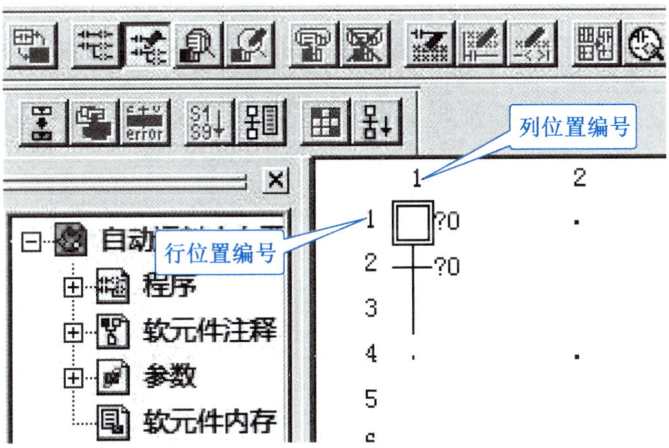

图 4-1-19　SFC 编辑区

从图 4-1-19 中可看出，S0 状态为空操作，即无内置梯形图，则无需输入内置梯形图，仍然保留“?”号，继续往下编辑，并不影响 SFC 程序整体转换。

步骤二：编辑初始状态 S0 的转移条件。

双击转移条件，如图 4-1-20 所示，弹出“SFC 符号输入”对话框，如图 4-1-21 所示。该对话框是对转移条件(短画线)进行编号。“TR”表示对转移条件进行编号，如 0，1，2，…，其中，“0”表示第 0 个转移条件。单击“确定”按钮，进行转移条件梯形图编辑。

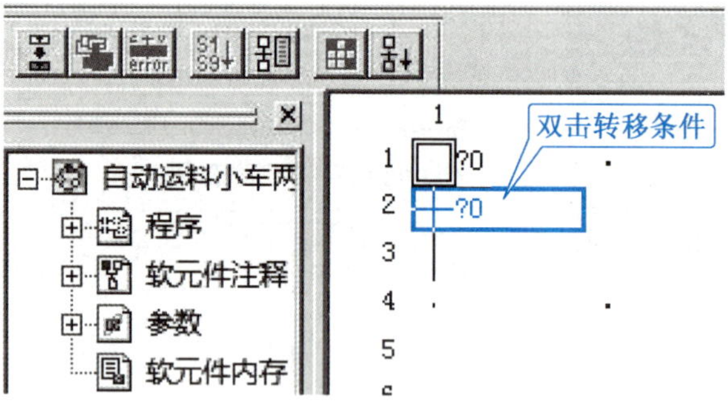

图 4-1-20　双击转移条件

图 4-1-21　“SFC 符号输入”对话框

如图 4-1-22 所示，单击步骤①所示位置，再将光标向右移入步骤②所示梯形图编辑区并单击，输入动合触点“X000”以及驱动输出“TRAN”，再按步骤③进行程序“变换”操作。这时短画线旁边“?0”已经消失，说明已经完成转移条件的输入。

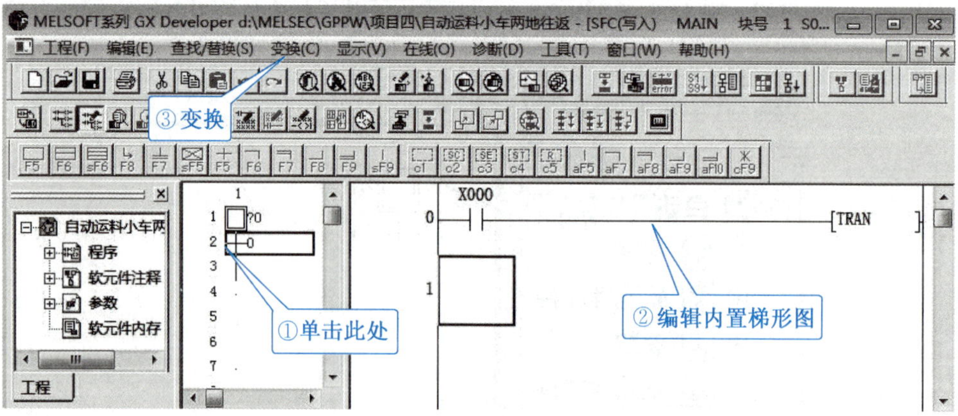

图 4-1-22　输入 TRAN 指令

在 GX Developer 编程软件中，是用“TRAN”代替“SET S20”进行编辑的。可以把“TRAN”看成是一个编程软件转移指令，转移方向由软件自动完成。

步骤三：编辑状态 S20 的内置梯形图。

将光标移到 SFC 编辑区位置 4×1 处，双击此处；或者在位置 4×1 处单击，出现光标后再单击状态图标，弹出“SFC 符号输入”对话框，如图 4-1-23 所示，输入编号“20”。单击“确定”按钮后，在位置 4×1 处，出现状态 S20 方框及“?20”。

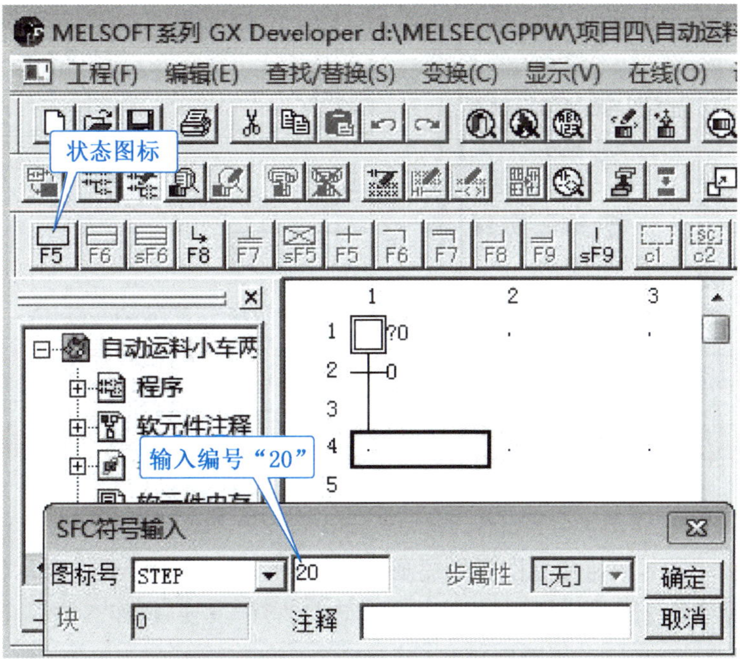

图 4-1-23 生成状态 S20 方框

如图 4-1-24 所示，单击步骤①所示状态 S20 方框，将光标移入步骤②所示梯形图编辑区并单击，编辑状态 S20 的内置驱动输出梯形图，再按步骤③进行程序“变换”操作。

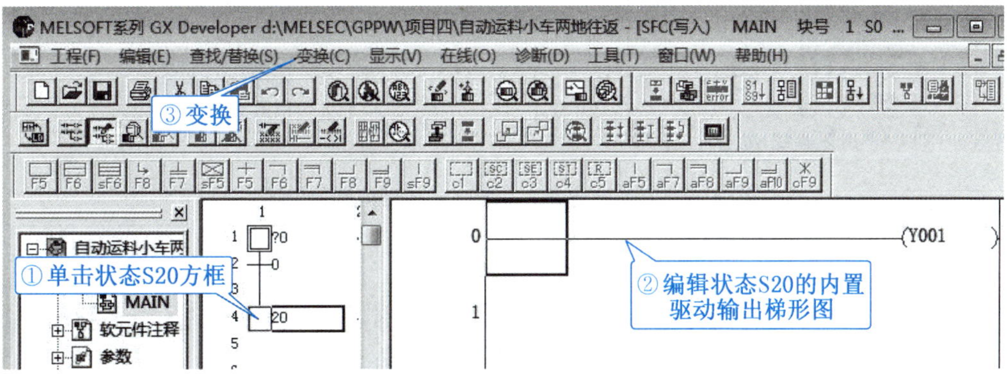

图 4-1-24 编辑状态 S20 的内置驱动输出梯形图

步骤四:编辑状态 S20 的转移条件。

将光标移到 SFC 编辑区位置 5×1 处,双击此处;或者在位置 5×1 处单击,出现光标后再单击转移条件图标,弹出“SFC 符号输入”对话框,如图 4-1-25 所示,输入编号“1”。单击“确定”按钮后,在位置 5×1 处,出现转移条件短画线及“?1”。

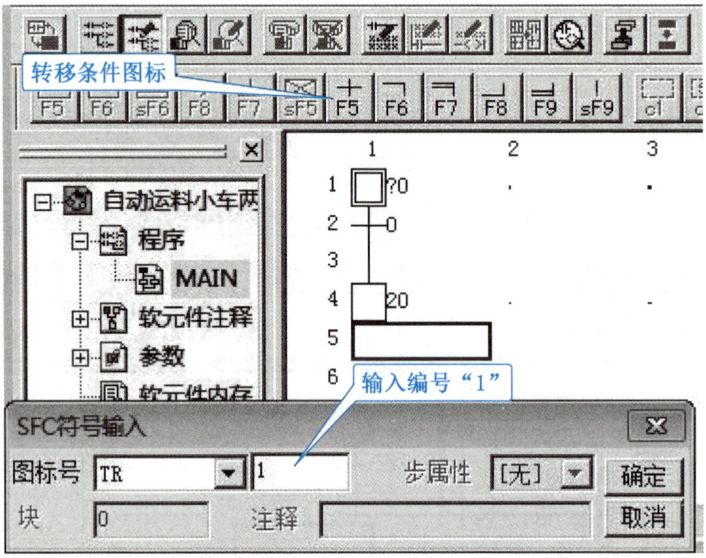

图 4-1-25　生成状态 S20 转移条件短画线

如图 4-1-26 所示,单击步骤①所示短画线 1 处,将光标移入步骤②所示梯形图编辑区并单击,编辑转移条件内置梯形图,再按步骤③进行程序“变换”操作。

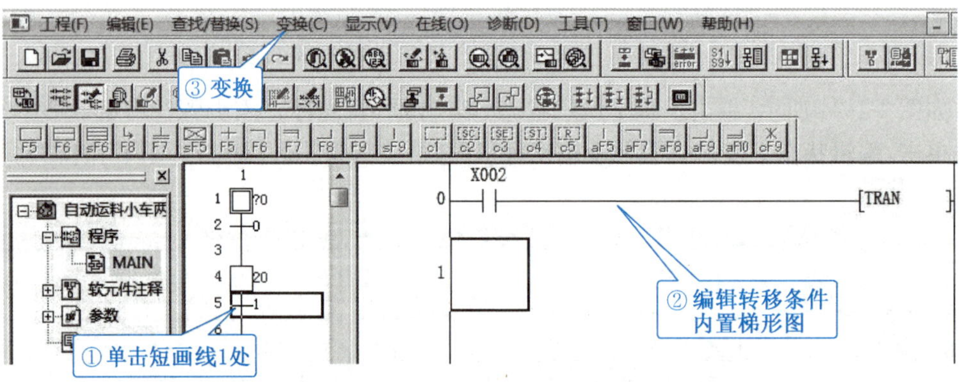

图 4-1-26　编辑状态 S20 的转移条件内置梯形图

步骤五:编辑状态 S21 的内置梯形图及转移条件。

将光标移到 SFC 编辑区位置 7×1 处单击,出现光标后再单击状态图标,弹出“SFC 符号输入”对话框,输入编号“21”。单击“确定”按钮后,在位置 7×1 处,出现状态 S21 方框及“21”。单击状态 S21 方框,将光标移入梯形图编辑区并单击,编辑状态 S21 的内置驱动输出梯形图,并进行程序“变换”操作。

将光标移到 SFC 编辑区位置 8×1 处单击,出现光标后再单击转移条件图标,弹出“SFC 符号输入”对话框,输入编号“2”。单击“确定”按钮后,在位置 8×1 处,出现转移条件短画线及“2”。单击短画线 2 处,编辑转移条件内置梯形图,并进行程序“变换”操作。

步骤六:编辑循环跳转。

为保证 SFC 控制流程构成 PLC 程序的循环工作,应在最后一个状态里设置返回到初始状态或工作周期开始状态的循环跳转转移。在本例中,状态 S21 已完成一个周期的控制流程,应编辑循环跳转到状态 S0 的 SFC 工作环节。

如图 4-1-27 所示,将光标移到步骤①所示 SFC 编辑区位置 10×1 处单击,出现光标后单击步骤②所示跳转图标,弹出“SFC 符号输入”对话框,在步骤③所示处输入编号“0”。

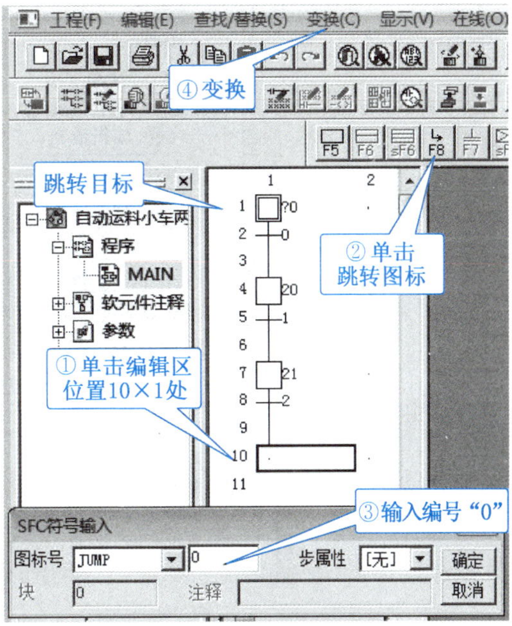

图 4-1-27 生成循环跳转箭头

图标号“JUMP”表示跳转,其编号应填入跳转转移到所在状态的编号。本例中跳转到状态 S0,其编号为“0”,注意应填入“0”,而不是“S0”。单击“确定”按钮,这时会看到位置 10×1 处有一转向箭头指向 0。同时,在初始状态 S0 的方框中多了一个小黑点,这表明该状态为跳转的目标状态,这也为阅读 SFC 程序流程提供了方便。最后按步骤④进行程序“变换”操作。至此,SFC 程序编辑完成。

步骤七:变换整体 SFC 程序。

上面完成的梯形图块和 SFC 块的程序是分别编制的。整体 SFC 及其内置梯形图块并未串联在一起。因此,需要进行 SFC 程序整体变换操作。

具体操作:按下键盘上的 F4 键或者单击“变换”菜单后,单击“变换(编辑中所有程序)”命令,这样 SFC 程序的软件编程才算全部完成。

注意:如果 SFC 程序编辑完成后并未进行整体变换,一旦离开 SFC 编辑窗口,先前完成的 SFC 及其内置梯形图的编辑工作则前功尽弃。

步骤八:转换 SFC 与梯形图程序。

PLC 不能执行编辑好的 SFC 程序,必须将其转换成梯形图之后才能执行。其操作方法及步骤如图 4-1-28 所示。

转换后的界面为灰色,如图 4-1-29 所示。在工程栏内双击程序“MAIN”,出现转换后的梯形图程序,虽然没有编辑 RET、END 指令,但 GX Developer 编程软件自动生成 RET、END 指令,如图 4-1-30 所示。从梯形图转换成 SFC 程序,操作方法一致。

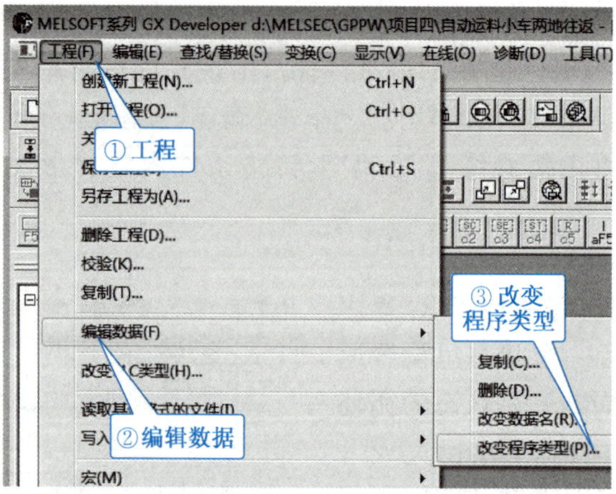

图 4-1-28　SFC 程序转换为梯形图程序操作

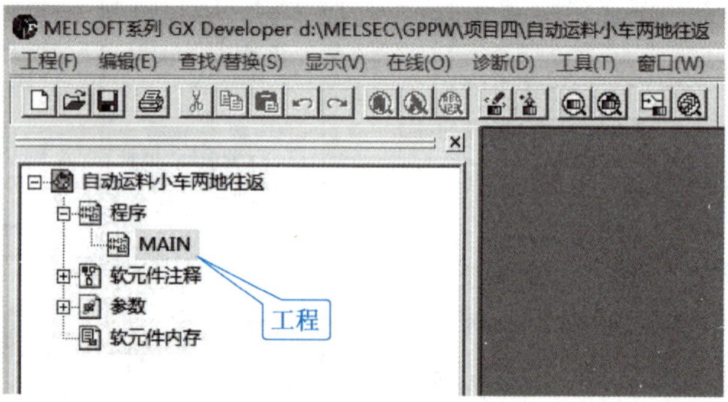

图 4-1-29　转换后的界面

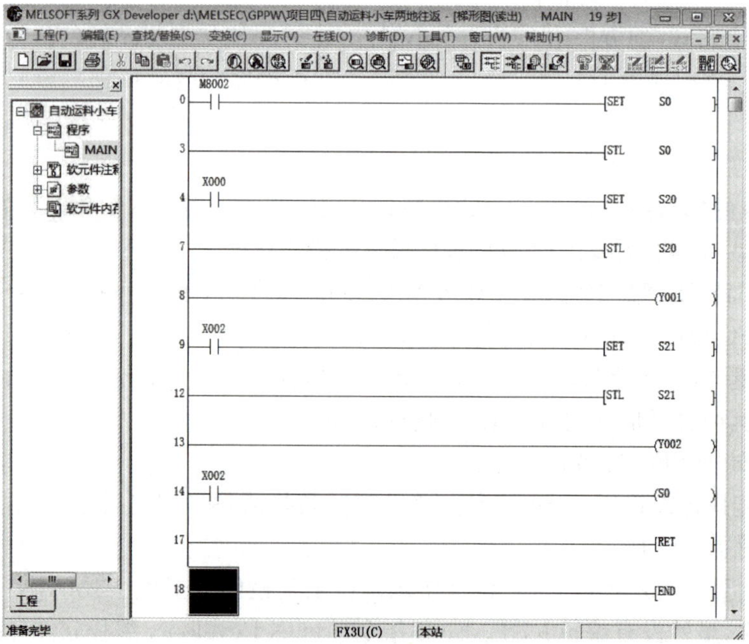

图 4-1-30　转换后的梯形图程序

在实际操作中，也可以先一次性完成 SFC 框架图的编辑，然后再按步进行内置梯形图的编辑。综上所述，单序列 SFC 编辑的基本操作步骤见表 4-1-4。

表 4-1-4 单序列 SFC 编辑的基本操作步骤

步骤	操作	备注
编辑状态	① 单击图标，生成状态方框； ② 单击方框，输入 STEP 编号； ③ 编辑内置梯形图，单击“变换”命令	初始状态双线框自动生成
编辑转移条件	① 单击图标，生成转移条件短画线； ② 单击短画线，输入 TR 编号； ③ 编辑内置梯形图，单击“变换”命令	初始状态转移条件短画线自动生成
编辑循环跳转	① 单击图标，生成转移方向箭头； ② 单击箭头，输入 JUMP 编号	转移目标状态方框内生成黑点
整体变换	按下 F4 键或单击“变换”命令	

任务二 运料小车自动装卸料运行的控制

任务描述

在自动化生产线上，有些生产机械的工作台需要按一定的顺序实现自动往返运动，并且有的还要求在某些位置有一定的时间停留，以满足生产工艺要求。本任务主要实现小车自动装卸料运行控制。

动画
运料小车自动装卸料功能演示

任务要求：如图 4-2-1 所示，按下启动按钮 SB1 后，运料小车从原点开始启动，启动后小车向前运动，运行至 SQ2 处停止，甲料斗装料 5 s，然后小

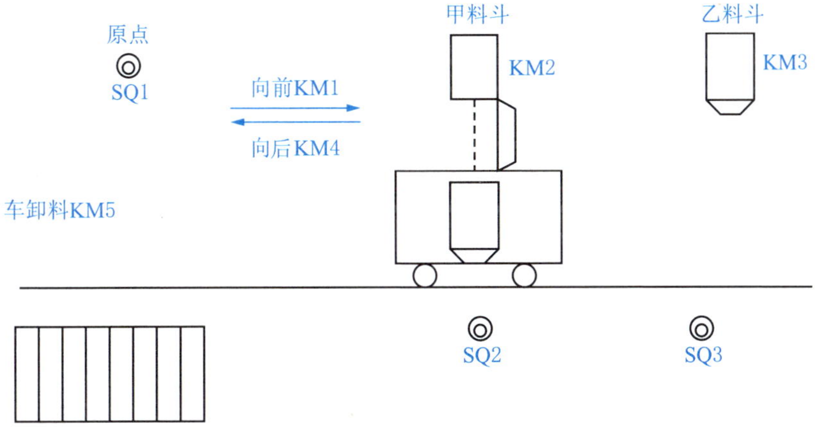

图 4-2-1 某小车自动装卸料运行控制示意图

车继续向前运行直至碰到 SQ3 处停止，此时乙料斗开始装料 3 s，随后小车返回到原点直至碰到 SQ1 停止，小车卸料 5 s 后完成一次循环。中途若按下停止按钮 SB2，小车停止运行，卸料和装料也停止。

根据任务要求熟练绘制 SFC 程序，并将其转换为梯形图程序。

任务分析

该控制系统属于顺序控制，可将控制过程分解为：前进→甲料斗装料→前进→乙料斗装料→后退→卸料这几个工作状态，这个工作过程是一种顺序，所有的步依次被激活，每步后面只有一个转移，每个转移后面也只有一个步，属于单序列状态转移。完成任务要求的 PLC 控制，必须执行以下几个环节：

① 能根据控制要求，完成单序列状态转移图的绘制。

② 正确进行 PLC 控制外部接线图的绘制，完成程序的设计。

③ 会进行 SFC 程序的编辑，并将其转换为梯形图程序，进行程序的分析与调试。

知识链接

一、认识步进指令设计系统中常用的特殊辅助继电器

用步进指令设计系统时，为了有效编写步进程序，经常需要采用其他几种特殊辅助继电器。例如，一般以系统的初始条件作为初始状态的转移条件，但若系统无初始条件，可用初始化脉冲 M8002 驱动转移。特殊辅助继电器主要软元件编号、名称、功能和用途详见表 4-2-1。

表 4-2-1　特殊辅助继电器主要软元件编号、名称、功能和用途

软元件号	名　称	功　能　和　用　途
M8000	RUN 监视	PLC 运行过程中，需要一直接通的特殊辅助继电器，可作为驱动程序的输入条件使用，或用来显示 PLC 运行状态
M8002	初始脉冲	在 PLC 由 STOP 状态变为 RUN 状态时，仅在瞬间（一个扫描周期）接通的继电器，用于程序的初始设定或初始状态的置位
M8034	禁止输出	驱动该继电器，则将外部输出全部置于 OFF 状态
M8040	禁止转移	驱动该继电器，则禁止所有状态之间的转移。然而，即使在禁止转移状态下，由于当前状态内的程序仍然动作，因此输出线圈等不会自动断开
M8046	STL 动作	在任意状态接通时，M8046 自动接通，用于避免与其他流程同时启动或作为工序的动作标志
M8047	STL 监视有效	驱动该继电器，则编程功能可自动读出正在动作的状态并加以显示

请回答：

1. 转移分为________和________。

2. 用步进指令设计系统时，特殊辅助继电器________可用于程序的初始设定。

二、在转移条件回路中不能使用的指令

在转移条件回路中，不能使用 ANB、ORB、MPS、MRD、MPP 指令。

某状态转移图的一部分如图 4-2-2 所示，若遇此情况应将此部分程序转变为如图 4-2-3 所示。

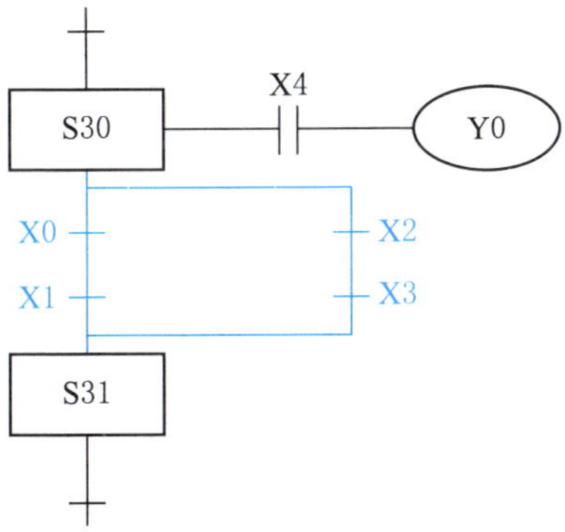

图 4-2-2 某状态转移图的一部分

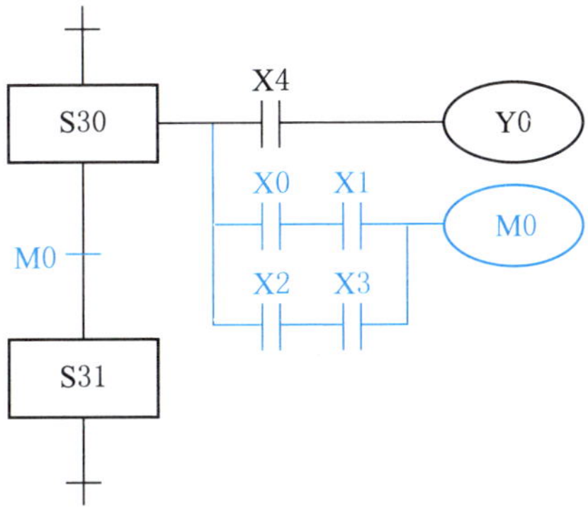

图 4-2-3 转换后的状态转移图

请回答：

1. 转移条件通常用________、________或________表示。

2. 在转移条件回路中，不能使用________、________、________、________、________指令。

任务实施

一、绘制 PLC 控制外部接线图

根据控制要求，需要 1 个启动按钮、1 个停止按钮和 3 个限位开关；小车的前进和后退利用电动机的正反转来实现，需要两个交流接触器来控制电动机的正反转；装料和卸料分别采用三台电动机来控制，需要三个交流接触器。因此，整个系统总的输入点数为 5 点，输出点数为 5 点。PLC 具体的 I/O 地址分配见表 4-2-2。

请记录：简述运料小车自动装卸料 PLC 控制系统设计总体思路。

1. ________

2. ________

表 4-2-2　PLC 的 I/O 地址分配

输　入			输　出		
元件符号	输入端子地址	功　能	元件符号	输出端子地址	功　能
SB1	X0	启动按钮	KM1	Y0	电动机正转，小车向前
SB2	X1	停止按钮	KM2	Y1	甲料斗装料
SQ1	X2	限位开关	KM3	Y2	乙料斗装料
SQ2	X3	限位开关	KM4	Y3	电动机反转，小车向后
SQ3	X4	限位开关	KM5	Y4	小车卸料

根据 PLC 的 I/O 地址分配，设计出 PLC 控制外部接线图，如图 4-2-4 所示。

请记录：设计 PLC 控制外部接线图中输出端部分的要点。

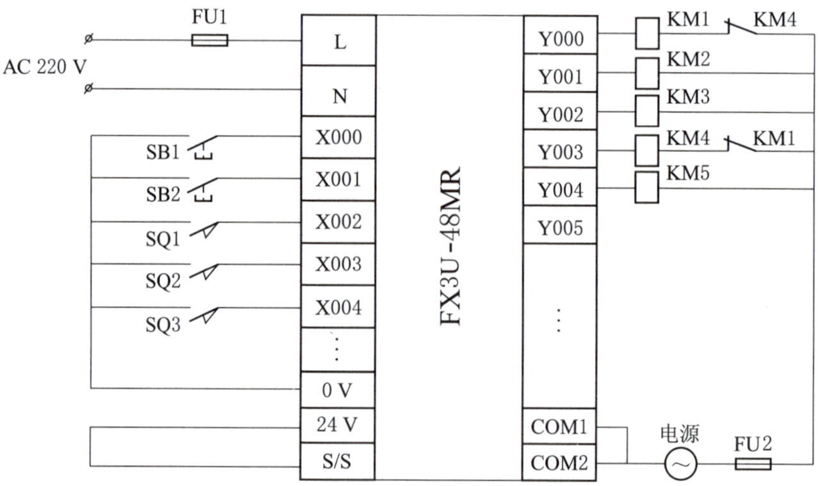

图 4-2-4　PLC 控制外部接线图

二、设计 PLC 控制程序

请记录：在此 SFC 中，三个定时器能否全部用同一编号（如 T0）来实现？为什么？

按任务要求可知，运料小车在某些位置有一定的时间停留，则需注意在 SFC 内置梯形图中定时器输出线圈的编辑。

根据控制要求，可绘制出小车自动装卸料运行控制参考状态转移图，如图 4-2-5 所示。

程序说明：

当 PLC 转换开关切换至“RUN”运行模式，M8002 的动合触点立刻接通，步进顺控程序进入初始状态 S0，并激活，运行区间复位指令 ZRST 将 S20 至 S25 之间的 6 个状态进行成批复位。

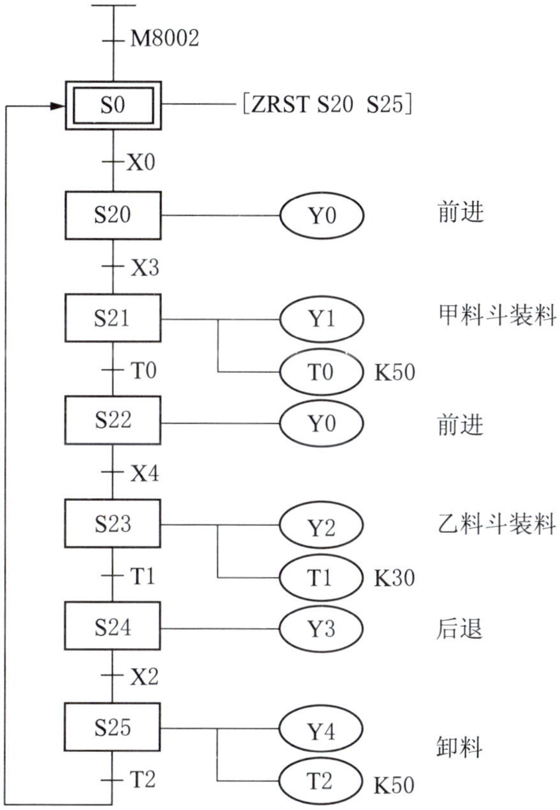

图 4-2-5　小车自动装卸料运行控制参考状态转移图

当 X0 触点一接通，动作状态就向 S20 转移，S0 变为"**0**"状态，同时输出 Y0，小车前进；当 X3 触点一接通，动作状态就向 S21 转移，S20 变为"**0**"状态，同时输出 Y1 并延时 5 s，甲料斗装料；当 5 s 延时时间到后，动作状态就向 S22 转移，S21 变为"**0**"状态，同时输出 Y0，小车前进；当 X4 触点一接通，动作状态就向 S23 转移，S22 变为"**0**"状态，同时输出 Y2 并延时 3 s，乙料斗装料；当 3 s 延时时间到后，动作状态就向 S24 转移，S23 变为"**0**"状态，同时输出 Y3，小车后退；当 X2 触点一接通，动作状态就向 S25 转移，S24 变为"**0**"状态，同时输出 Y4 并延时 5 s，小车卸料；当 5 s 延时时间到后，动作状态就向 S0 转移，S25 变为"**0**"状态，小车复位停止运行。

三、编辑与下载 PLC 控制程序

请实践：在 GX Developer 编程软件中，完成具体的程序编辑与下载。

视频

SFC 程序编辑演示 4-2

在此任务中，可以换一种方式来编辑 SFC 块，首先绘制 SFC 块的所有流程图形，然后再输入内置梯形图。

步骤一：编辑 SFC 程序图。

首先进入到如图 4-1-15 所示 SFC 编辑窗口，然后按照表 4-2-3 所示步序进行操作。

请记录：

1. 在 SFC 编辑区位置 4×1 处，生成状态框 20 的方法。

方法一：________

____

____

方法二：________

____

____

2. 在 SFC 编辑区位置 14×1 处，生成短画线 4 的方法。

方法一：________

____

____

____

方法二：________

____

____

表 4-2-3　单序列 SFC 程序编辑步序

步　序	光标位置	操　　作	图　形　结　果
1	4×1	单击 F5，输入编号“20”	生成状态框 20
2	5×1	单击 F5，输入编号“1”	生成短画线 1
3	7×1	单击 F5，输入编号“21”	生成状态框 21
4	8×1	单击 F5，输入编号“2”	生成短画线 2
5	10×1	单击 F5，输入编号“22”	生成状态框 22
6	11×1	单击 F5，输入编号“3”	生成短画线 3
7	13×1	单击 F5，输入编号“23”	生成状态框 23
8	14×1	单击 F5，输入编号“4”	生成短画线 4
9	16×1	单击 F5，输入编号“24”	生成状态框 24
10	17×1	单击 F5，输入编号“5”	生成短画线 5
11	19×1	单击 F5，输入编号“25”	生成状态框 25
12	20×1	单击 F5，输入编号“6”	生成短画线 6
13	22×1	单击 F8，输入编号“0”	生成转移方向 0

请记录：

1. 在 1×1 光标位置右侧“?”的含义：

____

____

____

2. 在 11×1 光标位置右侧“?”的含义：

____

____

____

完成上述操作后形成的单序列 SFC 程序如图 4-2-6 所示，图中各个状态框和转移条件短画线都有问号，表示内置梯形图还未进行编辑。

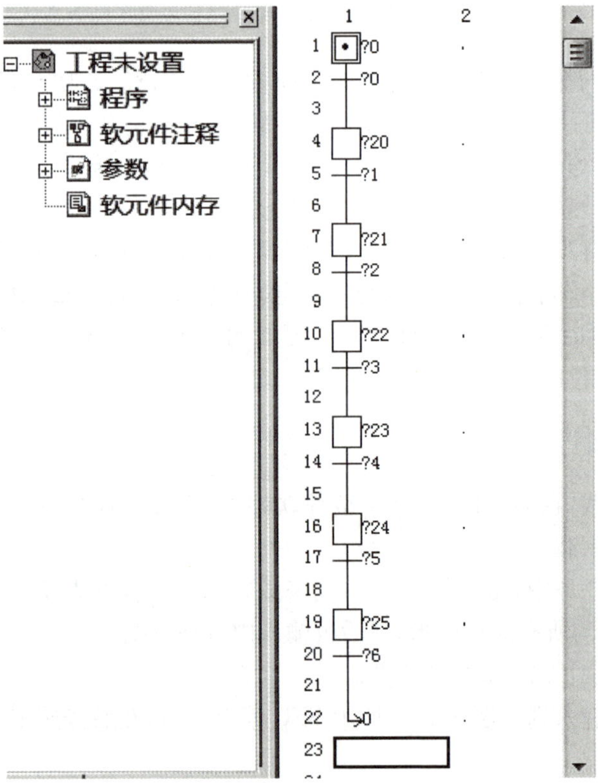

图 4-2-6　单序列 SFC 程序

步骤二：编辑 SFC 程序块内置梯形图。

对每一个状态框和转移条件短画线都必须进行内置梯形图输入，其步骤如下：

① 将光标移到状态框或转移条件短画线位置处。

② 单击右侧梯形图编辑区。

③ 输入相应的内置梯形图，并单击“变换”命令进行编译。

④ 重复步骤①—③，直至所有内置梯形图编辑完毕。

请记录：内置梯形图编译的几种方法。

请记录：状态转移图转换梯形图的要点。

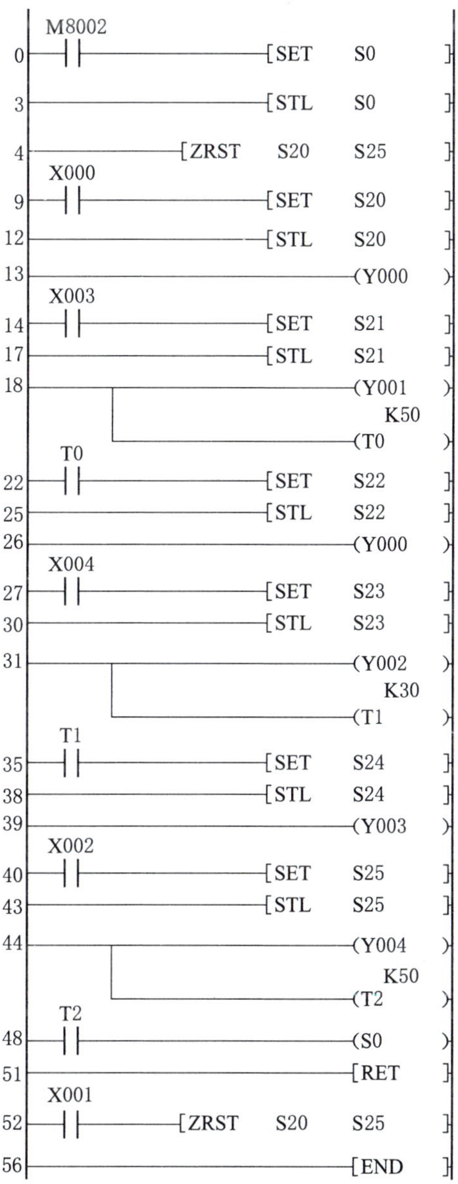

(a) 梯形图

0	LD	M8002	
1	SET	S0	
3	STL	S0	
4	ZRST	S20	S25
9	LD	X000	
10	SET	S20	
12	STL	S20	
13	OUT	Y000	
14	LD	X003	
15	SET	S21	
17	STL	S21	
18	OUT	Y001	
19	OUT	T0	K50
22	LD	T0	
23	SET	S22	
25	STL	S22	
26	OUT	Y000	
27	LD	X004	
28	SET	S23	
30	STL	S23	
31	OUT	Y002	
32	OUT	T1	K30
35	LD	T1	
36	SET	S24	
38	STL	S24	
39	OUT	Y003	
40	LD	X002	
41	SET	S25	
43	STL	S25	
44	OUT	Y004	
45	OUT	T2	K50
48	LD	T2	
49	OUT	S0	
51	RET		
52	LD	X001	
53	ZRST	S20	S25
56	END		

(b) 指令表

图 4-2-7 转换后的梯形图程序及指令表

步骤三：转换 SFC 与梯形图程序。

将编辑好的 SFC 程序转换为梯形图程序，具体操作如本项目任务一所述一致，转换后的梯形图程序及指令表如图 4-2-7 所示。

四、调试 PLC 控制程序

请记录：调试过程中出现的问题及解决方法。

确定 PLC 处于正常的运行状态，分别按下按钮 SB1、SB2，压下限位开关 SQ1、SQ2、SQ3，观察 PLC 输入输出指示灯亮灭变化及小车动作状态，调试结果填入表 4-2-4。

互动练习
在线知识测评 4-2

表 4-2-4　PLC 控制程序调试结果记录表

步骤	操作内容	观察内容		
		输入输出指示灯	状态	小车动作状态
1	按下 SB1	Y000		
2	压下 SQ2	Y000		
		Y001		
3	压下 SQ3	Y000		
		Y002		
		Y003		
4	压下 SQ1	Y003		
		Y004		
5	按下 SB2	Y000～Y004		

知识测评

一、选择题

1. 初始步用(　　)表示。

A. 双线框　　B. 单线框　　C. 双线框和单线框均可

2. STL 表示步进(　　)指令，只能和状态元件(S)配合使用；RET 表示步进(　　)指令，用于让程序重新回到主母线上。

A. 返回　开始　　B. 开始　返回　　C. 结束　返回

3. 状态转移图是由(　　)组成。

A. 步、转移　　B. 转移、动作　　C. 步、转移和动作

4. (　　)用于设置初始状态及回原点。

A. S0～S19　　B. S0～S899　　C. S20～S899

5. STL 指令应放在梯形图的(　　)。

A. 最左边　　B. 最右边　　C. 任意位置

二、分析设计题

1. 指出题图 4-1 中的错误并改正。

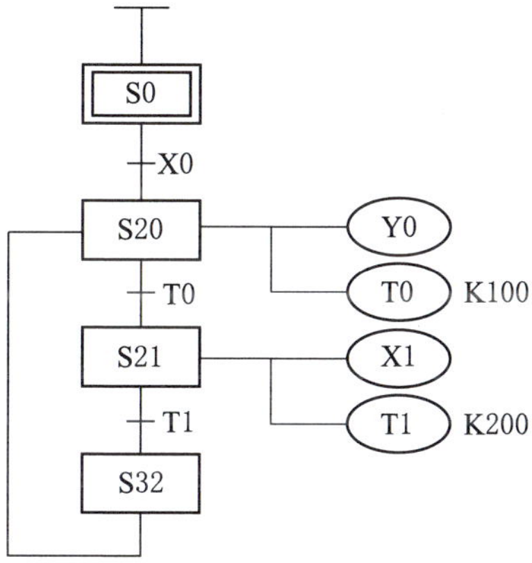

题图 4-1

2. 将题图 4-2(a)所示状态转移图转换的题图 4-2(b)所示梯形图补充完整。

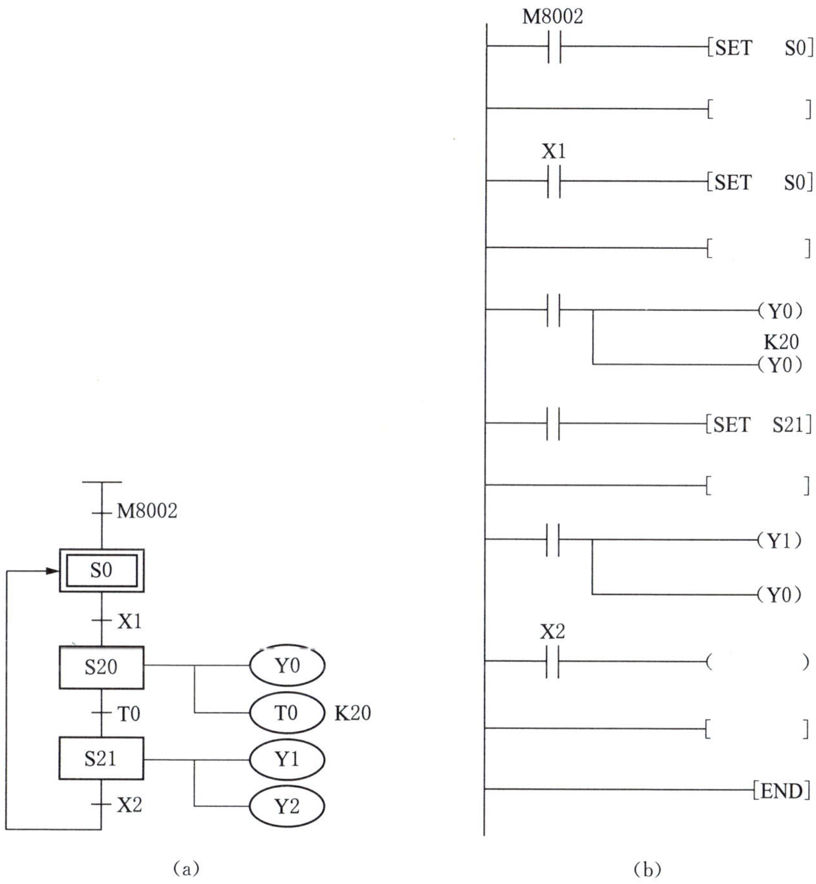

题图 4-2

3. 用 PLC 实现三节传送带的控制。控制要求：按下启动按钮后，三节传送带按顺序(A→B→C)间隔 1 s 顺序启动；按下停止按钮后，三节传送带按逆序(C→B→A)间隔 2 s 停止。画出状态转移图，应用编程软件编译状态转移图并转换成梯形图，写出指令表。

项目五

自动化生产线系统的 PLC 控制

项目导入

随着社会工业水平的不断进步，自动化技术逐渐取代了传统的手工制作，为了生产出高质量的产品，PLC 技术在自动化生产线中逐渐被引入，这能提高机械设备的控制精准度，减少自动化生产线中由于机械设备出现问题而导致的产品质量下降问题，使生产效率显著提升。

本项目主要介绍自动化生产线系统的 PLC 控制，包括机械手拣瓶系统及物品自动装箱系统的控制，涉及三菱 FX3U 系列 PLC 编程中选择序列状态转移图(SFC)的学习与应用。通过本项目的实践与学习，能对选择序列状态转移图的结构组成及在实际程序设计中的应用有更深入的理解，在综合项目的编程能力及知识应用能力上有更大的提高。

视频

自动化生产线工程案例

知识目标

1. 了解选择序列状态转移图的基本结构；
2. 熟悉选择性分支和选择性合并的编程方式；
3. 明白选择性分支的编程技巧。

能力目标

1. 会根据任务要求绘制选择序列状态转移图；
2. 能熟练完成存在选择序列分支和合并的状态转移图的编辑，并转换为梯形图；
3. 能结合任务要求完成程序的分析与调试，对简单故障进行维修。

素养目标

1. 养成良好的职业习惯，遵循安全操作规范；
2. 形成在工作实践中关注细节、注重质量的完整工程意识；
3. 培养跨学科知识融合的工程应用能力。

任务一 机械手拣瓶系统的控制

任务描述

机械手能按照生产工艺的要求，遵循一定的程序、时间和位置来完成工件的传送和装卸，能提高生产效率和保证生产质量。自动化生产线上的分拣系统作为检测结果的执行机构在现代工业在线检测过程中是一个重要的环节，机械手可选用圆柱坐标型，能实现机械手的伸缩、升降、旋转、夹紧和放松等动作；驱动系统采用气压驱动，实现伸缩、升降、旋转、夹紧和放松等动作。

动画
机械手拣瓶系统的控制

某机械手拣瓶系统的控制工艺图如图 5-1-1 所示。按下启动按钮 SB1，启动传送带。传送带上方安装传感器，传感器检测包装瓶的满和空，满瓶得以通过，如果检测出为空瓶，传送带停止输送，延时 3 s 后，控制机械手伸出，机械手夹紧空瓶，旋转至放空瓶位置后放松，最后机械手自动缩回并返回初始位置，完成一个循环。此后传送带再次启动继续以上过程，直至检测出 3 个空瓶后，传送带停止运行。其中，机械手伸出、夹紧、旋转、放松、缩回和返回的各个过程均间隔 1 s。设有一个停止按钮 SB2，当按下停止按钮 SB2 后，待当前传送中的包装瓶通过或检出后再停止。

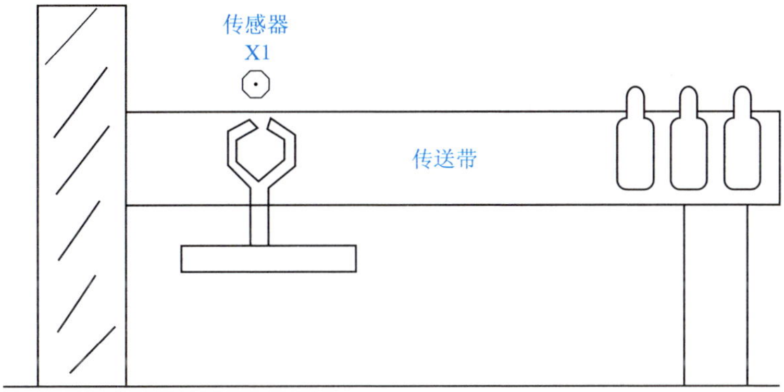

图 5-1-1　某机械手拣瓶系统的控制工艺图

任务分析

机械手拣瓶系统任务中，由于包装瓶存在空瓶和满瓶两种不同的状态，根据其状态的不同对应有两种不同的运行过程，之前只有一种顺序的单序列状态转移图不能实现选择功能，因此需要用到选择序列结构。完成任务要求的 PLC 控制，必须执行以下几个环节：

① 了解漫射式光电接近开关，用于系统中进行包装瓶的检测。

② 能根据控制要求，完成选择序列状态转移图的绘制。

③ 正确进行 PLC 控制外部接线图的绘制，完成程序的设计。

④ 会进行选择序列状态转移图的编辑，并将其转换为梯形图程序，进行程序的分析与调试。

知识链接

一、认识选择序列状态转移图

在状态转移图中，如果顺序过程进行到某一工作步，该步后面有多个转移方向，而当该步结束后，只有一个转移条件被满足以决定转移的去向，即只允许选择其中的一个分支执行，这种顺序控制过程的结构就是选择序列结构。

视频
选择序列 SFC

选择序列有开始和结束之分。选择序列的开始称为分支，各分支画在水平单线之下，各分支中表示转移的短画线只能画在水平单线之下的分支上，如图 5-1-2 所示。如果步 M1 是工作步，并且转移条件 X1 = **1**，则发生由步 M1 到步 M2 的转移；如果步 M1 是工作步，并且转移条件 X2 = **1**，则发生由步 M1 到 M4 的转移。

选择序列的结束称为合并，选择序列的合并是指几个选择分支合并到一个公共序列上，各分支也都有各自的转移条件，各分支画在水平单线之上，各分支中表示转移的短画线只能画在水平单线之上的分支上。如图 5-1-2 所示，如果步 M3 是工作步，并且转移条件 X5 = **1**，则发生由步 M3 到 M6 的转移；如果 M5 是工作步，并且转移条件 X6 = **1**，则发生由步 M5 到 M6 的转移。

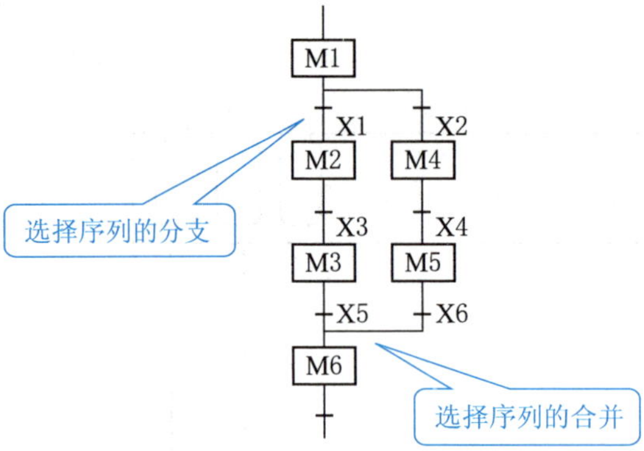

图 5-1-2　选择序列 SFC

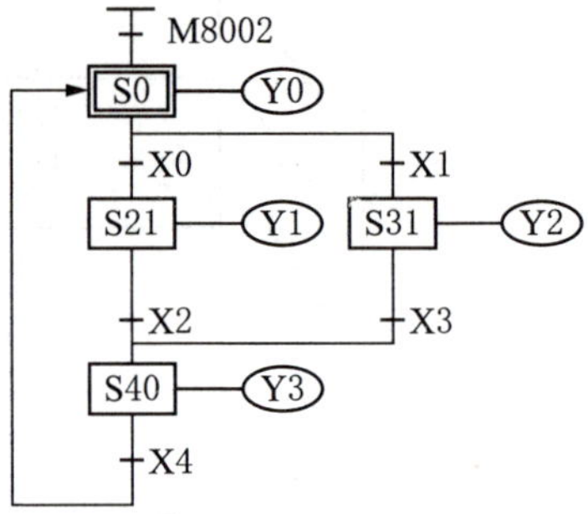

图 5-1-3　某一选择序列 SFC

图 5-1-3 所示为某一选择序列 SFC，图中 X0 和 X1 在同一时刻最多只能有一个为接通状态。S0 为活动步时，X0 一接通，动作状态就向 S21 转移，S0 变为**“0”**状态。在此之后，即使 X1 接通，S31 也不会变成活动步。合并状态 S40 可由 S21 或 S31 任意一个驱动。

在进行选择序列状态转移图与步进梯形图之间的转换时，应该首先进行分支状态元件的处理。处理方法：先进行分支状态的输出连接，然后依次按照各个分支的转移条件置位各转移分支的首转移状态元件；其次依顺序进行各分支的连接；最后进行合并状态的处理。合并状态的处理方法：先进行合并前的驱动连接，然后依顺序进行合并状态的连接。与图 5-1-3 对应的梯形图和指令表如图 5-1-4(a)(b)所示。

视频

选择序列程序仿真分析

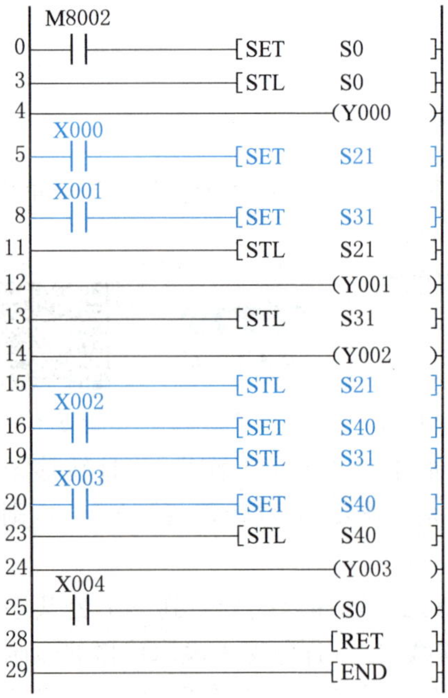

(a) 梯形图

0	LD	M8002	
1	SET	S20	
3	STL	S0	
4	OUT	Y000	
5	LD	X000	
6	SET	S21	进入第一分支
8	LD	X001	
9	SET	S31	进入第二分支
11	STL	S21	
12	OUT	Y001	
13	STL	S31	
14	OUT	Y002	
15	STL	S21	从第一分支转移到合并点
16	LD	X002	
17	SET	S40	
19	STL	S31	从第二分支转移到合并点
20	LD	X003	
21	SET	S40	
23	STL	S40	
24	OUT	Y003	
25	LD	X004	
26	OUT	S0	
28	RET		
29	END		

(b) 指令表

图 5-1-4　某一选择序列 SFC 对应的梯形图和指令表

请回答：

1. 选择序列有________和________之分。选择序列的开始称为________，选择序列的结束称为________。

2. 选择序列中合并状态的处理方法：先进行________，然后依顺序进行________。

二、认识漫射式光电接近开关

“光电传感器”是利用光的各种性质，检测物体的有无和表面状态的变化等的传感器。其中输出形式为开关量的传感器为光电式接近开关。漫射式光电接近开关是光电式接近开关的一种。

漫射式光电接近开关是利用光照射到被测物体上后反射回来的光线而工作的，由于物体反射的光线为漫射光，故称漫射式光电接近开关。其光发射器与光接收器处于同一侧位置，且为一体化结构。在工作时，光发射器始终发射检测光，若接近开关前方一定距离内没有物体，则没有光被反射到光接收器，接近开关处于常态而不动作；反之若接近开关的前方一定距离内出现物体，只要反射回来的光强度足够，光接收器接收到足够的漫射光就会使接近开关动作而改变输出的状态。图 5-1-5 所示为漫射式光电接近开关的工作原理图。

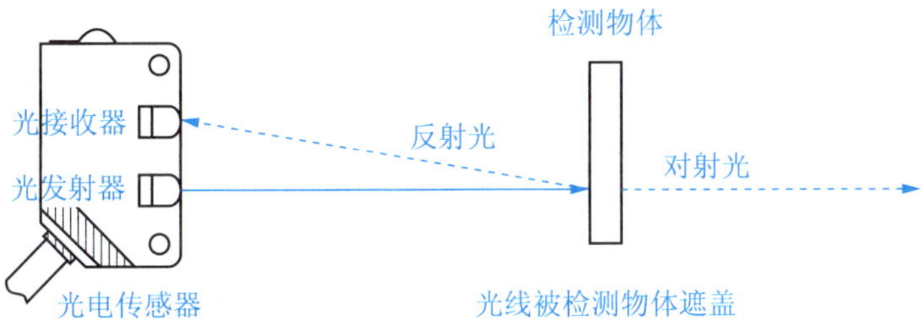

图 5-1-5　漫射式光电接近开关的工作原理图

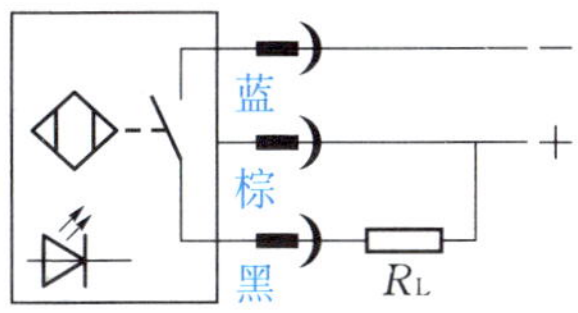

图 5-1-6　漫射式光电接近开关的图形符号

图 5-1-6 所示为漫射式光电接近开关的图形符号，使用的是 NPN 型三极管集电极开路输出。如果使用 PNP 型的，则正负极性应反过来。

该漫射式光电接近开关与 PLC 进行外部接线时，“+”极接 PLC 的输入端子，“−”极接 PLC 的输入端子的公共端子“0 V”。

请回答：

1. 光电传感器是将________信号转换为________信号的一种器件。其输出形式为开关量的传感器为____________。

2. 光电式接近开关主要由________和________构成，漫射式光电接近开关的这两个部分处于________位置，为一体化结构。

任务实施

一、绘制 PLC 控制外部接线图

请记录：简述机械手拣瓶的 PLC 控制系统设计总体思路。

请记录：PLC 控制外部接线图中传感器绘制的基本要点。

根据控制要求，需要 1 个启动按钮、1 个停止按钮和 1 个传感器。机械手伸出缩回和机械手夹紧放松通过单作用气缸基于电磁阀来实现控制；机械手的旋转通过旋转气缸基于电磁阀来实现。因此，整个系统总的输入点数为 3 点，输出点数为 4 点。具体的 I/O 地址分配见表 5-1-1。

表 5-1-1　PLC 的 I/O 地址分配

输入			输出		
元件符号	输入端子地址	功　能	元件符号	输出端子地址	功　能
BG1	X1	传感器，检测包装瓶的满和空	KM1	Y0	传送带
SB1	X2	启动按钮	1Y	Y1	机械手伸出缩回
SB2	X3	停止按钮	2Y	Y2	机械手夹紧放松
			3Y	Y3	机械手旋转和返回

根据 PLC 的 I/O 地址分配，绘制出 PLC 控制外部接线图，如图 5-1-7 所示。

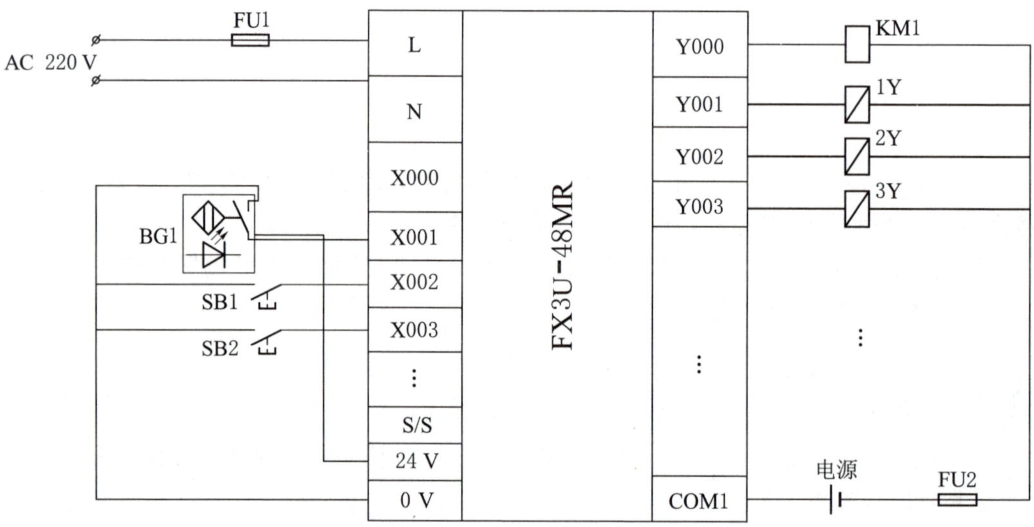

图 5-1-7　PLC 控制外部接线图

二、设计 PLC 控制程序

根据任务要求设计状态转移图，本任务所对应的是选择序列状态转移图，如图 5-1-8 所示。

请记录：

1. 当 S0 为工作步时，RST C0 的含义：

____

____

____

2. $\overline{C0}$的含义：

____

____

____

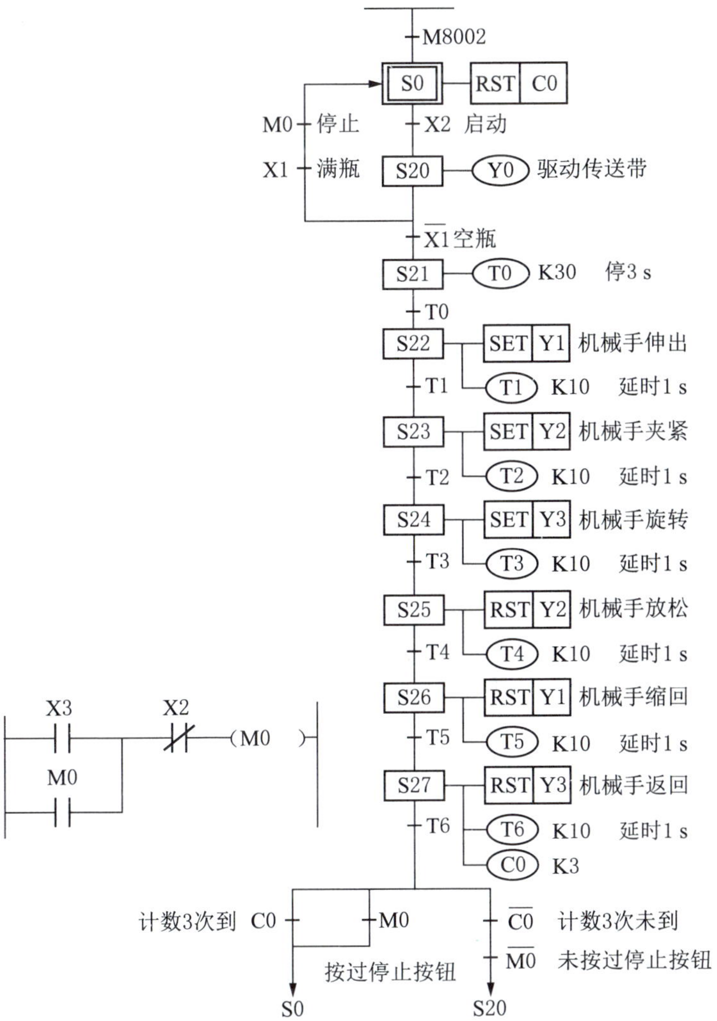

图 5-1-8 机械手拣瓶系统控制参考状态转移图

状态转移图中左侧输出线圈 M0 的这部分梯形图是表示基丁停止按钮的控制，按下停止按钮后，X3 闭合，M0 为“**1**”状态。如果不按停止按钮，则 M0 为“**0**”状态。

三、编辑与下载 PLC 控制程序

请实践：在 GX Developer 编程软件中，完成具体的程序编辑与下载。

视频

SFC 程序编辑演示 5-1

请记录：调试过程中出现的问题及解决方法。

四、调试 PLC 控制程序

互动练习
在线知识测评 5-1

确定 PLC 处于正常的运行状态，分别按下按钮 SB1、SB2，观察 PLC 输入输出指示灯亮灭变化，调试结果填入表 5-1-2。

表 5-1-2　PLC 控制程序调试结果记录表

步　骤	操作内容	观　察　内　容	
		输入输出指示灯	状态
1	按下 SB1	Y000	
2	BG1 检测到信号	Y000	
		Y001	
		Y002	
		Y003	
		Y002	
		Y001	
		Y003	
3	按下 SB2	Y0～Y3	

知识拓展

要实现在 GX Developer 编程软件中进行选择序列状态转移图的编辑，现以机械手拣瓶系统的状态转移图为例进行简要说明。

步骤一：编辑 SFC 程序。

首先进入 SFC 编辑窗口。在 4×1 光标位置，单击 F5，输入编号"20"，生成状态框 S20，在 5×1 光标位置，单击 F6，输入编号"1"，生成选择序列分支，如图 5-1-9 所示。

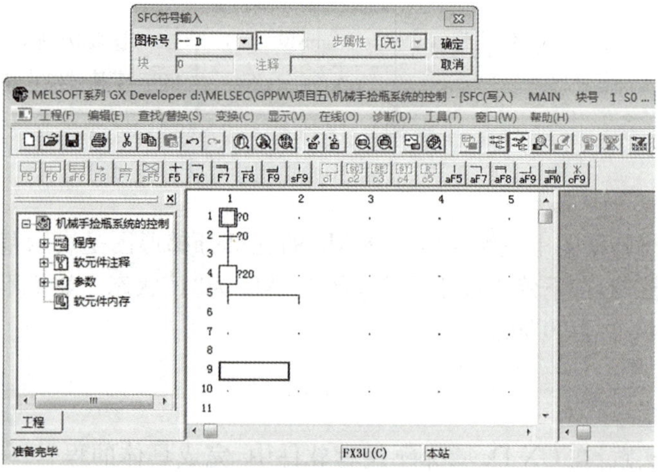

图 5-1-9　生成选择序列分支

按照表 5-1-3 所示步序进行余下 SFC 程序的编辑操作。

表 5-1-3　选择序列 SFC 程序编辑步序

步　序	光标位置	操　作	图　形　结　果
1	6×2	单击F5,输入编号“1”	生成短画线 1
2	7×2	单击F8,输入编号“0”	生成转移方向 0
3	6×1	单击F5,输入编号“2”	生成短画线 2
4	7×1	单击F5,输入编号“21”	生成状态框 21
5	8×1	单击F5,输入编号“3”	生成短画线 3
6	10×1	单击F5,输入编号“22”	生成状态框 22
7	11×1	单击F5,输入编号“4”	生成短画线 4
8	13×1	单击F5,输入编号“23”	生成状态框 23
9	14×1	单击F5,输入编号“5”	生成短画线 5
10	16×1	单击F5,输入编号“24”	生成状态框 24
11	17×1	单击F5,输入编号“6”	生成短画线 6
12	19×1	单击F5,输入编号“25”	生成状态框 25
13	20×1	单击F5,输入编号“7”	生成短画线 7
14	22×1	单击F5,输入编号“26”	生成状态框 26
15	23×1	单击F5,输入编号“8”	生成短画线 8
16	25×1	单击F5,输入编号“27”	生成状态框 27
17	26×1	单击F6,输入编号“1”	生成选择分支
18	27×1	单击F5,输入编号“9”	生成短画线 9
19	28×1	单击F8,输入编号“0”	生成转移方向 0
20	27×2	单击F5,输入编号“10”	生成短画线 10
21	28×2	单击F8,输入编号“20”	生成转移方向 20

完成上述操作后，形成如图 5-1-10 所示 SFC。

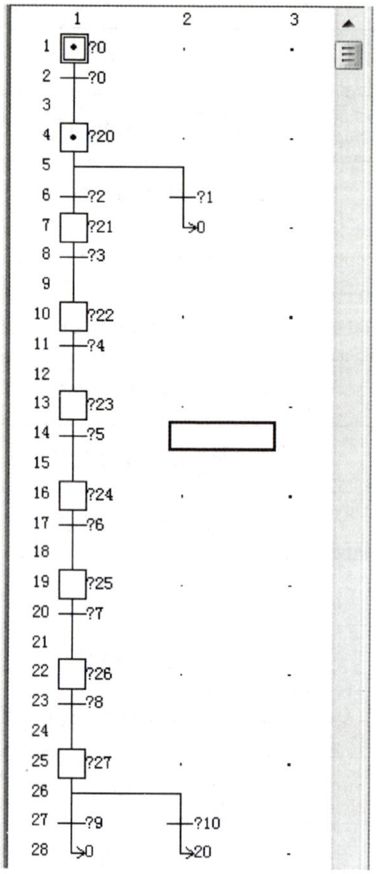

图 5-1-10　完成后的 SFC

步骤二：编辑 SFC 程序块内置梯形图。

对每一个状态框和转换条件短画线进行内置梯形图输入。

在图 5-1-8 中，状态 S27 向状态 S0 和 S20 的转移条件并不是单一的一个条件，而是多个条件“**与**”或者“**或**”的关系。以状态 S27 的内置梯形图编辑为例，详细说明“**与**”转移条件的编辑，如图 5-1-11 所示。

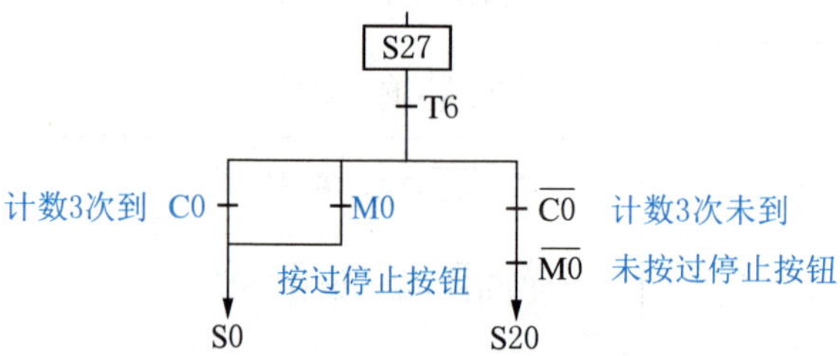

图 5-1-11　“**与**”转移条件

如图 5-1-12 所示，单击 SFC 中步骤①所示位置的短画线“?10”，将光标移入步骤②所示梯形图编辑区并单击，输入内置梯形图并按步骤③进行程序“变换”操作。这时短画线旁边“?”已经消失，说明已经完成“**与**”转移条件的输入。

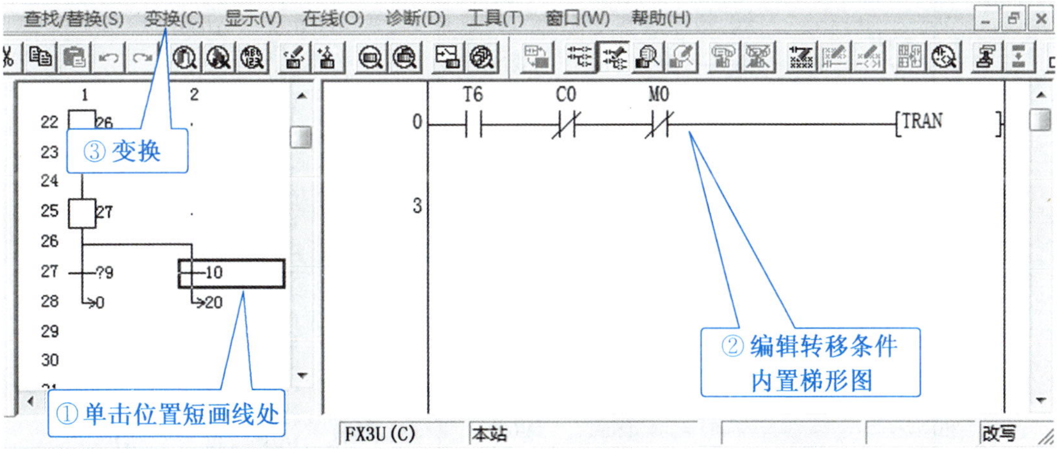

图 5-1-12 “**与**”转移条件梯形图

如果是“**与**”的关系，只需将“**与**”关系的转移条件进行串联，用“AND”或者“ANI”指令完成；如果是“**或**”的关系，只需将“**或**”关系的转移条件进行并联，用“OR”或者“ORI”指令完成。

步骤三：转换 SFC 程序整体。

按下键盘上的 F4 键进行程序的转换，转换后的梯形图程序及指令表，如图 5-1-13 所示。

程序说明：当 PLC 转换开关切换至“RUN”运行模式，M8002 的动合触点立刻接通，步进顺控程序进入初始状态 S0，并激活。

当 X2 触点一接通，动作状态就向 S20 转移，S0 变为“**0**”状态，同时输出 Y0，驱动传送带。

当 X0 和 X1 触点都接通，动作状态就向 S21 转移，S20 变为“**0**”状态，开始延时 3 s；当 X0 触点接通，而 X1 触点未接通，动作状态就向 S0 转移，S20 变为“**0**”状态，进行复位。

S21 变为工作步时，如果延时 3 s 时间到，动作状态就向 S22 转移，S21 变为“**0**”状态，置位 Y1，机械手伸出并开始延时 1 s；1 s 时间到，机械手依次完成夹紧、旋转、放松、缩回、返回，并进行计数；若计数次数未满 3 次并且未按过停止按钮，就向 S20 转移，继续循环；若计数次数满 3 次或者按过停止按钮，就向 S0 转移，进行复位操作。

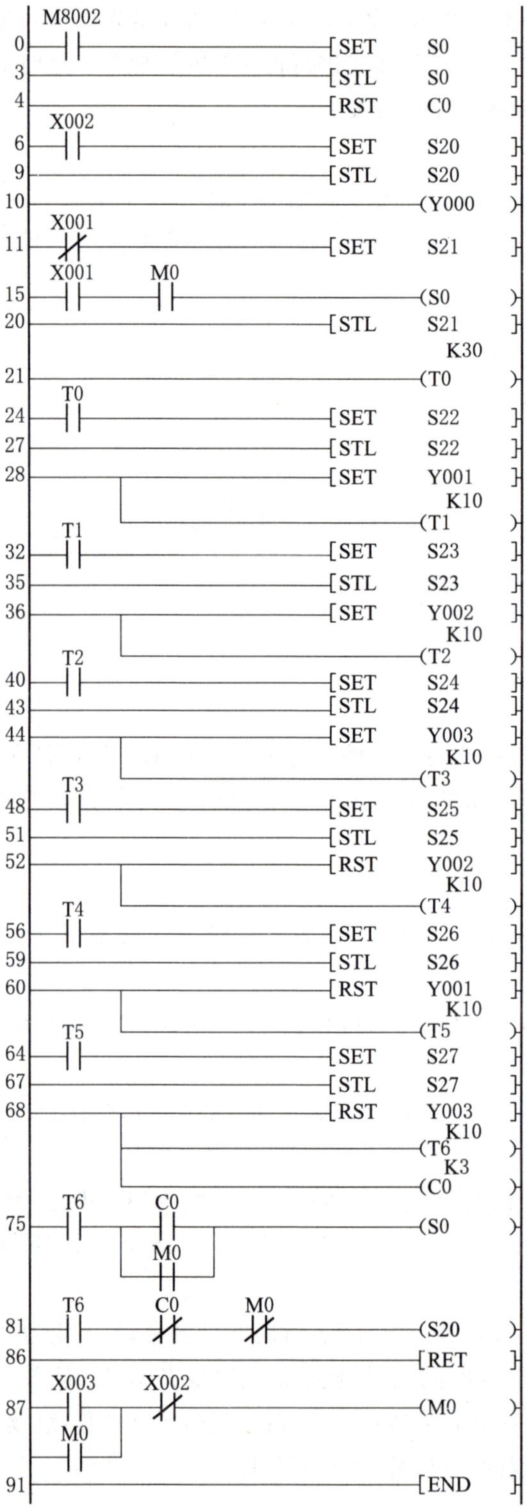

（a）梯形图

0	LD	M8002	
1	SET	S0	
3	STL	S0	
4	RST	C0	
6	LD	X002	
7	SET	S20	
9	STL	S20	
10	OUT	Y000	
11	LDI	X000	
12	SET	S21	
15	LD	X001	
16	AND	M0	
17	OUT	S0	
20	STL	S21	
21	OUT	T0	K30
24	LD	T0	
25	SET	S22	
27	STL	S22	
28	SET	Y001	
29	OUT	T1	K10
32	LD	T1	
33	SET	S23	
35	STL	S23	
36	SET	Y002	
37	OUT	T2	K10
40	LD	T2	
41	SET	S24	
43	STL	S24	
44	SET	Y003	
45	OUT	T3	K10
48	LD	T3	
49	SET	S25	
51	STL	S25	
52	RST	Y002	
53	OUT	T4	K10
56	LD	T4	
57	SET	S26	
59	STL	S26	
60	RST	Y001	
61	OUT	T5	K10
64	LD	T5	
65	SET	S27	
67	STL	S27	
68	RST	Y003	
69	OUT	T6	K10
72	OUT	C0	K3
75	LD	T6	
76	LD	C0	
77	OR	M0	
78	ANB		
79	OUT	S0	
81	LD	T6	
82	ANI	C0	
83	ANI	M0	
84	OUT	S20	
86	RET		
87	LD	X003	
88	OR	M0	
89	ANI	X002	
90	OUT	M0	
91	END		

（b）指令表

图 5-1-13　转换后的梯形图程序及指令表

任务二 自动装箱系统的控制

任务描述

动画
自动装箱系统功能演示

自动装箱系统的控制工艺图如图 5-2-1 所示，由两个传送带构成运料系统，工件由安装在传送带旁的光纤传感器进行检测。

任务要求：按下启动按钮 SB1，启动传送带 1，传送带 1 上有一光纤传感器检测工件，每当一个工件经过时，便会发出一个计数脉冲，工件分小包装和大包装两类，用选择开关 K01 来进行选择。当 K01 闭合时，选择大包装(12 个工件)，当 K01 打开时，则自动默认小包装(6 个工件)，当计数值到后，延时 3 s，停止传送带 1，同时启动传送带 2，传送带 2 保持运行 5 s 后停止。中途按下停止按钮 SB2 后，本次工件被计数后停止。

图 5-2-1 自动装箱系统的控制工艺图

任务分析

该装箱计数流水线系统属于顺序功能图中的选择序列结构。完成任务要求的 PLC 控制，必须执行以下几个环节：

① 认识光纤传感器，了解光纤传感器与 PLC 端子的接线方法。

② 能根据控制要求，完成选择序列状态转移图的绘制。

③ 正确进行 PLC 控制外部接线图的绘制，完成程序的设计。

④ 会进行状态转移图的编辑，并将其转换为梯形图程序，进行程序的分析与调试。

知识链接

一、认识光纤传感器

光纤传感器由光纤检测头、放大器两部分组成，光纤检测头和放大器是分离的两个部分，光纤检测头的尾部分成两条光纤，使用时分别插入放大器的两个光纤孔。光纤传感器组件如图 5-2-2 所示。图 5-2-3 所示为光纤传感器组件外形及放大器的安装示意图。

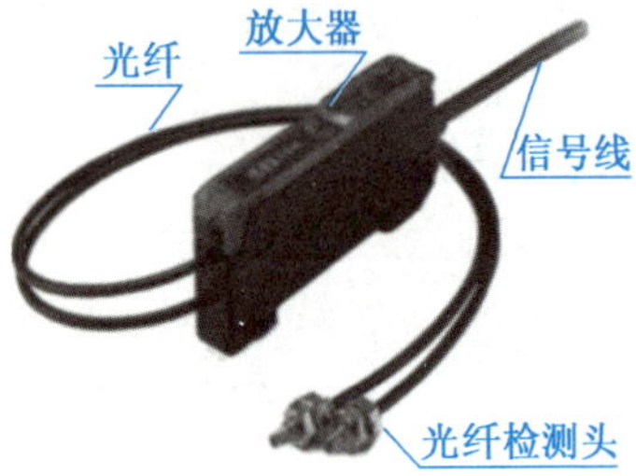

图 5-2-2　光纤传感器组件

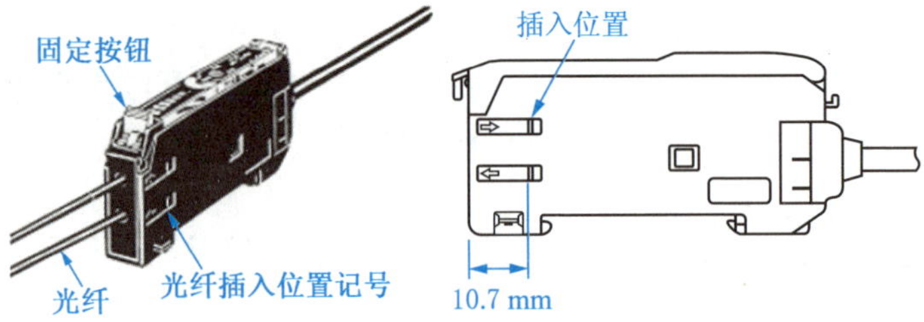

图 5-2-3　光纤传感器组件外形及放大器的安装示意图

光纤传感器也是光电传感器的一种。光纤传感器具有以下优点：抗电磁干扰，可工作于恶劣环境，传输距离远，使用寿命长，此外，由于光纤检测头的体积很小，所以可安装在很小的空间里。

光纤传感器的放大器的灵敏度调节范围较大。当光纤传感器灵敏度调得较小时，对反射性较差的黑色物体，光纤检测头无法接收到反射信号；而对反射性较好的白色物体，光纤检测头就可以接收到反射信号。反之，若调高光纤传感器灵敏度，则即使对反射性较差的黑色物体，光电探测器也可以接收到反射信号。

图 5-2-4 给出了放大器的俯视图，调节其中部的 8 旋转灵敏度高速旋钮就能进行放大器灵敏度调节（顺时针旋转灵敏度增大）。调节时，会看到入光量显示灯发光的变化。当光纤检测头检测到物料时，动作显示灯会亮，提示检测到物料。

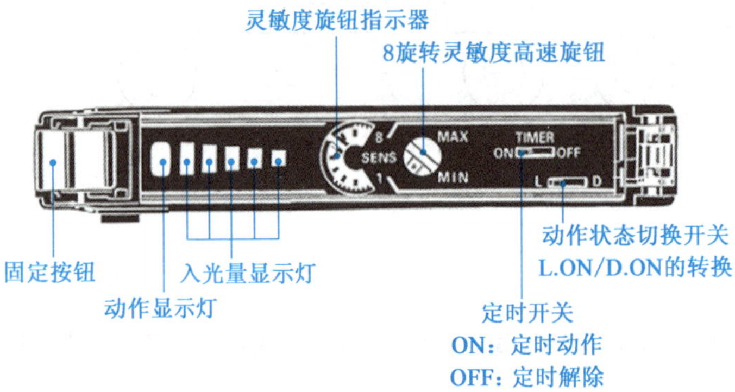

图 5-2-4　放大器的俯视图

拓展提高

光纤传感器

E3Z-NA11 型光纤传感器电路框图如图 5-2-5 所示，接线时注意根据导线颜色判断电源极性和信号输出线，切勿把信号输出线直接连接到电源+24 V 端。

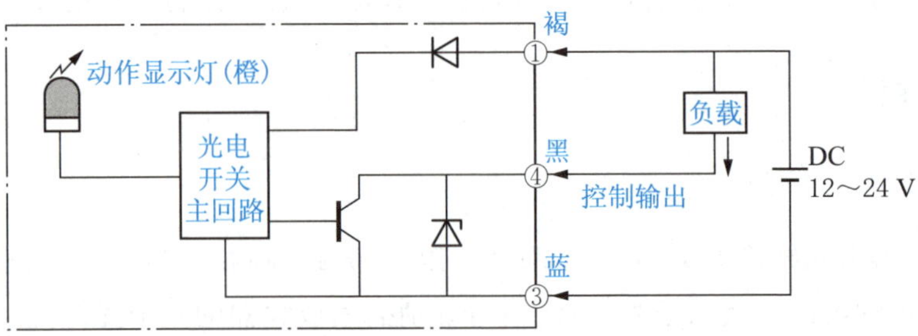

图 5-2-5　E3Z-NA11 型光纤传感器电路框图

请回答：

1. 光纤传感器由________和________两部分组成。

2. 光纤传感器是________传感器的一种。接线时，切勿把________线连接到电源+24 V端。

二、选择序列合并后的选择序列分支的编辑

图 5-2-6(a)是选择序列合并后选择序列分支的状态转移图。对这种状态转移图进行编辑，可在合并和分支之间插入一个虚拟步，如图 5-2-6(b)中的 S100 所示。对应的梯形图和指令表如图 5-2-6(c)(d)所示。

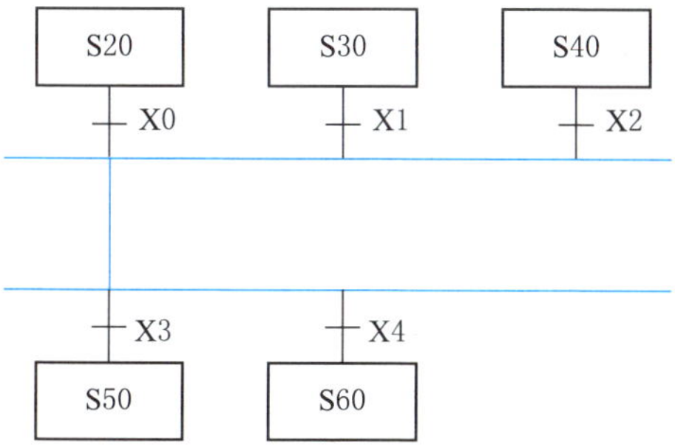

(a) 状态转移图

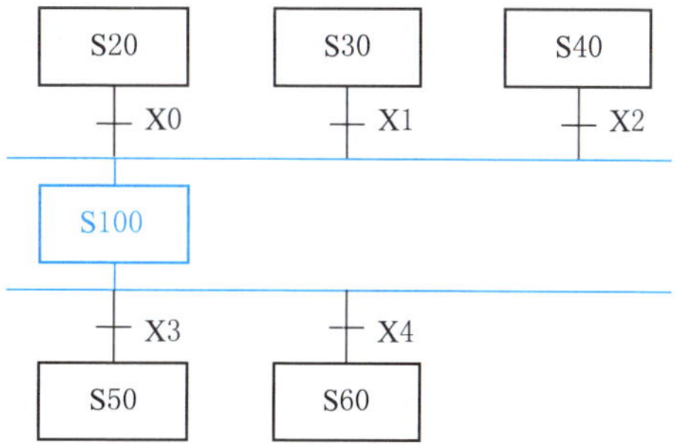

(b) 插入虚拟步后的状态转移图

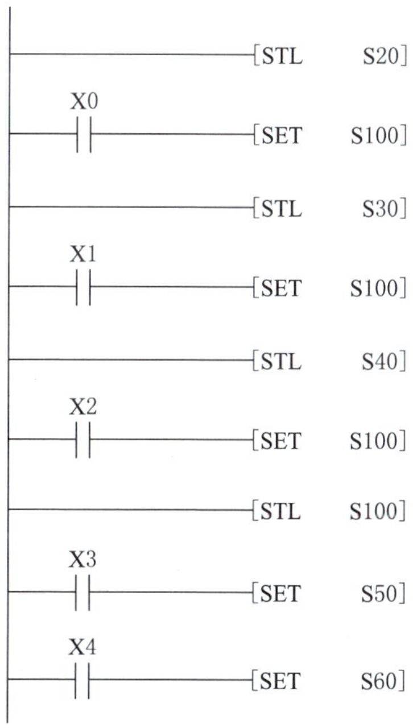

(c) 梯形图

```
STL   S20
LD    X0
SET   S100
STL   S30
LD    X1
SET   S100
STL   S40
LD    X2
SET   S100
STL   S100
LD    X3
SET   S50
LD    X3
SET   S60
```

(d) 指令表

图 5-2-6 某选择序列状态转移图

请回答：

1. 选择序列状态转移图和步进梯形图之间转换时，应首先进行________的处理。

2. 选择序列的各分支应画在________之下，各分支中表示转移的短画线只能画在________的分支上。

任务实施

请记录：简述自动装箱的PLC控制系统设计总体思路。

1. ________

2. ________

一、绘制PLC控制外部接线图

根据控制要求，需要1个启动按钮、1个停止按钮，用1个传感器来检测工件，大包装和小包装的选择需要1个选择开关K01；2个传送带用2台电动机来控制，需要2个交流接触器。因此，整个系统总的输入点数为4点，输出点数为2点。具体的I/O地址分配见表5-2-1。

表5-2-1　PLC的I/O地址分配

输入			输出		
元件符号	输入端子地址	功能	元件符号	输出端子地址	功能
BG1	X0	光纤传感器，发出一个脉冲	KM1	Y0	传送带1电动机
SB1	X1	启动按钮	KM2	Y1	传送带2电动机
SB2	X2	停止按钮			
K01	X3	大小包装选择开关			

请记录：光纤传感器接线的基本要点。

根据PLC的I/O地址分配，绘制出PLC控制外部接线图，如图5-2-7所示。

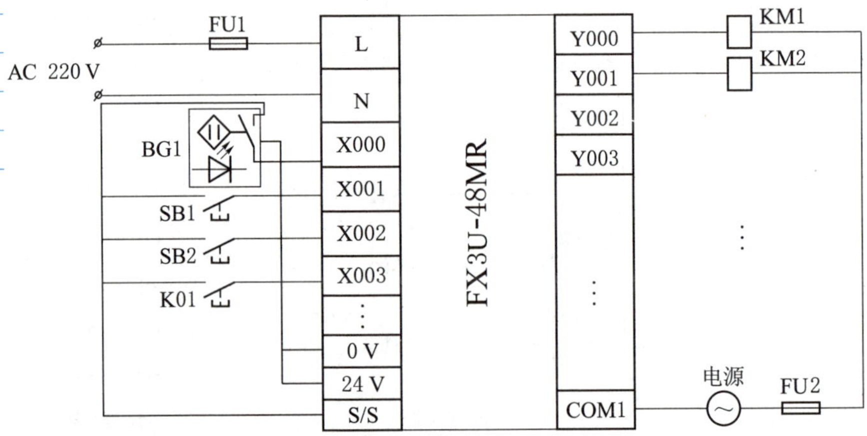

图5-2-7　PLC控制外部接线图

二、设计 PLC 控制程序

根据任务要求设计状态转移图，本任务所对应的是选择序列状态转移图，如图 5-2-8 所示。

> 请记录：
> 1. 当 S40 为工作步时，RST C0 的作用：
>
> 2. 图 5-2-8 右侧输出线圈 M0 部分梯形图作用：

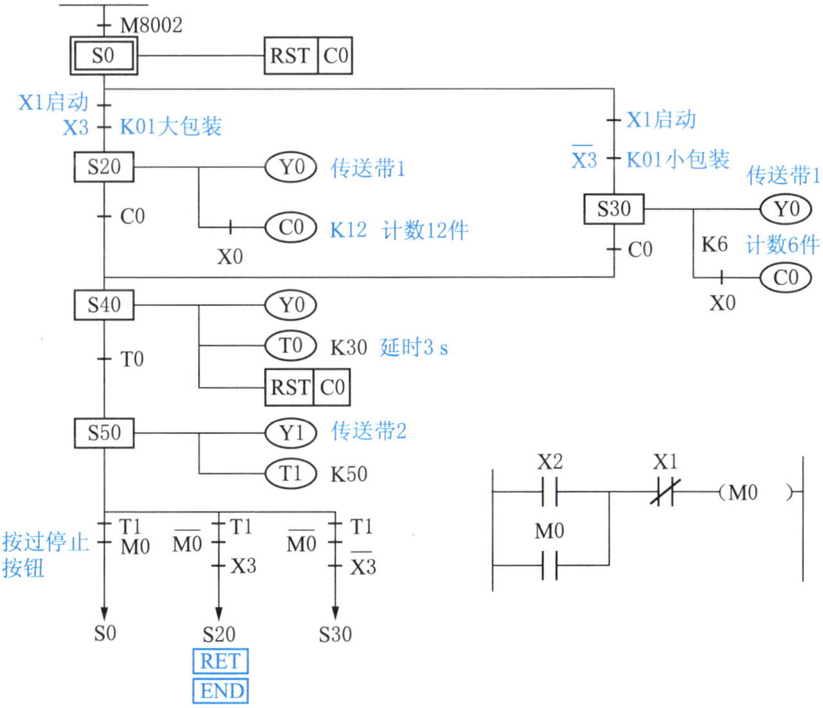

图 5-2-8 自动装箱系统控制参考状态转移图

三、编辑与下载 PLC 控制程序

> 视频
> SFC 程序编辑演示 5-2

请实践：在 GX Developer 编程软件中，完成具体的程序编辑与下载。

在本任务中，将进一步介绍选择序列 SFC 和梯形图程序的 GX Developer 编程软件编译方法，完成上述状态转移图的编辑及转换。

步骤一：编辑 SFC 基本框架。

进入到如图 4-1-15 所示 SFC 编辑窗口，按照表 5-2-2 所示步序进行 SFC 程序的编辑操作。

> 请记录：在 2×1 光标位置生成选择分支的方法。
>
> 方法 1：
>
> 方法 2：

表 5-2-2 SFC 程序编辑步序(一)

步　序	光标位置	操　作	图形结果
1	2×1	单击 F6，输入编号“1”	生成选择分支
2	3×1	单击 F5，输入编号“1”	生成短画线 1

续 表

步　　序	光标位置	操　　作	图 形 结 果
3	4×1	单击F5，输入编号“20”	生成状态框 20
4	5×1	单击F5，输入编号“2”	生成短画线 2
5	3×2	单击F5，输入编号“0”	生成短画线 0
6	4×2	单击F5，输入编号“30”	生成状态框 30
7	5×2	单击F5，输入编号“3”	生成短画线 3

请记录：在图5-2-9中6×1光标位置生成选择序列合并的方法。

方法1：________

方法2：________

在6×1光标位置，单击F8，输入编号“1”，生成选择序列合并，如图5-2-9所示。

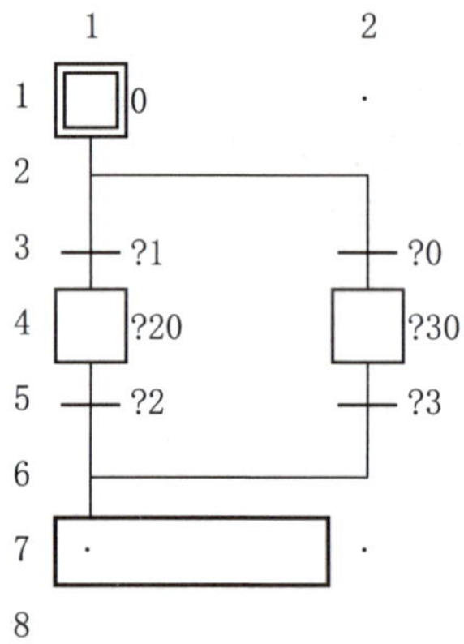

图 5-2-9　生成选择序列合并

按照表5-2-3所示步序继续进行SFC程序的编辑操作。

表 5-2-3　SFC 程序编辑步序(二)

步　　序	光标位置	操　　作	图 形 结 果
1	7×1	单击F5，输入编号“40”	生成状态框 40
2	8×1	单击F5，输入编号“4”	生成短画线 4
3	10×1	单击F5，输入编号“50”	生成状态框 50

在11×1光标位置，单击F6，输入编号“2”，生成选择序列分支，如图5-2-10所示。编号数字为生成线的长度，如“2”为2个基本单位长度(1个基本单位长度为1个列宽)。

在12×1光标位置，单击F5，输入编号“5”，生成状态条件短画线5。

在12×2光标位置，单击F5，输入编号“6”，生成状态条件短画线6。

在12×3光标位置，单击F5，输入编号“7”，生成状态条件短画线7。

在13×1光标位置，单击F8，输入编号“0”，生成跳转方向0。

13×2和13×3光标位置的操作方法同上，不再介绍。

操作完成后，形成如图5-2-11所示SFC基本框架。

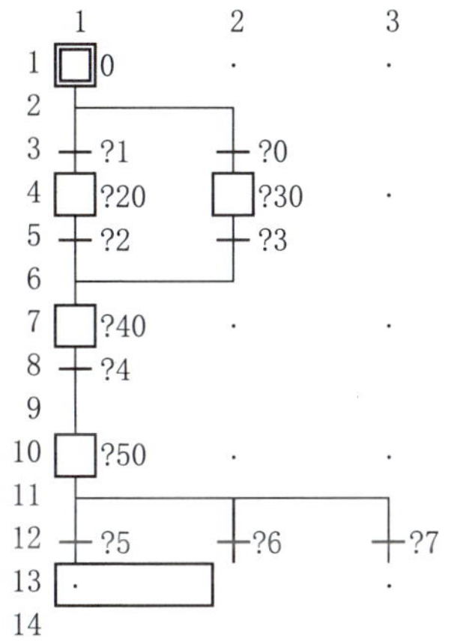

图 5-2-10　多个选择分支的 SFC

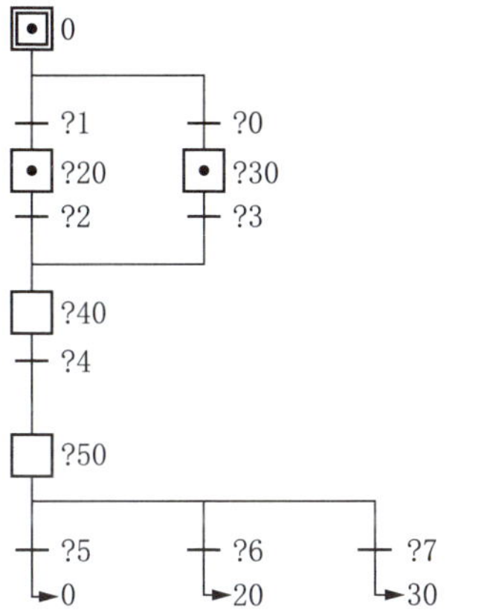

图 5-2-11　SFC 基本框架

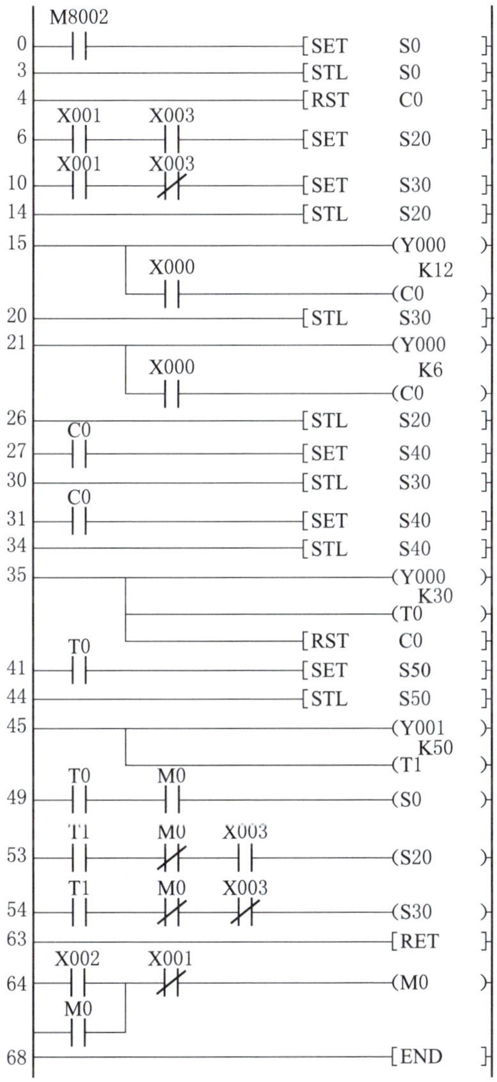

(a) 梯形图

步序	指令	元件	常数
0	LD	M8002	
1	SET	S0	
3	STL	S0	
4	RST	C0	
6	LD	X001	
7	AND	X003	
8	SET	S20	
10	LD	X001	
11	ANI	X003	
12	SET	S30	
14	STL	S20	
15	OUT	Y000	
16	AND	X000	
17	OUT	C0	K12
20	STL	S30	
21	OUT	Y000	
22	AND	X000	
23	OUT	C0	K6
26	STL	S20	
27	LD	C0	
28	SET	S40	
30	STL	S30	
31	LD	C0	
32	SET	S40	
34	STL	S40	
35	OUT	Y000	
36	OUT	T0	K30
39	RST	C0	
41	LD	T0	
42	SET	S50	
44	STL	S50	
45	OUT	Y001	
46	OUT	T1	K50
49	LD	T0	
50	AND	M0	
51	OUT	S0	
53	LD	T1	
54	ANI	M0	
55	AND	X003	
56	OUT	S20	
58	LD	T1	
59	ANI	M0	
60	ANI	X003	
61	OUT	S30	
63	RET		
64	LD	X002	
65	OR	M0	
66	ANI	X001	
67	OUT	M0	
68	END		

(b) 指令表

图 5-2-12　转换之后的梯形图程序及指令表

请记录：在图 5-2-10 中 11×1 光标位置生成选择序列分支的方法。

方法 1：________

方法 2：________

请记录：M8002 动合触点作用。

____

请记录：在程序第 51 行、第 56 行和第 61 行，为何采用 OUT 指令输出？

____

步骤二：编辑 SFC 程序块内置梯形图。

对每一个状态框和转移条件短画线进行内置梯形图输入。

步骤三：转换 SFC 程序整体。

按下快捷键 F4，转换之后的梯形图程序及指令表，如图 5-2-12 所示。

程序说明：当 PLC 转换开关切换至“RUN”运行模式，M8002 的动合触点立刻接通，步进顺控程序进入初始状态 S0，并激活。

1. 选择序列的分支

① 进入第一分支，若 X1 和 X3（大包装）触点接通，动作状态就向 S20 转移，S0 变为“**0**”状态，同时输出 Y0，驱动传送带 1；每当 X0 接通一次，C0 计数器当前值加 1（大包装需计数 12 次）。

② 进入第二分支，若 X1 和 $\overline{X3}$（小包装）触点接通，动作状态就向 S30 转移，S0 变为“**0**”状态，同时输出 Y0，驱动传送带 1；每当 X0 接通一次，C0 计数器当前值加 1（小包装需计数 6 次）。

2. 选择序列分支的合并

① 从第一分支转移到汇合点，当 C0 计数满 12 次，C0 的动合触点接通，动作状态就向 S40 转移，S20 变为“**0**”状态，输出 Y0，驱动传送带 1，同时延时 3 s，并将 C0 当中的当前值复位为 **0**。

② 从第二分支转移到汇合点，当 C0 计数满 6 个，C0 的动合触点接通，动作状态就向 S40 转移，S30 变为“**0**”状态，输出 Y0，驱动传送带 1，同时延时 3 s，并将 C0 当中的当前值复位为 **0**。

③ 当 3 s 延时时间到，动作状态就向 S50 转移，S40 变为“**0**”状态，输出 Y1，驱动传送带 2，同时延时 5 s。

④ 5 s 之后，若按过停止按钮 SB2，动作状态就向 S0 转移，S50 变为“**0**”状态，进行复位；若未按过停止按钮 SB2，动作状态就根据大小包装的选择按钮，选择向 S20 或者 S30 进行转移，继续循环。

请记录：调试过程中出现的问题及解决方法。

四、调试 PLC 控制程序

确定 PLC 处于正常的运行状态，分别按下按钮 SB1、SB2，观察 PLC 输入输出指示灯亮灭变化，调试结果填入表 5-2-4。

表 5-2-4 PLC 控制程序调试结果记录表

步骤	操作内容	观察内容	
		输入输出指示灯	状态
1	按下 SB1	Y000	
		Y001	
2	按下 SB2	Y0～Y2	

知识拓展

在本任务中，当按下停止按钮后，系统是否具有完成当前一个循环才能停止的功能？

自动装箱系统控制参考状态转移图如图 5-2-8 所示。当按下停止按钮 SB2 时，X2 置 **“1”**，辅助继电器 M0 得电。如果一个周期刚刚开始，S50 为非工作步，即使 M0 的动合触点闭合，也不会让 S0 变成工作步，装箱计数流水线不会停止运转。必须要等这个周期进行到最后，让 S50 变成工作步，T1 动合触点闭合，同时 M0 触点闭合（按下停止按钮 SB2 后，M0 动合触点闭合，M0 动断触点断开），S0 的转移条件满足后，S0 才变成工作步，一个周期循环结束，装箱计数流水线才停止工作。如果不按停止按钮 SB2，当 S50 变成工作步时，M0 动断触点不动作，当 S20 或 S30 的转移条件满足时，程序转移到 S20 或者 S30 执行。

互动练习
在线知识测评
5-2

知识测评

一、选择题

1. 选择序列有开始和结束之分。选择序列的开始称为（　　），选择序列的结束称为（　　）。

A. 分支　合并　　　　B. 合并　分支

C. 分支　汇合

2. 从多个分支流程中选择某一个单支流程，称之为（　　）分支。

A. 单序列　　　　B. 选择序列

C. 并行序列

3. 选择序列的（　　）是指几个选择分支合并到一个公共序列上，各分支也都有各自的转移条件。

A. 合并　　　　B. 分支

C. 汇合

4. 因 PLC 只执行工作步所对应的电路块，STL 指令（　　）双线圈输出。

A. 允许　　　　B. 不允许

5. “光电传感器”是利用光的各种性质，检测物体的有无和表面状态的变化等的传感器，它是（　　）的一种。

A. 电容式传感器　　　　B. 光电式接近开关

C. 电感式传感器

二、分析设计题

1. 将题图 5-1(a)所示状态转移图转换的题图 5-1(b)梯形图补充完整。

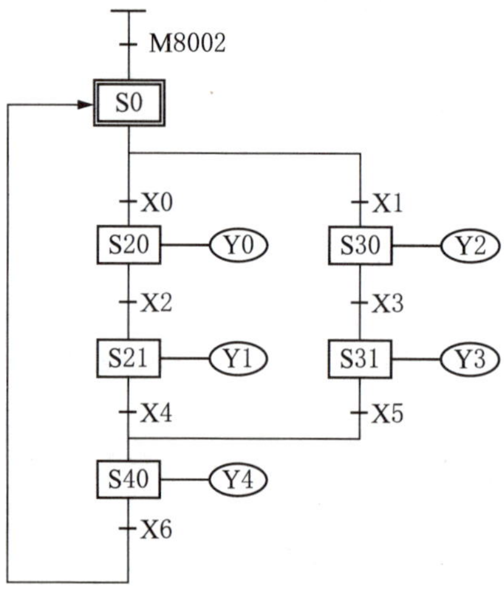

(a)

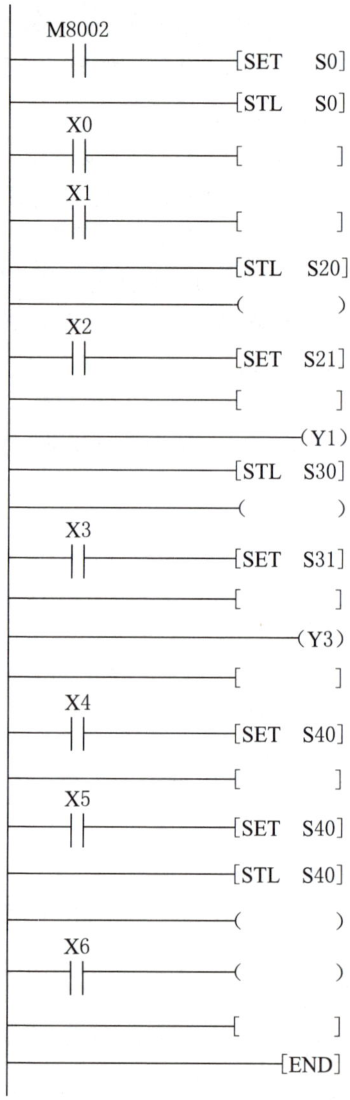

(b)

题图 5-1

2. 将题图 5-2(a)所示指令表转换的题图 5-2(b)所示梯形图及题图 5-2(c)状态转移图补充完整。

```
0   LD    M8002
1   SET   S0
3   STL   S0
4   OUT   Y001
5   LD    X001
6   SET   S20
8   LD    X002
9   SET   S30
11  STL   S20
12  OUT   Y002
13  STL   S30
14  OUT   T1        K20
17  STL   S20
18  LD    X003
19  OUT   S0
21  STL   S30
22  LD    T1
23  OUT   S0
25  RET
26  END
```

(a)

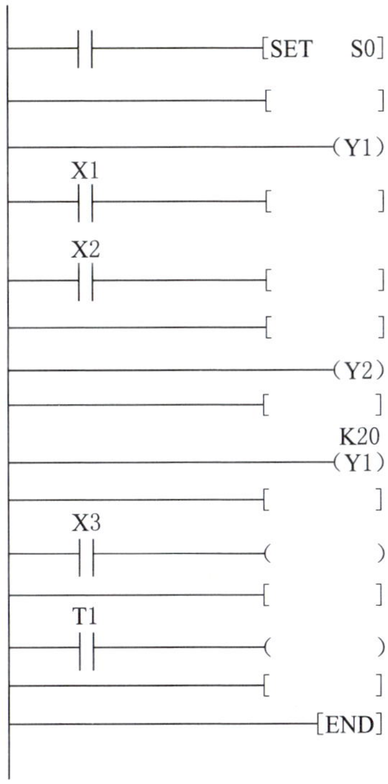

(b)

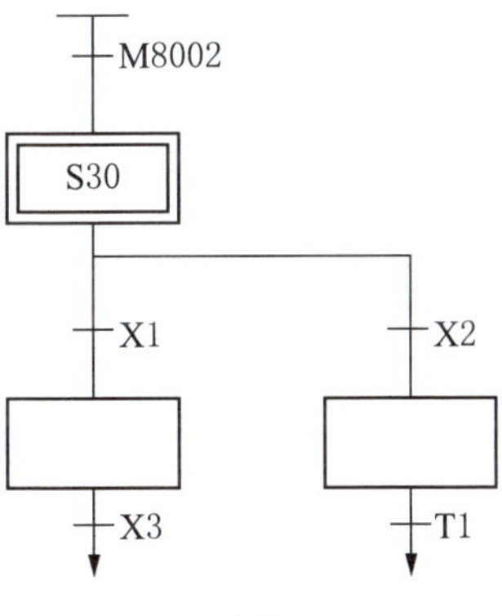

(c)

题图 5-2

项目六

交通信号灯的 PLC 控制

项目导入

交通信号灯作为城市交通管理中的重要设施，对于疏导交通流量，提高道路通行能力，减少交通事故有明显的效果。基于 PLC 控制的交通信号灯，实现了根据交通情况对交通信号灯的按需设计，可靠性和效率得到了提高。

本项目主要介绍交通信号灯的 PLC 控制，包括十字路口简易交通信号灯及按钮式人行横道交通灯的控制，涉及三菱 FX3U 系列 PLC 编程中并行序列状态转移图(SFC)的学习与应用。通过本项目的实践与学习，能对并行序列状态转移图的结构组成及在实际程序设计中的应用有更深入的理解，在综合项目的编程能力及知识应用能力上有更大的提高。

知识目标

1. 了解并行序列状态转移图(SFC)的基本结构；
2. 熟悉并行序列分支和并行序列合并的编程方式；
3. 明白并行序列状态转移图的更多编程技巧。

能力目标

1. 会根据任务要求绘制并行序列状态转移图；
2. 能独立进行并行序列状态转移图的编辑并转换为梯形图；
3. 能结合任务要求完成程序的分析与调试，对简单故障进行维修。

素养目标

1. 能够领略科技发展的过程，树立环保、节能、安全等意识；
2. 具有主动与他人合作，追求卓越创新的专业学习精神；
3. 在实践工作中形成安全与标准化意识，培养一定的项目管理能力。

任务一　十字路口交通信号灯的控制

任务描述

某十字路口交通信号灯控制示意图如图 6-1-1 所示。按下启动按钮时，南北向依次为红灯亮 15 s，绿灯亮 10 s，闪 3 s(1 s 的闪烁周期)，黄灯亮 2 s。在南北向红灯亮的持续时间期间，东西向绿灯亮 10 s，闪 3 s(1 s 的闪烁周期)，黄灯亮 2 s，其后东西向的红灯亮 15 s，并且要求循环运行，直到按下停止按钮，所有灯熄灭。

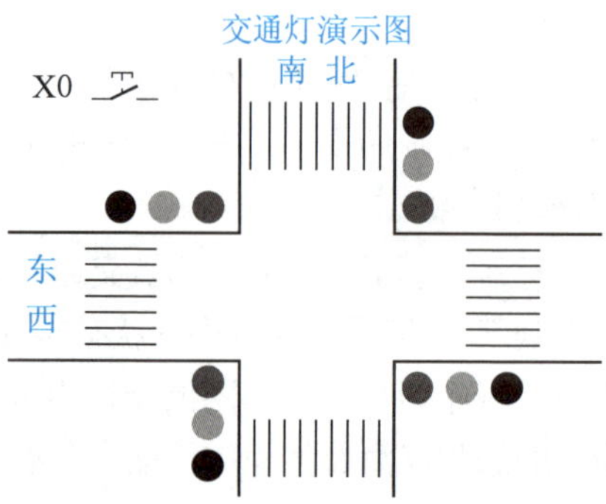

动画
十字路口交通信号灯功能演示

南北向	红灯亮 15 s			绿灯亮 10 s	绿灯闪 3 s	黄灯亮 2 s
东西向	绿灯亮 10 s	绿灯闪 3 s	黄灯亮 2 s	红灯亮 15 s		

图 6-1-1　某十字路口交通信号灯控制示意图

任务分析

十字路口交通信号灯的控制属于状态转移图中的并行序列结构。并行序列的编程也是工业控制中较为常见的控制方式。完成任务要求的 PLC 控制，必须执行以下几个环节：

① 能根据控制要求，完成并行序列状态转移图的绘制。

② 正确进行 PLC 控制外部接线图的绘制，完成程序的设计。

③ 会进行状态转移图的编辑，并将其转换为梯形图程序，进行程序的分析与调试。

知识链接

一、认识并行序列状态转移图

视频
并行序列 SFC

并行序列状态转移图和选择序列状态转移图类似，也要先进行驱动处理，然后再进行转移处理。不同的是，选择序列根据不同条件转换为一个单独的状态，而并行序列则会根据同一条件转换为多个并行的状态。选择性分支从多个分支流程中选择执行其中一个流程，并行性分支则是同时执行所有的多个分支流程。

如图 6-1-2 所示，此为某并行序列状态转移图，步 S20 之后有一个并行序列的分支，即 S21 和 S31，当步 S20 是活动步时，且转换条件 X0 满足时，步 S21 或 S31 同时变为活动步，这两个序列同时开始工作，前级步 S20 变为不活动步。当转换条件 X1 满足时，将实现并行序列的合并，合并后，S51 变为活动步，同时步 S21 和 S31 变为不活动步。注意：并行合并最多只能实现 8 条分支的合并。

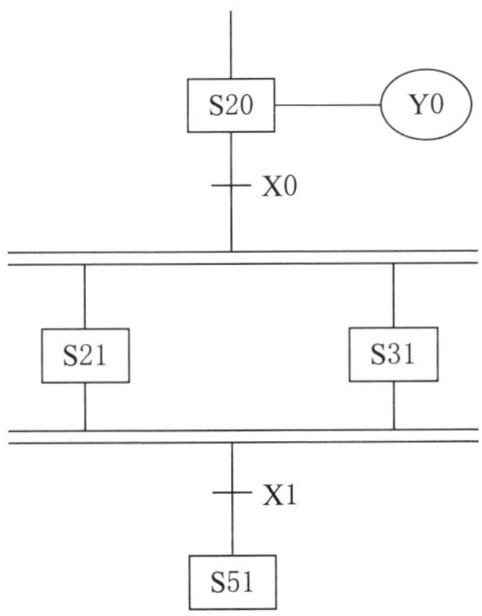

图 6-1-2　某并行序列状态转移图(一)

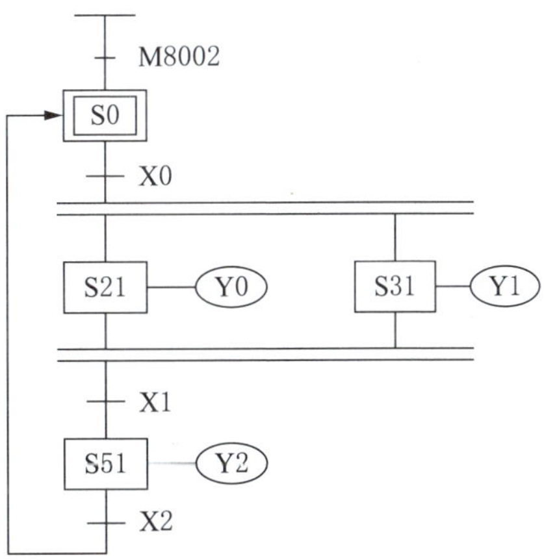

图 6-1-3　某并行序列状态转移图(二)

在进行并行序列状态转移图与梯形图的转换时，进入并行分支后，首先用公共转移条件对各分支的首状态器进行置位，其次依顺序进行各分支的连接，最后在分支合并处将各分支最后一个状态器的触点串联，并串入其对应的转移条件，从而跳出合并点。图 6-1-3 所示为某并行序列状态转移图。当 S0 为活动步时，只要 X0 一闭合，S21 和 S31 就同时被激活，即其状态均变为 ON，各分支流程也开始运行。待各流程的动作全部结束，即 S21、S31 的状态同时为“**1**”，且 X1 闭合时，合并到状态 S51 动作，而 S21、S31 全部变为“**0**”状态，这种合并又称排队合并。

视频
并行序列程序仿真分析

其对应的梯形图和指令表的转换示例如图 6-1-4 所示。

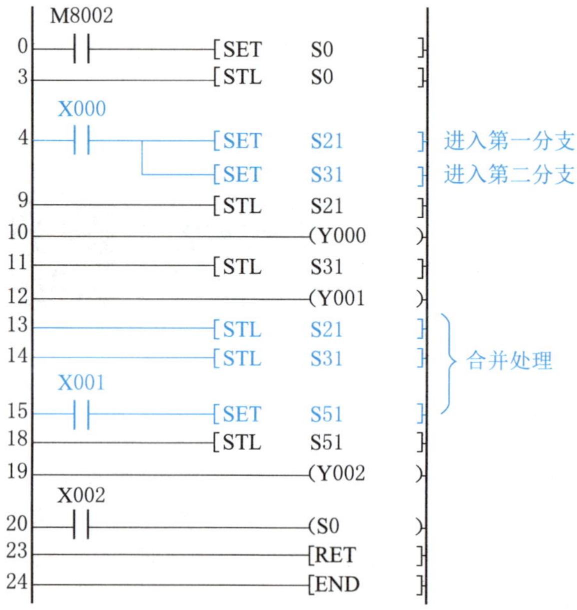

(a) 梯形图

0	LD	M8002	
1	SET	S0	
3	STL	S0	
4	LD	X000	
5	SET	S21	进入第一分支
7	SET	S31	进入第二分支
9	STL	S21	
10	OUT	Y000	
11	STL	S31	
12	OUT	Y001	
13	STL	S21	合并处理
14	STL	S31	
15	LD	X001	
16	SET	S51	
18	STL	S51	
19	OUT	Y002	
20	LD	X002	
21	OUT	S0	
23	RET		
24	END		

(b) 指令表

图 6-1-4 并行序列状态转移图对应的梯形图和指令表的转换示例

二、并行序列合并后的选择序列分支的编程

图 6-1-5(a)是一个并行序列合并后的选择序列分支的状态转移图，对这种状态转移图进行编程，可在并行序列合并之后和选择序列分支之前插入一个虚拟步，如图 6-1-5(b)所示。对应的梯形图和指令表如图 6-1-5(c)(d)所示。

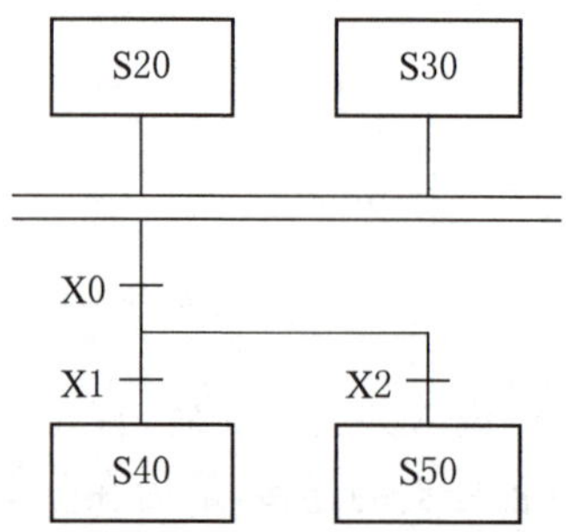

(a) 某一段状态转移图

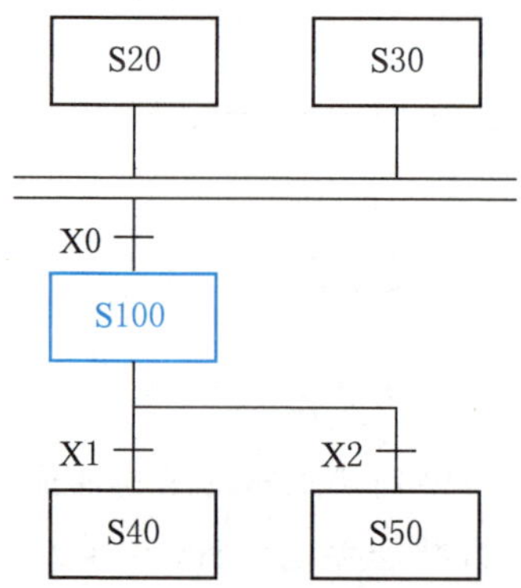

(b) 插入虚拟步后的状态转移图

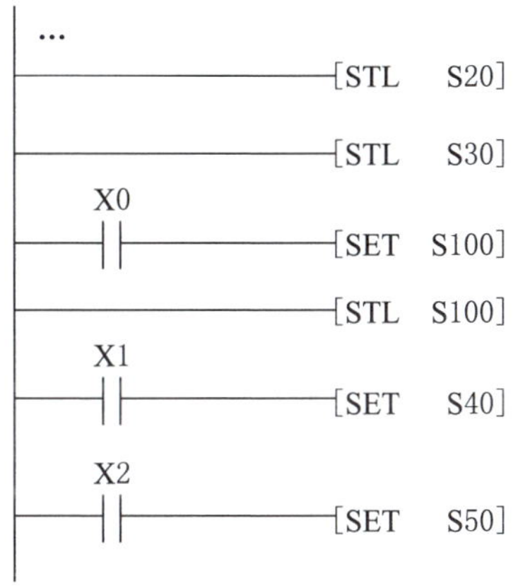

(c) 步进梯形图

```
STL   S20
STL   S30
LD    X0
SET   S100
STL   S100
LD    X1
SET   S40
LD    X2
SET   S50
```

(d) 指令表

图 6-1-5　并行序列合并后的选择序列分支的编程

请回答:

1. 并行序列状态转移图和选择序列状态转移图类似，也要先进行________处理，再进行________处理。

2. 并行序列状态转移图中，当转移条件满足时，它的多个分支是________被执行。

任务实施

一、设计 PLC 控制外部接线图

根据控制要求，需要 1 个启动按钮、1 个停止按钮；南北向和东西向需要 6 个信号灯。因此，整个系统总的输入点数为 2 点，输出点数为 6 点。PLC 的 I/O 地址分配见表 6-1-1。

请记录：简述十字路口交通信号灯的 PLC 控制系统设计总体思路。

1. ________________

2. ________________

表 6-1-1　PLC 的 I/O 地址分配

输入			输出		
元件符号	输入端子地址	功　能	元件符号	输出端子地址	功　能
SB1	X0	启动按钮	HL1	Y0	南北向红灯
SB2	X1	停止按钮	HL2	Y1	南北向绿灯
			HL3	Y2	南北向黄灯
			HL4	Y3	东西向绿灯
			HL5	Y4	东西向黄灯
			HL6	Y5	东西向红灯

请记录：PLC 控制外部接线图输出部分指示灯接线的基本要点。

根据 PLC 的 I/O 地址分配，绘制出 PLC 控制外部接线图，如图 6-1-6 所示。

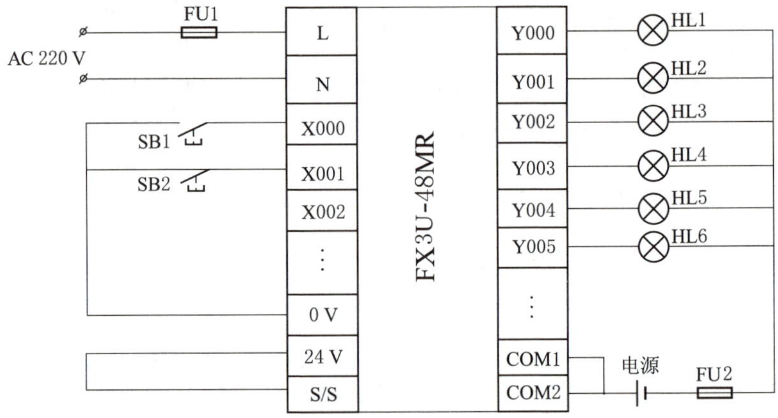

图 6-1-6　PLC 控制外部接线图

二、设计 PLC 控制程序

根据任务要求设计状态转移图，本任务所对应的是并行序列状态转移图，如图 6-1-7 所示。

请记录：

1. 与 M8002 并联的 X1 动合触点的作用：

2. M8013 在此 SFC 中的作用：

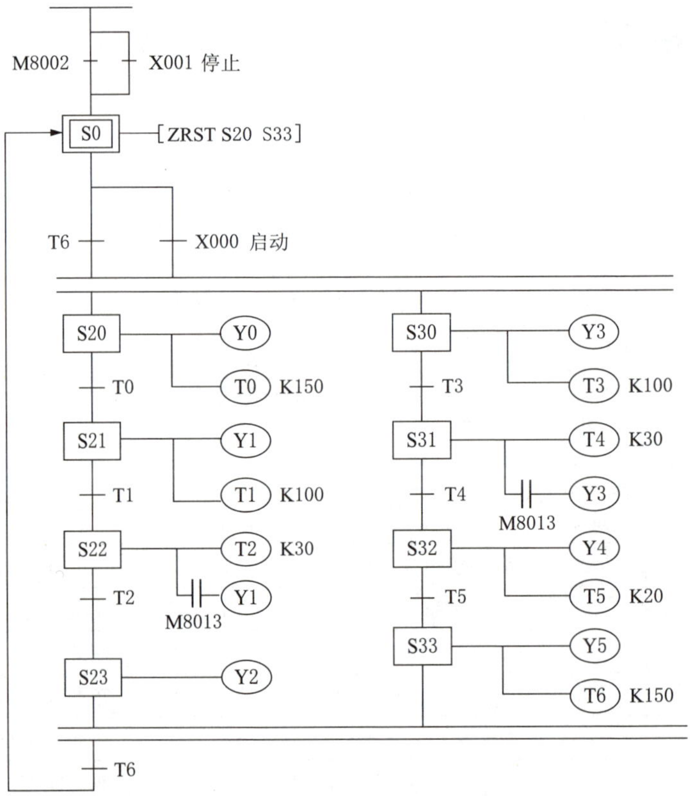

图 6-1-7　十字路口交通信号灯的参考状态转移图

三、编辑与下载 PLC 控制程序

请实践：在 GX Developer 编程软件中，完成具体的程序编辑与下载。

视频
SFC 程序编辑演示 6-1

四、调试 PLC 控制程序

确定 PLC 处于正常的运行状态，分别按下按钮 SB1、SB2，观察 PLC 输入输出指示灯及信号灯的变化，调试结果填入表 6-1-2。

互动练习
在线知识测评 6-1

请记录：调试过程中出现的问题和解决方法。

表 6-1-2　程序调试结果参考表

步骤	操作内容	观　察　内　容			
		输入输出指示灯	状态	输入输出指示灯	状态
1	按下 SB1	Y0		Y3	
		Y1		Y4	
		Y2		Y5	
2	按下 SB2	Y0～Y2		Y3～Y5	

知识拓展

要实现在 GX Developer 编程软件中进行并行序列状态转移图的编辑，现以十字路口交通信号灯的状态转移图为例进行简要说明。

步骤一：编辑 SFC 基本框架。

首先进入 SFC 编辑窗口。

在 3×1 光标位置，单击 F7 ，输入编号“1”，生成并行序列分支，按图 6-1-8 所示步骤①—③进行操作，生成如图 6-1-9 所示并行序列分支的 SFC。

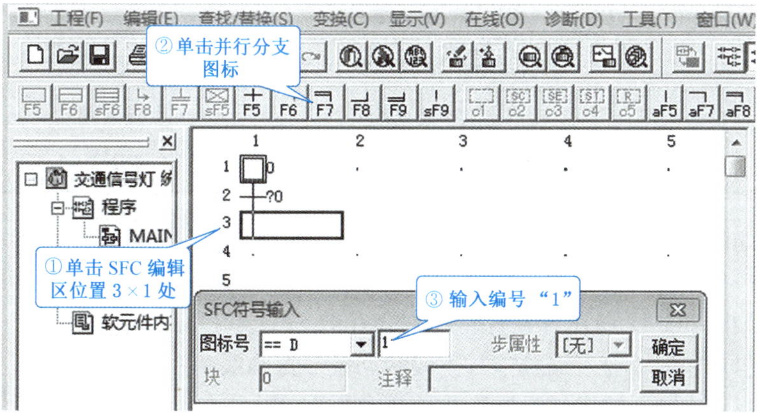

图 6-1-8　生成并行序列分支操作示意图

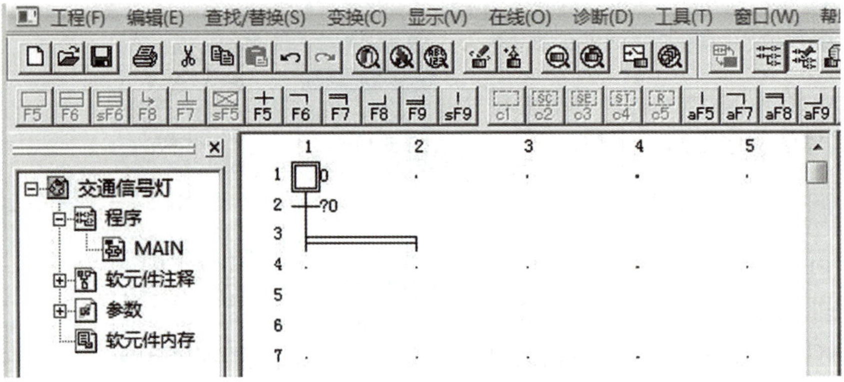

图 6-1-9　生成并行序列分支的 SFC

按照表 6-1-3 所示步序继续进行 SFC 程序的编辑操作。

表 6-1-3　SFC 程序编辑步序

步　　序	光标位置	操　　作	图　形　结　果
1	4×1	单击F5，输入编号“20”	生成状态框 20
2	5×1	单击F5，输入编号“1”	生成短画线 1
3	7×1	单击F5，输入编号“21”	生成状态框 21
4	8×1	单击F5，输入编号“2”	生成短画线 2
5	10×1	单击F5，输入编号“22”	生成状态框 22
6	11×1	单击F5，输入编号“3”	生成短画线 3
7	13×1	单击F5，输入编号“23”	生成状态框 23
8	4×2	单击F5，输入编号“30”	生成状态框 30
9	5×2	单击F5，输入编号“4”	生成短画线 4
10	7×2	单击F5，输入编号“31”	生成状态框 31
11	8×2	单击F5，输入编号“5”	生成短画线 5
12	10×2	单击F5，输入编号“32”	生成状态框 32
13	11×2	单击F5，输入编号“6”	生成短画线 6
14	13×2	单击F5，输入编号“33”	生成状态框 33

操作完成后，形成如图 6-1-10 所示 SFC 基本框架。

在 14×1 光标位置，单击F9，输入编号“1”，生成并行序列合并，按图 6-1-11 所示步骤①—③进行操作，生成如图 6-1-12 所示存在并行序列合并的 SFC。

在 15×1 光标位置，单击F5，输入编号“7”，生成状态条件短画线 7。

在 16×1 光标位置，单击F8，输入编号“0”，生成转移方向 0。

操作完成后，生成如图 6-1-13 所示基本参考 SFC。

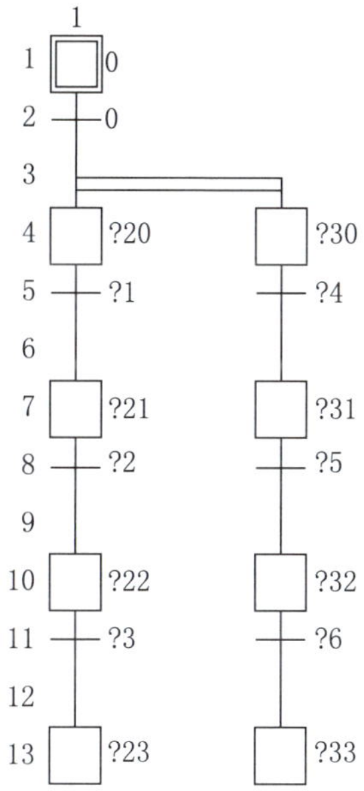

图 6-1-10　SFC 基本框架

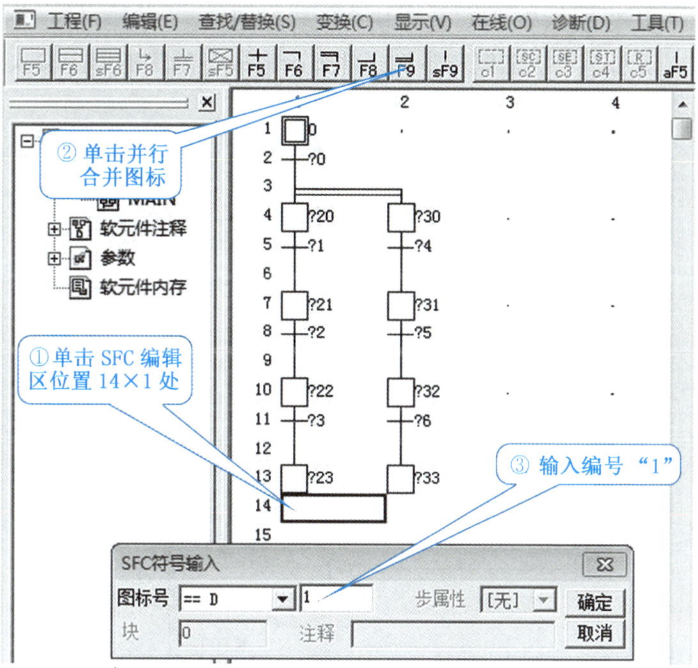

图 6-1-11　SFC 并行序列合并示意图

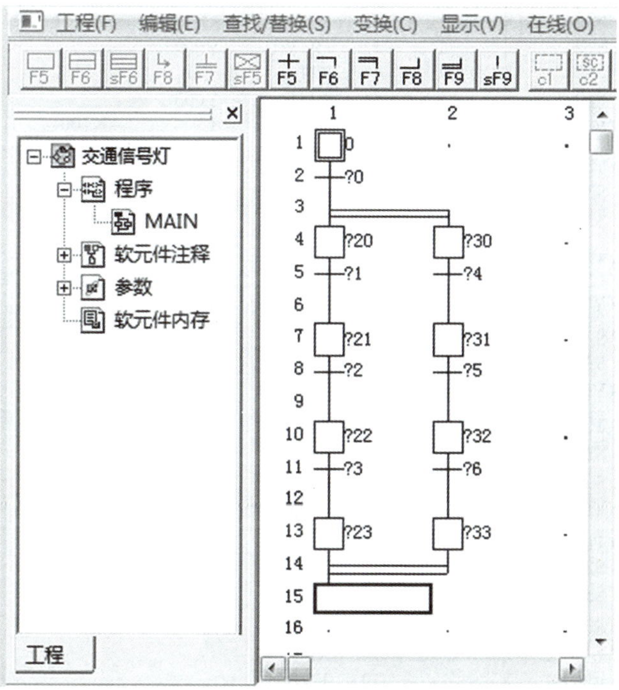

图 6-1-12　生成存在并行序列合并的 SFC

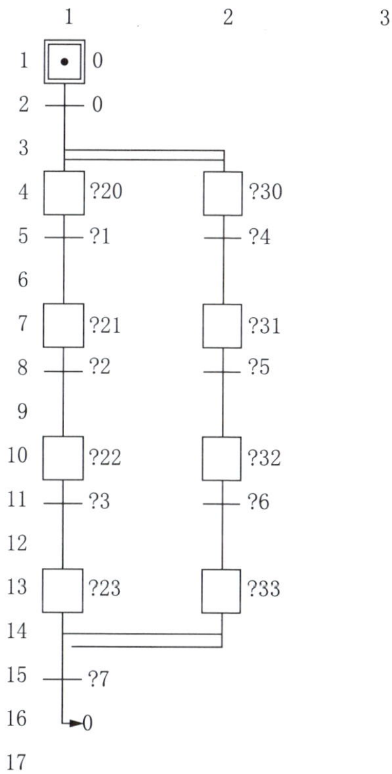

图 6-1-13　基本参考 SFC

步骤二：编辑 SFC 程序块内置梯形图。

对每一个状态框和转换条件短画线进行内置梯形图输入。

步骤三：转换 SFC 程序整体。

按下 F4 键，转换之后的梯形图程序及指令表如图 6-1-14 所示。

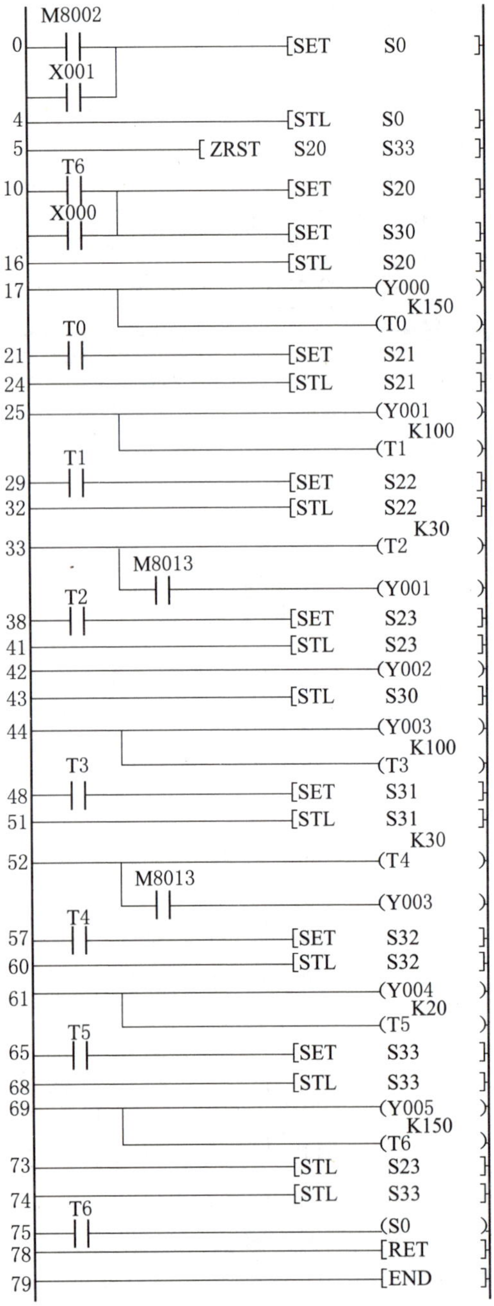

(a) 梯形图

步	指令	操作数	
0	LD	M8002	
1	OR	X001	
2	SET	S0	
4	STL	S0	
5	ZRST	S20	S33
10	LD	T6	
11	OR	X000	
12	SET	S20	
14	SET	S30	
16	STL	S20	
17	OUT	Y000	
18	OUT	T0	K150
21	LD	T0	
22	SET	S21	
24	STL	S21	
25	OUT	Y001	
26	OUT	T1	K100
29	LD	T1	
30	SET	S22	
32	STL	S22	
33	OUT	T2	K30
36	AND	M8013	
37	OUT	Y001	
38	LD	T2	
39	SET	S23	
41	STL	S23	
42	OUT	Y002	
43	STL	S30	
44	OUT	Y003	
45	OUT	T3	K100
48	LD	T3	
49	SET	S31	
51	STL	S31	
52	OUT	T4	K30
55	AND	M8013	
56	OUT	Y003	
57	LD	T4	
58	SET	S32	
60	STL	S32	
61	OUT	Y004	
62	OUT	T5	K20
65	LD	T5	
66	SET	S33	
68	STL	S33	
69	OUT	Y005	
70	OUT	T6	K150
73	STL	S23	
74	STL	S33	
75	LD	T6	
76	OUT	S0	
78	RET		
79	END		

(b) 指令表

图 6-1-14　转换之后的梯形图程序及指令表

程序说明：当 PLC 转换开关切换至“RUN”运行模式，M8002 的动合触点立刻接通，或者按下停止按钮后使 X1 触点接通，步进顺控程序进入初始状态 S0，并激活。

并行分支序列的说明(当 X0 触点一接通，S20 和 S30 同时为 ON)：

① 进入第一分支，当 X0 触点一接通，动作状态就向 S20 转移，S0 变为“**0**”状态，同时输出 Y0，南北向红灯亮 15 s；15 s 后依次完成南北向绿灯亮 10 s、闪 3 s，再接着南北向黄灯亮 2 s。

② 进入第二分支，当 X0 触点一接通，动作状态同时向 S30 转移，S0 变为“**0**”状态，同时输出 Y3，东西向绿灯亮 10 s，闪 3 s；东西向黄灯亮 2 s，其后东西向红灯亮 15 s。

并行合并序列的说明：

当东西向红灯亮 15 s(南北向黄灯正好亮 2 s)时，S23 和 S33 同时为当前步，状态同时为“**1**”，且 T6 动合触点接通，合并到状态 S0 动作，而 S23 和 S33 同时变为“**0**”状态。

任务二　按钮式人行横道交通灯的控制

任务描述

在上一个任务中已经完成了基本交通信号灯的控制。当前实际交通中，一般主干道是行车道，次道是人行横道和非机动车道，而十字路口处的交通信号灯大多采用固定通行的交通灯系统，这样的系统不利于提高道路的利用率，也不利于主要车道的通行，在没有行人需要通过人行横道时，主要车道上的车辆也必须在停止线以外停车，等候绿灯亮。

动画

按钮式人行横道交通灯功能演示

本任务中提出一种新的设计思路——按钮式人行横道交通灯的控制，如图 6-2-1 所示，在平时主干道(东西向)上绿灯一直亮，允许车辆快速通行；南北向是人行横道，当有行人要

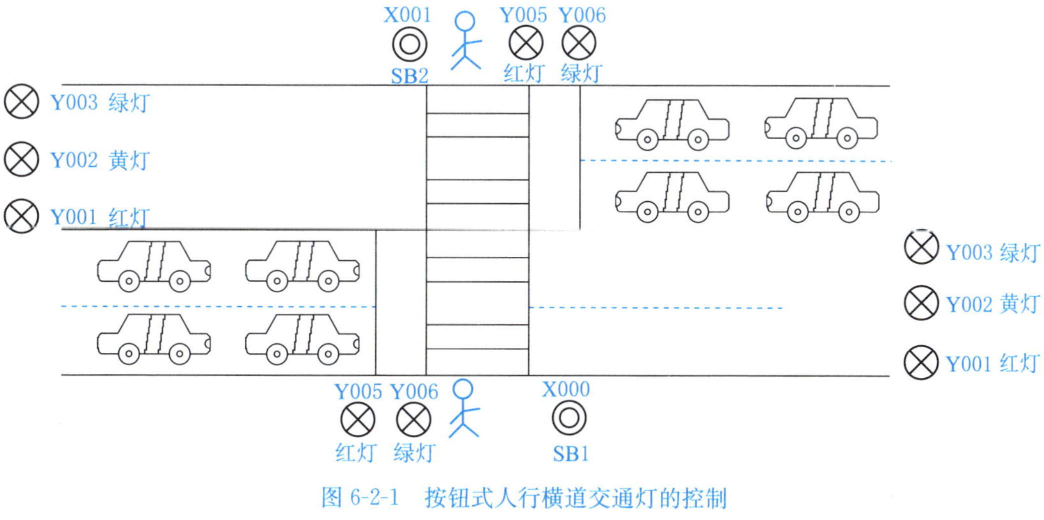

图 6-2-1　按钮式人行横道交通灯的控制

通过路口时，先要按下按钮 SB1 或 SB2，等到绿灯亮时即可通过，此时东西向上是红灯亮，延长一段时间后，人行横道的红灯亮，东西向上的主干道绿灯亮。这样可以大大提高主干道利用率，缓解日益严重的交通堵塞问题。本任务的设计思路可用于智能交通节能智能交通灯控制系统。

具体控制要求如 6-2-2 所示时序图。

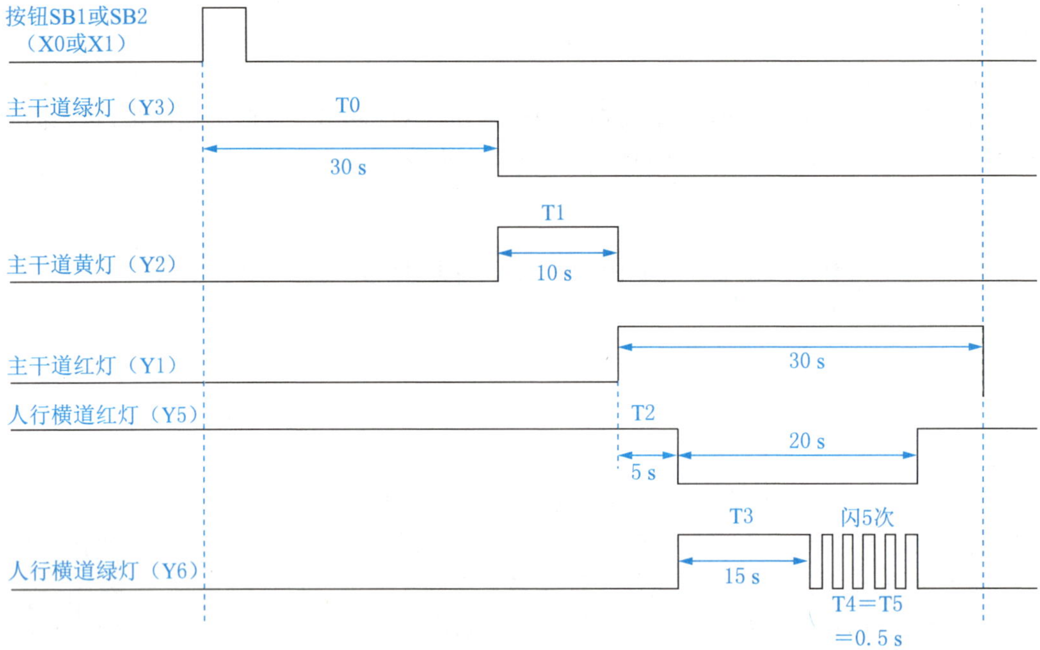

图 6-2-2　按钮式人行横道交通灯的时序图

任务分析

该按钮式人行横道交通灯的控制系统属于状态转移图中的并行序列结构。完成任务要求的 PLC 控制，必须执行以下几个环节：

① 能根据控制要求，完成并行序列状态转移图的绘制。

② 正确进行 PLC 控制外部接线图的绘制，完成程序的设计。

③ 会进行状态转移图的编辑，并将其转换为梯形图程序，对程序进行分析与调试。

知识链接

一、状态转移图中跳转和复位的处理

用状态转移图进行用户程序编制时，若程序需要跳转和重复，则用 OUT 指令代替 SET 指令，一般可以分为以下四种情况：

① 部分重复的编程方法。在一些情况下，需要返回某个状态重复执行一段程序，则可采用部分重复的编程方法，如图 6-2-3(a)所示。

② 同一分支之内跳转的编程方法。在一条分支的执行过程中，由于某种原因需要跳过几个状态执行下面的程序，此时，可以采用同一分支之内跳转的编程方法，如图 6-2-3(b)所示。

③ 跳转到另一条分支的编程方法。在某种情况下，要求程序从一条分支的某个状态跳转到另一条分支的某个状态继续执行，此时可采用跳转到另一条分支的编程方法，如图 6-2-3(c)所示。

④ 复位处理的编程方法。在进行 SFC 程序编制时，如果要使某个运行的状态(该状态为 **1**)停止运行(使状态为 **0**)，其编程方法如图 6-2-3(d)所示。图中，当状态 S55 为 **1** 时，若输入 X11 为 **1**，则将状态 S55 置 **0**，即该支路停止运行。

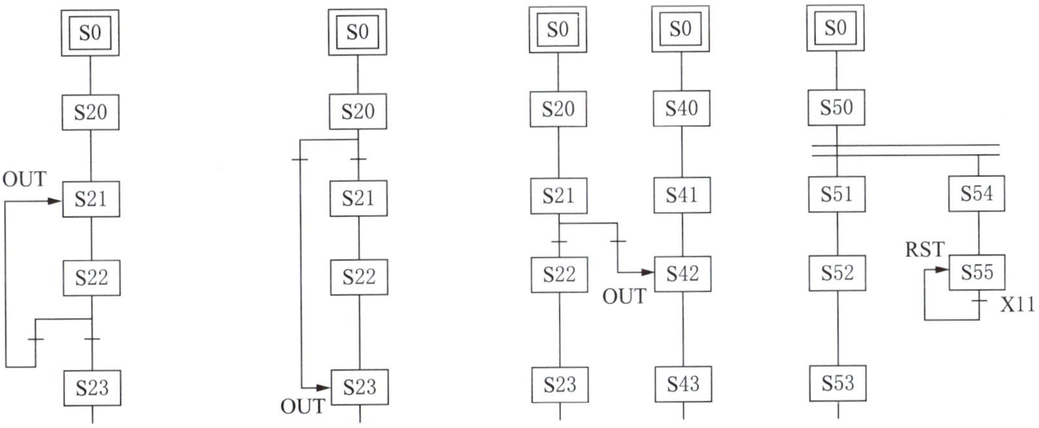

(a) 部分重复　　(b) 同一分支之内跳转　　(c) 跳转到另一条分支　　(d) 复位处理

图 6-2-3　跳转处理与复位处理的应用实例

请回答：

1. 状态转移图中，若需要跳转和重复时，用________指令代替 SET 指令。
2. 在编辑一段需要返回某个状态重复执行的程序时，可采用________的编程方法。

二、单操作标志位及其应用

M2800～M3071 是单操作标志位。单操作标志位及其应用如图 6-2-4 所示。当图 6-2-4(a)的 M2800 线圈得电时，只有它后面第一个 M2800 的边沿检测触点(2 号触点)能工作，而 M2800 的 1 号和 3 号脉冲触点不会动作。M2800 的 4 号触点是使用 LD 指令的普通触点，当 M2800 的线圈得电时，该触点闭合。

借助单操作标志位，可以用一个转移条件实现多次转移，如图 6-2-4(b)所示，当 S20 为当前工作步，X0 的动合触点闭合，M2800 的线圈得电，M2800 的第一个上升沿检测触点闭合一个扫描周期，实现了步 S20 向步 S21 的转移。X0 的动合触点下一次由断开变为接通时，因为 S20 是不活动步，所以没有执行图 6-2-4(b)中的第一条 LDP M2800 指令，而 S21 的 STL 触点之后的触点是 M2800 线圈之后遇到的它的第一个上升沿检测触点，所以该触点闭合一个扫描周期，系统由步 S21 向步 S22 转移。

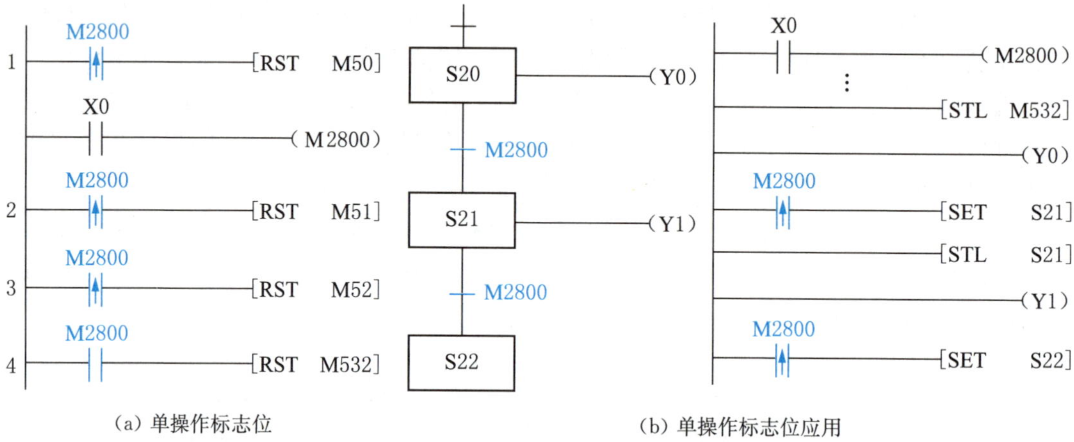

图 6-2-4 单操作标志位及其应用

请回答：

1. 三菱 PLC 中，单操作标志位有________。

2. 图 6-2-4(b)中单操作标志位应用时，只有它后面________触点能工作。

请记录：简述按钮式人行横道交通灯的 PLC 控制系统设计总体思路。

1. ____________________

2. ____________________

请记录：绘制 PLC 控制外部接线图的基本要点。

____

任务实施

一、绘制 PLC 控制外部接线图

根据控制要求，需要 2 个人行横道请求按钮 SB1、SB2 以及 1 个停止按钮；主干道需要红、绿和黄 3 个信号灯，人行横道需要绿、红 2 个信号灯。因此，整个系统总的输入点数为 3 点，输出点数为 5 点。PLC 的 I/O 地址分配见表 6-2-1。

表 6-2-1 PLC 的 I/O 地址分配

输入			输出		
元件符号	输入端子地址	功能	元件符号	输出端子地址	功能
SB1	X0	人行横道请求按钮 1	HL1	Y1	主干道红灯
SB2	X1	人行横道请求按钮 2	HL2	Y2	主干道黄灯
SB3	X2	停止按钮	HL3	Y3	主干道绿灯
			HL4	Y5	人行横道红灯
			HL5	Y6	人行横道绿灯

根据 PLC 的 I/O 地址分配，绘制出 PLC 控制外部接线图，如图 6-2-5 所示。

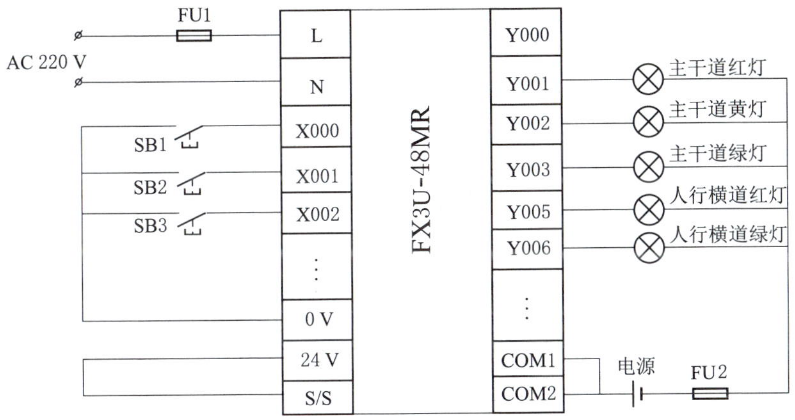

图 6-2-5　PLC 控制外部接线图

二、设计 PLC 控制程序

根据任务要求设计状态转移图，如图 6-2-6 所示。

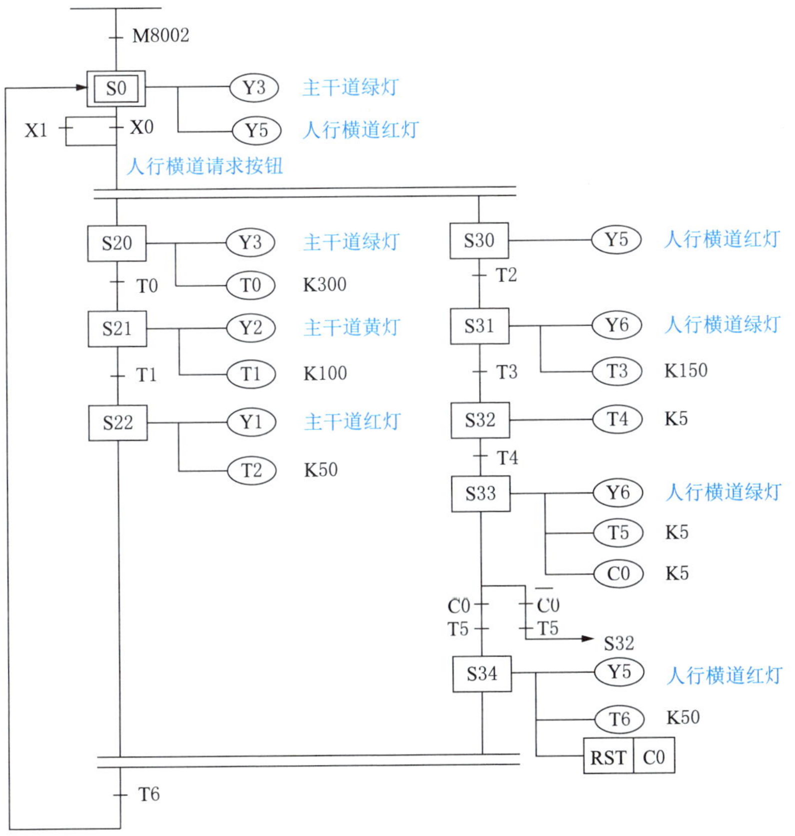

图 6-2-6　按钮式人行横道交通灯的参考状态转移图

请记录：

1. 当 S0 为活动步时，若 X1 闭合，S20 和 S30 的状态如何变化？

2. 当 S33 为活动步时，若转移条件满足，跳转到 S32 步的含义：

三、编辑与下载 PLC 控制程序

视频
SFC 程序编辑演示 6-2

请实践：在 GX Developer 编程软件中，完成具体的程序编辑与下载。

四、调试 PLC 控制程序

请记录：调试过程中出现的问题及解决方法。

确定 PLC 处于正常的运行状态，分别按下按钮 SB1、SB2、SB3，观察 PLC 输入输出指示灯及信号灯的变化，调试结果填入表 6-2-2。

表 6-2-2　PLC 控制程序调试结果记录表

步骤	操作内容	观察内容			
		输入输出指示灯	状态	输入输出指示灯	状态
1	PLC 变成 RUN 状态	Y3 和 Y5		Y1、Y2 和 Y6	
2	按下 SB1 或者 SB2	Y3		Y5	
		Y2		Y6	
		Y1		Y5	
3	按下 SB3	Y1～Y3		Y5～Y6	

知识拓展

在 GX Developer 编程软件中，如何实现既有并行序列又有选择序列的 SFC 程序的编辑？现以按钮式人行横道交通灯的状态转移图为例进行简要说明。

互动练习
在线知识测评 6-2

步骤一：编辑 SFC 基本框架。

首先进入 SFC 编辑窗口。

在 3×1 光标位置，单击 aF8 ，按住鼠标左键，向右画线，生成并行序列分支，按图 6-2-7 所示步骤①—③进行操作，生成 SFC 如图 6-2-8 所示。

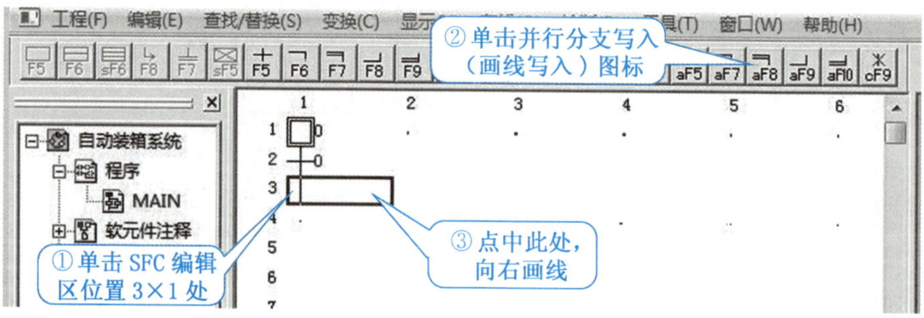

图 6-2-7　生成并行序列分支操作示意图

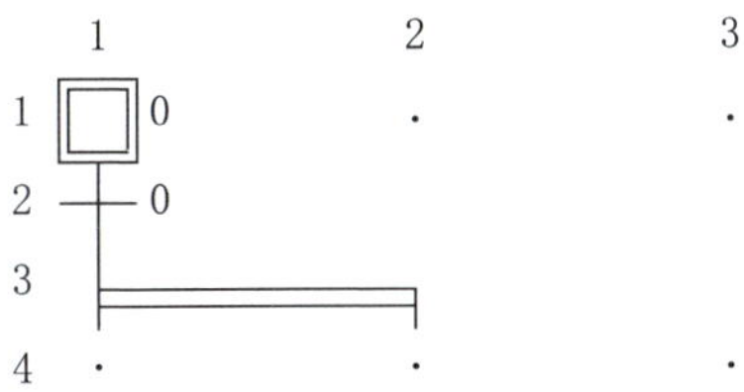

图 6-2-8　生成并行序列分支的 SFC

按照表 6-2-3 所示步序继续进行 SFC 程序的编辑操作。

表 6-2-3　SFC 程序编辑步序

步　序	光标位置	操　　作	图 形 结 果
1	4×1	单击F5，输入编号“20”	生成状态框 20
2	5×1	单击F5，输入编号“1”	生成短画线 1
3	7×1	单击F5，输入编号“21”	生成状态框 21
4	8×1	单击F5，输入编号“2”	生成短画线 2
5	10×1	单击F5，输入编号“22”	生成状态框 22
6	4×2	单击F5，输入编号“30”	生成状态框 30
7	5×2	单击F5，输入编号“3”	生成短画线 3
8	7×2	单击F5，输入编号“31”	生成状态框 31
9	8×2	单击F5，输入编号“4”	生成短画线 4
10	10×2	单击F5，输入编号“32”	生成状态框 32
11	11×2	单击F5，输入编号“5”	生成短画线 5
12	13×2	单击F5，输入编号“33”	生成状态框 33
13	14×2	单击F6，输入编号“1”	生成选择分支
14	15×3	单击F5，输入编号“6”	生成短画线 6
15	16×3	单击F8，输入编号“32”	生成转移方向 32
16	15×2	单击F5，输入编号“7”	生成短画线 7
17	16×3	单击F5，输入编号“34”	生成状态框 34

操作完成后，形成如图 6-2-9 所示 SFC 基本框架。

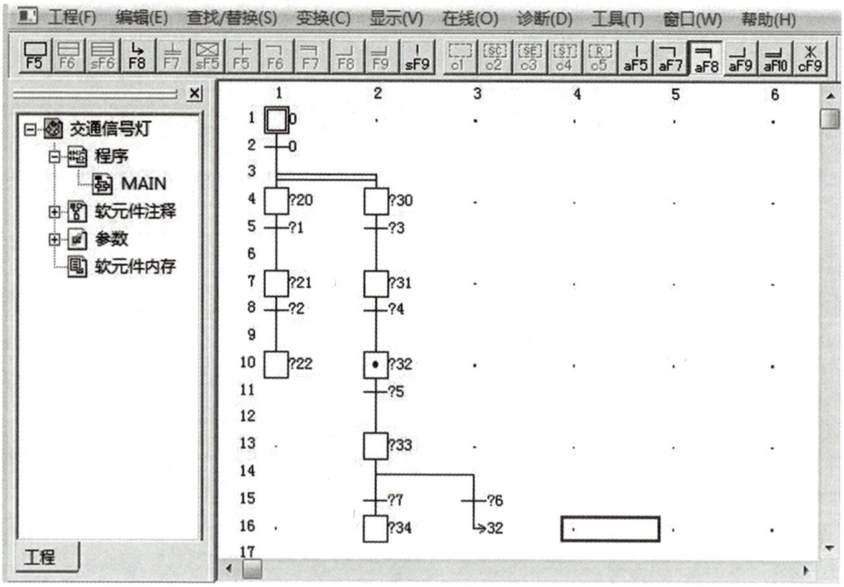

图 6-2-9 SFC 基本框架(一)

在 11×1 光标位置，单击，输入编号“6”(从 11 到 16 行)，画竖线，按图 6-2-10 所示步骤①—③进行操作，生成竖线。

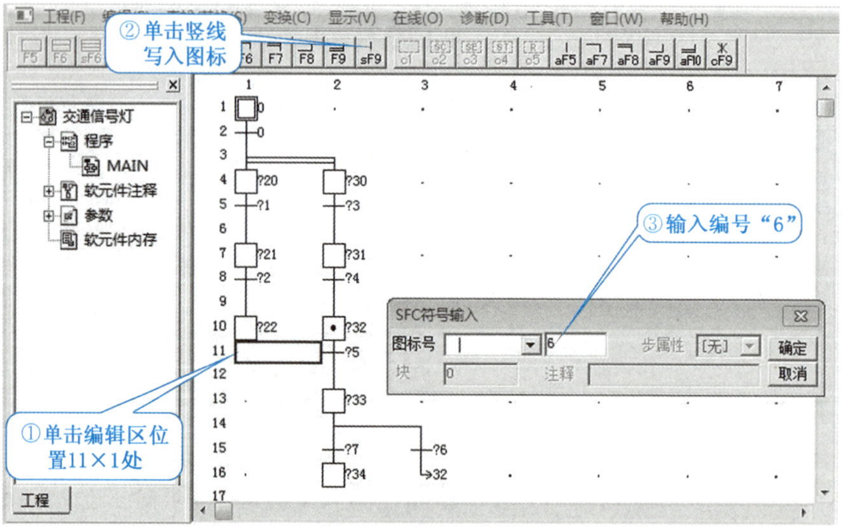

图 6-2-10 生成竖线示意图

在 17×1 光标位置，单击，按住鼠标左键，向右画线，生成并行序列合并，对应 SFC 如图 6-2-11 所示。

在 18×1 光标位置，单击，输入编号“8”，生成短画线 8。

在 19×1 光标位置，单击，输入编号“0”，生成转移方向 0。

操作完成后，生成如图 6-2-12 所示 SFC 基本框架。

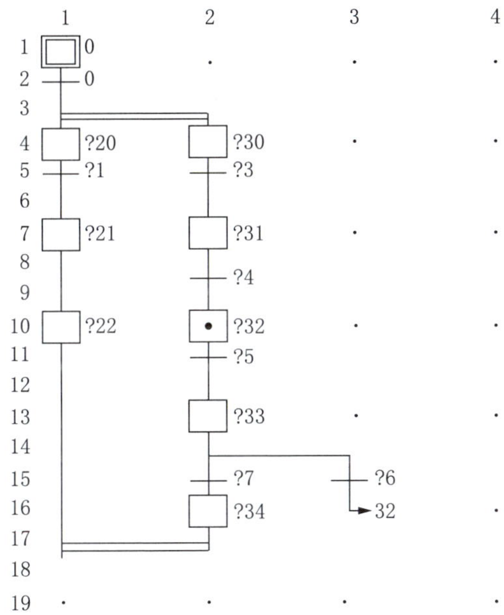

图 6-2-11　生成并行序列合并 SFC

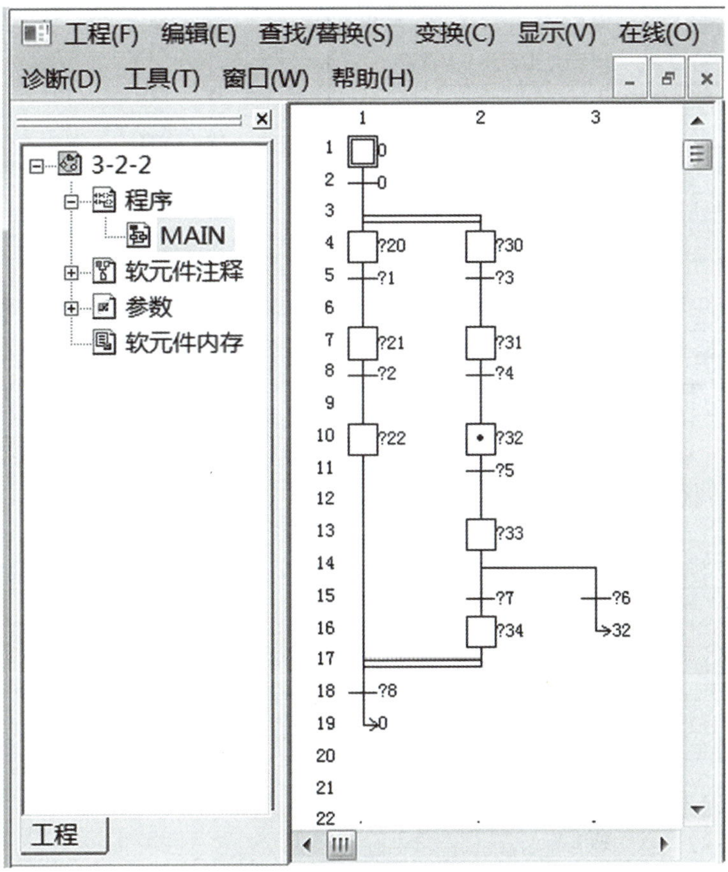

图 6-2-12　SFC 基本框架(二)

步骤二：编辑 SFC 程序块内置梯形图。

对每一个状态框和转换条件短画线进行内置梯形图输入。

步骤三：转换 SFC 程序整体。

按下 F4 键，转换之后的梯形图程序及指令表，如图 6-2-13 所示。

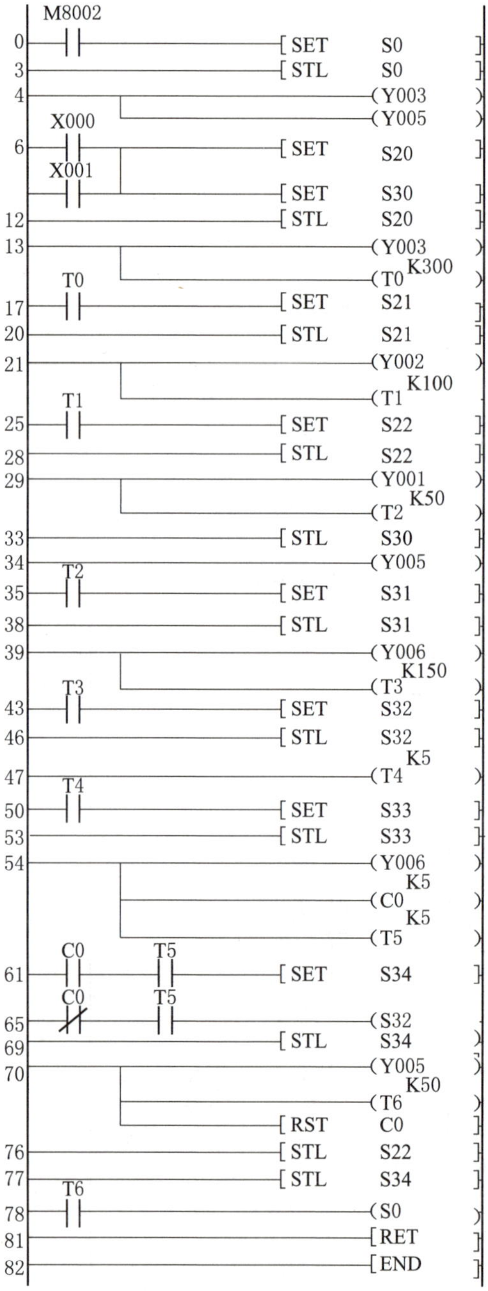

(a) 梯形图

步序	指令	操作数	
0	LD	M8002	
1	SET	S0	
3	STL	S0	
4	OUT	Y003	
5	OUT	Y005	
6	LD	X000	
7	OR	X001	
8	SET	S20	
10	SET	S30	
12	STL	S20	
13	OUT	Y003	
14	OUT	T0	K300
17	LD	T0	
18	SET	S21	
20	STL	S21	
21	OUT	Y002	
22	OUT	T1	K100
25	LD	T1	
26	SET	S22	
28	STL	S22	
29	OUT	Y001	
30	OUT	T2	K50
33	STL	S30	
34	OUT	Y005	
35	LD	T2	
36	SET	S31	
38	STL	S31	
39	OUT	Y006	
40	OUT	T3	K150
43	LD	T3	
44	SET	S32	
46	STL	S32	
47	OUT	T4	K5
50	LD	T4	
51	SET	S33	
53	STL	S33	
54	OUT	Y006	
55	OUT	C0	K5
58	OUT	T5	K5
61	LD	C0	
62	AND	T5	
63	SET	S34	
65	LDI	C0	
66	AND	T5	
67	OUT	S32	
69	STL	S34	
70	OUT	Y005	
71	OUT	T6	K50
74	RST	C0	
76	STL	S22	
77	STL	S34	
78	LD	T6	
79	OUT	S0	
81	RET		
82	END		

(b) 指令表

图 6-2-13　转换之后的梯形图程序及指令表

程序说明：当 PLC 转换开关切换至“RUN”运行模式，M8002 的动合触点立刻接通，步进顺控程序进入初始状态 S0，并激活，输出 Y3 和 Y5，主干道绿灯和人行横道红灯同时点亮。

并行分支序列的说明（当 X0 或者 X1 触点一接通，S20 和 S30 同时为 ON）：

① 进入第一分支，当 X0 或者 X1 触点一接通，动作状态就向 S20 转移，S0 变为“**0**”状态，同时输出 Y3，主干道绿亮 30 s；30 s 之后依次完成主干道黄灯亮 10 s，主干道红灯亮，并延时 5 s。

② 进入第二分支，当 X0 或者 X1 触点一接通，动作状态同时向 S30 转移，S0 变为“**0**”状态，同时输出 Y5，人行横道红灯亮，等主干道红灯亮 5 s 结束，T2 动合触点接通后，依次完成人行横道绿灯亮15 s，闪烁 5 次后，人行横道红灯亮，并延时 5 s。

并行合并序列的说明：

此时 S22 和 S34 同时为当前步，状态同时为“**1**”，当人行横道红灯亮 5 s 后，即 T6 动合触点接通时，合并到状态 S0 动作，S22 和 S34 同时变为“**0**”状态，再次点亮主干道绿灯和人行横道红灯。

在状态转移过程中，即使再按动人行横道按钮 SB1 或 SB2 也无妨。

知识测评

一、选择题

1. 并行序列中，当满足某一转移条件后，几条分支被(　　)激活。

A. 依次　　B. 同时　　C. 禁止

2. 跳转要用(　　)指令，而不能用(　　)指令。

A. OUT　SET　　B. SET　OUT　　C. STL　OUT

3. 与 STL 指令相连的动断触点应使用(　　)指令。

A. ANI　　B. LDI　　C. RET

4. 对于 STL 指令后的状态 S，OUT 指令与(　　)指令具有相同的功能。

A. SET　　B. END　　C. RST

5. M8002 有(　　)功能。

A. 初始化　　B. 置位　　C. 复位

二、分析设计题

1. 将题图 6-1(a)所示状态转移图转换的题图 6-1(b)所示梯形图程序补充完整。

2. 将题图 6-2(a)所示指令表转换的题图 6-2(b)所示梯形图及题图 6-2(c)所示状态转移图补充完整。

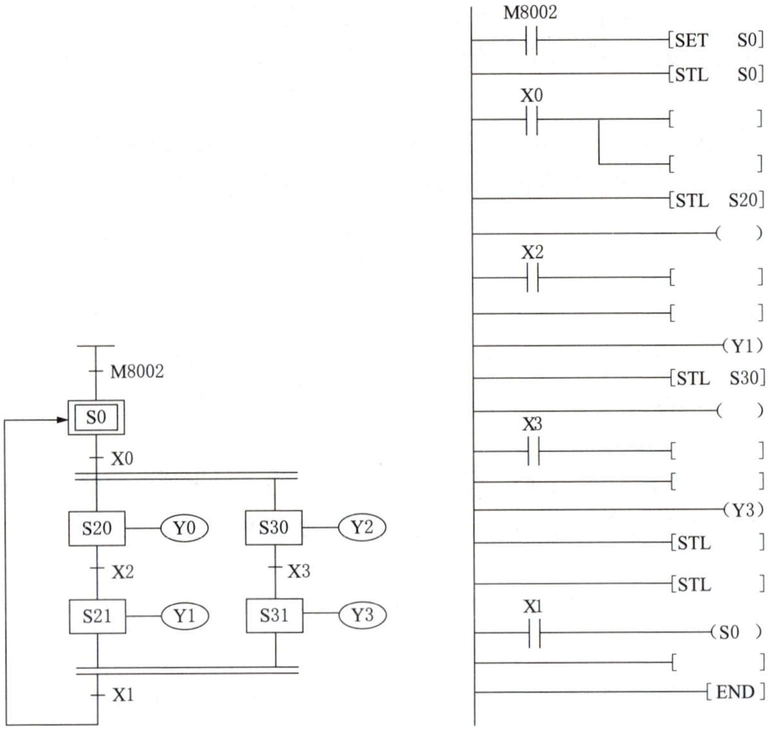

(a)　　　　　　　　　　　　(b)

题图 6-1

```
0    LD    M8002
1    SET   S0
3    STL   S0
4    LD    X000
5    OR    X001
6    SET   S20
8    SET   S30
10   SET   S40
12   STL   S20
13   OUT   Y001
14   STL   S30
15   OUT   Y002
16   OUT   T1        K10
19   STL   S40
20   OUT   Y003
21   STL   S30
22   STL   S20
23   STL   S40
24   LD    X003
25   AND   T1
26   OUT   S0
28   RET
29   END
```

(a)

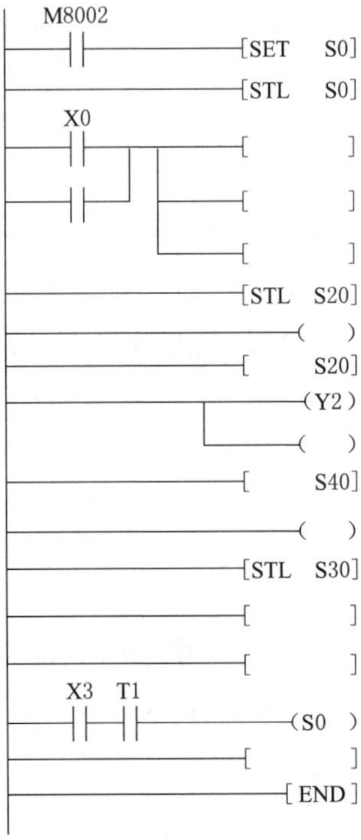

(b)

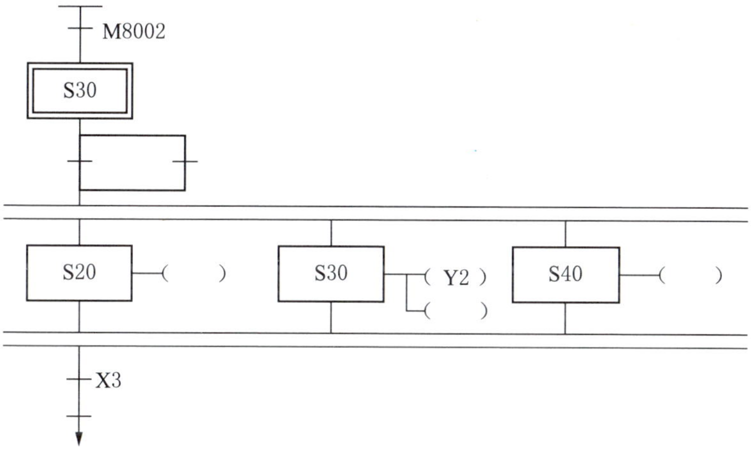

(c)

题图 6-2

3. 判断题图 6-3 所示状态转移图是否合理,若不合理,请修改。

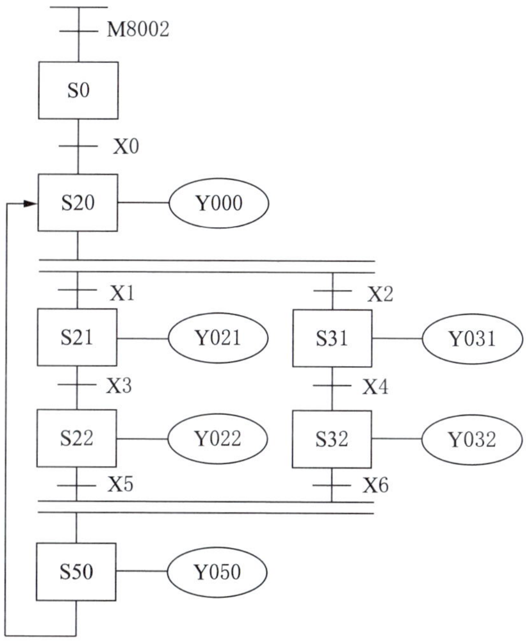

题图 6-3

项目七

艺术彩灯的PLC控制

项目导入

艺术彩灯的色彩非常丰富，五光十色的造型在夜晚显得极其漂亮，随着LED彩灯的款式和种类越来越多，LED彩灯的使用日益普遍。

本项目主要介绍艺术彩灯的PLC控制，包括流水灯及多段艺术彩灯的控制，涉及三菱FX3U系列PLC编程中数据传送类、移位类功能指令的应用。通过本项目的实践与学习，能了解到更多的功能指令，进一步提高综合系统程序设计及分析调试的能力。

视频

流水灯效果案例

知识目标

1. 了解 FX3U 系列 PLC 功能指令的表示形式；
2. 知道数据传送指令(MOV)的功能及应用；
3. 熟悉循环左移(ROL)和循环右移(ROR)功能指令的功能及应用。

能力目标

1. 会结合任务要求完成程序的设计与编辑；
2. 能完成 PLC 电气控制原理图的绘制及电路的安装与测试；
3. 能对程序进行分析与调试，针对简单故障进行维修。

素养目标

1. 养成良好的操作习惯，遵循安全规范；
2. 形成利用网络搜索相关信息、查阅资料进行自主学习的意识；
3. 具备多种方法解决问题的创新意识和现场独立处理复杂问题的能力。

任务一　流水灯的控制

任务描述

动画
流水灯功能演示

随着科技日新月异的发展，在现代生活中，流水灯作为一种景观，安装在建筑物的醒目位置，如图 7-1-1 所示。流水灯简易轻巧，能呈现多彩的颜色，作为装饰不但可增添节日气氛，而且有广告宣传的作用，在现实生活中得到了广泛应用。

图 7-1-1　流水灯的应用

图 7-1-2 所示为某流水灯控制面板，现基于此面板完成对 16 个 LED 顺序流水灯模拟控制。

任务要求：在整个控制系统中，采用两个按钮 SB1 和 SB2 来实现整个系统的启动和停止，即按下启动按钮 SB1，16 个 LED 开始正向或反向流动，按下停止按钮 SB2，停止流动，LED 熄灭。系统还设置了一个选择开关来实现流水灯的正向流动及反向流动的选择控制。

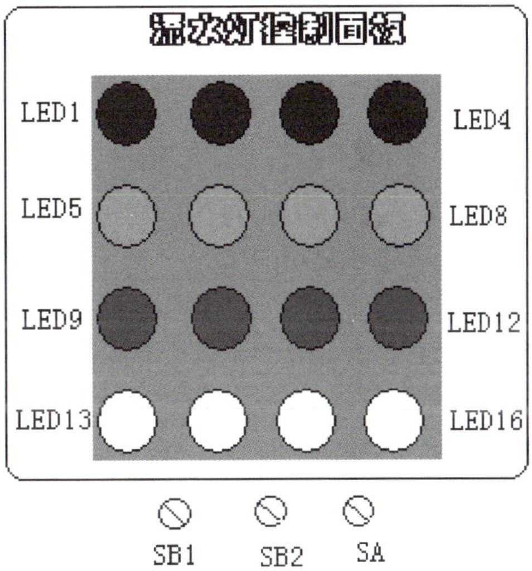

图 7-1-2　某流水灯控制面板

正向流动过程：LED1 亮→经延时后，LED1 灭，LED2 亮→经延时后，LED2 灭，LED3 亮→…→经延时后，LED15 灭，LED16 亮→经延时后，LED16 灭，LED1 亮。

反向流动过程：LED16 亮→经延时后，LED16 灭，LED15 亮→经延时后，LED15 灭，LED14 亮→…→经延时后，LED2 灭，LED1 亮→经延时后，LED1 灭，LED16 亮。

任务分析

本任务采用三菱 FX3U-48MR 型 PLC 来实现整个流水灯系统的模拟控制，采用 LED 代替霓虹灯。完成任务的控制要求，需依次执行以下几个环节：

① 认识 FX3U 系列 PLC 功能指令的表示形式。

② 学习数据传送指令(MOV)、循环移位(ROR、ROL)的格式及应用。

③ 根据所确定的 I/O 地址完成 PLC 控制外部接线图的绘制，并完成电路的连接。

④ 根据本任务的要求及控制流程图设计出 PLC 梯形图程序，并完成程序的分析与调试。

知识链接

一、认识 FX3U 系列 PLC 的功能指令

在三菱 FX3U 系列 PLC 中，除了基本指令和步进指令之外，还有 200 多条应用指令(也称功能指令)。功能指令实际上是许多功能不同的子程序。与基本逻辑指令只能完成一个特定动作不同，功能指令能完成实际控制中的许多不同类型的操作。

1. 功能指令的表示形式

FX3U 系列 PLC 采用计算机通用的助记符形式来表示功能指令，一般用指令的英文名称或缩写作为助记符。例如，数据传送类指令中有一条 BMOV 指令就是数据块传送指令，如图 7-1-3 中的 X0 接通时，将 D5 开始的 3 个数据寄存器(D5、D6、

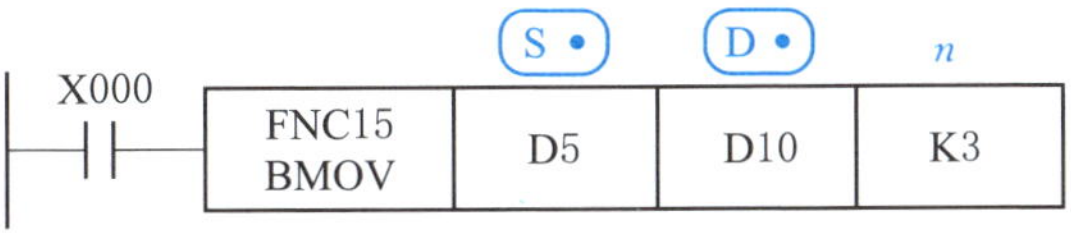

图 7-1-3　功能指令的表示方法

D7)里面的数据传送到 D10 开始的 3 个数据寄存器(D10、D11、D12)。其中,K3 表示传送的个数为 3。

说明:

① 在 GX Developer 编程软件中输入功能指令时,既可以输入指令段(FNC 编号),也可以只输入助记符,亦可两者同时输入。

② 各操作数功能如下:

[S]:其内容不随指令执行而变化,称为源操作数,以[S1],[S2],…形式表示。

[D]:其内容随指令执行而变化,称为目标操作数,同样,可以作变址修饰,在目标数量多时,以[D1],[D2],…形式表示。

n 或 m:表示其他操作数,常用来表示常数,或者作为源操作数和目标操作数的补充说明,表示常数时,使用十进制数(K)和十六进制数(H),这样的操作数数量很多时,以 $m1$, $m2$, …形式表示。

功能指令的指令段程序步数通常为 1 步,但是根据各操作数是 16 位指令还是 32 位指令,会变为 2 步或者 4 步。

③ 操作数的可用软元件如下:

a. 位软元件

位软元件用来表示开关量的状态,例如,动合触点的通、断,线圈的接通、断开,这两种状态分别用二进制数 **1** 和 **0** 来表示,或称为该软元件处于 ON 或 OFF 状态。输入继电器(X)、输出继电器(Y)、辅助继电器(M)和状态(S)等只处理 ON 或 OFF 信息的软元件均为位软元件。

b. 若干个位软元件的组合

FX 系列 PLC 用 KnP 的形式表示连续的位软元件组,每组由 4 个连续的位软元件组成,P 为位软元件的首地址,n 为位软元件的组数(n 可以是 1~8)。KnX、KnY、KnM、KnS 分别是 X、Y、M 和 S 组成的位软元件组。例如,K2M10 表示由 M10~M17 组成的两个位软元件组,M10 为数据的最低位(首位)。16 位操作数时,n=1~4, n<4 时,高位全部为 **0**; 32 位操作数时,n=1~8, n<8 时,高位全部为 **0**。通常为了方便编程,建议在使用成组的位软元件时,X 和 Y 的首地址(最低位)为 **0**,例如,将 X0、X10、Y10 等设置为首地址。对于 M 和 S,根据个人的编程习惯,首地址可以采用能被 8 整除的数,也可采用元件号最低位为 **0** 的地址作为首地址,如 M32 和 S50 等。

c. 字软元件

一个字由 16 个二进制位组成,字软元件用来处理数据,例如,定时器(T)和计数器(C)的当前值寄存器以及数据寄存器(D)都是字软元件,数据寄存器(D)为 16 位,在处理 32 位数据时使用一对数据寄存器的组合。例如,D1D0, D1 为高 16 位,D0 为低 16 位,由于它是由 2 个字软元件组成的 32 位数据操作数,也称双字元件。T、C 的当前值寄存器也可以作为一般寄存器,处理方法相同。K、H 分别是十进制整数常数和十六进制整数常数,如 K10、H3A。

2. 功能指令的编辑与说明

用 GX Developer 编程软件输入图 7-1-3 所示功能指令 BMOV 时,可单击工具条上的按钮弹出对话框，或者直接按快捷键 F8 弹出对话框，输入“BMOV D5 D10 K3”，指令助记符和操作数之间用空格分隔，操作示意图如图 7-1-4 所示。

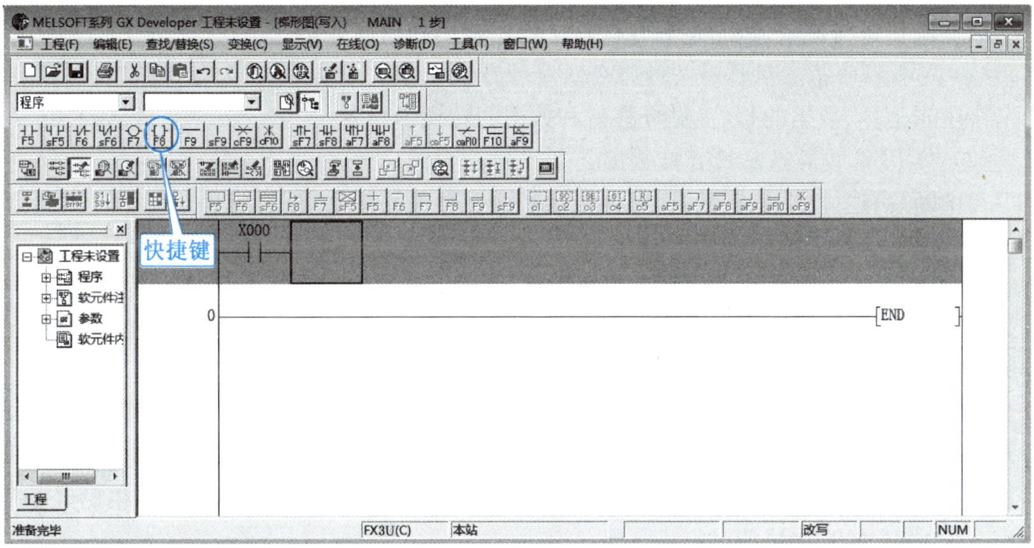

图 7-1-4 功能指令输入操作示意图

每个功能指令都有一个功能号(function，简写为 FNC)，如图 7-1-5 所示，MOV 指令的功能号为 12，写为 FNC12。

在编程手册中查阅功能指令，通常会看到每条功能指令都给出了如图 7-1-5 所示的图形。这个图形显示出每条指令的功能，图形左下方的“D”表示该指令支持处理 32 位数据，相邻的 2 个数据寄存器组成 32 位的数据寄存器。

图 7-1-5 功能指令功能号和指令符号

以数据传送指令“DMOV D2 D4”为例，该指令将 D2 和 D3 这两个 16 位寄存器组成的一个 32 位寄存器里面的数据传送到 D4 和 D5 组成的 32 位寄存器中。功能指令前面如果没有加“D”表示处理 16 位数据，前面加“D”表示处理 32 位指令。

图 7-1-5 所示图形右下角的“P”表示支持脉冲(pulse)执行方式。图 7-1-6 所示程序仅仅在 X0 由 OFF 变为 ON 的上升沿时，执行一次 MOVP 指令。若在指令的后面加“P”，则只在指令线圈得电的上升沿执行一个扫描周期；若没有加“P”，则在程序执行的每一个扫描周期均执行该指令。在 GX Developer 编程软件中，直接输入“MOVP D0 D1”即可。

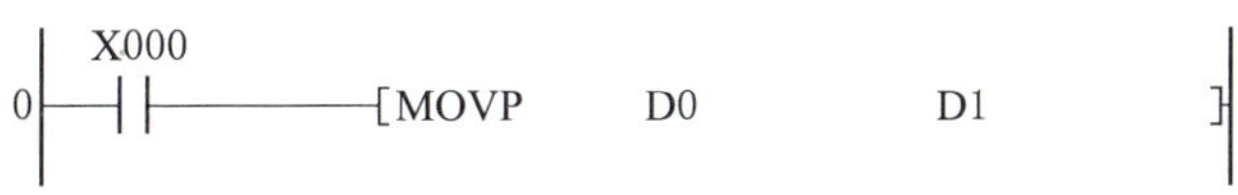

图 7-1-6 脉冲执行型指令

3. 常用功能指令分类

功能指令可以分为以下几种类型：

(1) 较常用的指令

数据的传送与比较、数学运算、跳转、子程序调用和返回等指令。

(2) 与数据的基本操作有关的指令

字逻辑运算、数据的移位、循环移位和数据的转换等指令。

(3) 与 PLC 的高级应用有关的指令

与中断、高速计数、位置控制、闭环控制和通信有关的指令，有的涉及一些专门知识，需要阅读有关的书籍才能正确地理解和使用。

(4) 与 PLC 的硬件和通信等有关的指令

方便 PLC 与外部 I/O 设备通信，有的指令用于相当特殊的场合，如旋转工作台指令，绝大多数用户几乎不会用到。

(5) 用于实现人机对话的指令

用于数字的输入和显示的指令。使用这类指令时往往需要用户自制硬件电路板，不但费事，也很难保证可靠性，功能也很有限。现在，文本显示器和小型触摸屏的价格已经相当便宜，这类指令的实用价值已经不大。

在后面学习任务中将重点介绍几个典型的常用功能指令。

请回答：

1. 功能指令实际上是许多功能不同的________。与基本逻辑指令不同，功能指令能完成实际控制中的________的操作。

2. 功能指令可以分为________、________、________、________、________五种指令。

二、学习数据传送指令

视频

MOV 指令

数据传送指令是相对应用较为广泛的功能指令，其功能及应用具体介绍如下。

1. 数据传送指令的格式和操作数

数据传送指令功能号为 FNC12。

指令格式如下：

MOV　　[S]　[D]

MOVP　　[S]　[D]

DMOV　　[S]　[D]

DMOVP　[S]　[D]

数据传送指令能操作的软元件如图 7-1-7 所示，其中，数据传送指令的源操作数有十进制常数(K)、十六进制常数(H)、若干个位软元件(X、Y、M、S)组成的字软元件、定时器(T)、计数器(C)、数据寄存器(D)、变址寄存器(V、Z)；目标操作数有若干个位软元件(Y、M、S)组成的字软元件、定时器(T)、计数器(C)、数据寄存器(D)、变址寄存器(V、Z)。

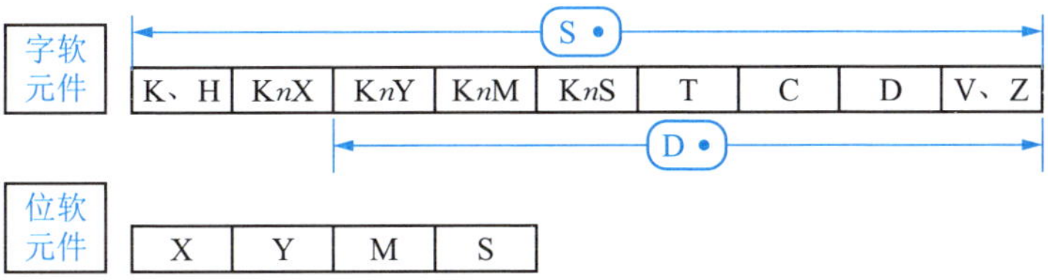

图 7-1-7　数据传送指令能操作的软元件

2. 数据传送指令的功能

MOV 指令是 16 位数据传送指令，将源操作数[S]中的数据传送到目标操作数[D]中。

DMOV 指令是 32 位数据传送指令，将源操作数[S]、[S+1]中的数据传送到目标操作数[D]、[D+1]中。

3. 数据传送指令应用实例分析

【例题 1】 利用 MOV 指令实现十进制数据的传送，如图 7-1-8 所示。

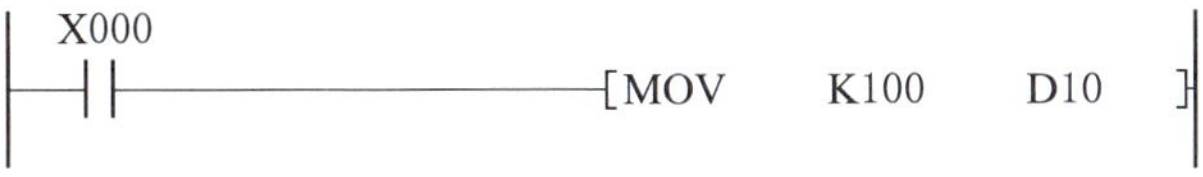

图 7-1-8　MOV 指令应用

分析：图 7-1-8 所示为数据传送指令 MOV 的梯形图。X0 为 ON 时，执行 MOV 指令，将常数 K100 传送到数据寄存器 D10 中；X0 为 OFF 时，不执行 MOV 指令，D10 保持 X0 在 OFF 之前的状态。在应用过程中需要注意的是，在 X0 为 ON 状态下，每个扫描周期会执行一次，若要求在 X0 为 ON 时只执行一次，则需要使用如 P 指令或 X0 的上升沿微分输出指令。

【例题 2】 用 MOV 指令完成对图 7-1-9 所示程序相应的控制。

图 7-1-9　基本逻辑指令控制程序

上述程序可用 MOV 指令来实现相应的控制，如图 7-1-10 所示。

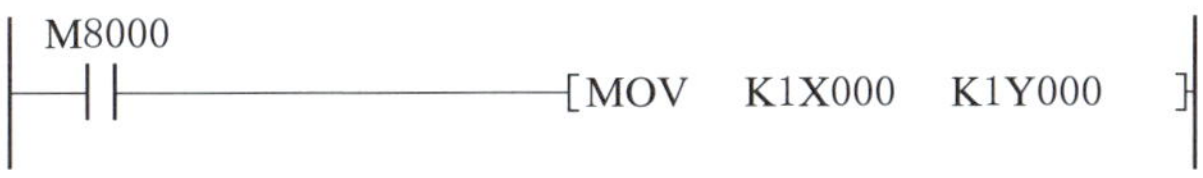

图 7-1-10　位软元件 MOV 指令传送程序

分析：如图 7-1-9 所示，使用基本逻辑指令编制的程序，有 4 个逻辑行，将 4 个编号连续的外部输入状态输出到 4 个连续的外部输出继电器中。内部软元件可以通过组合的形式以数据方式进行传送，在图 7-1-10 所示程序中，采用 MOV 指令，只一个逻辑行就可以完成工作任务。

【例题 3】 利用 MOV 指令读出定时器或计数器的当前值，如图 7-1-11 所示。

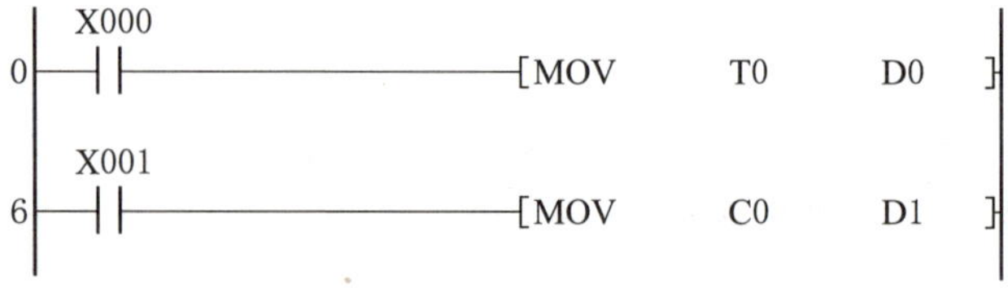

图 7-1-11 利用 MOV 指令读出定时器或计数器的当前值

分析：如图 7-1-11 所示，当 X0 动合触点接通时，MOV 指令执行，将 T0 中的值（即定时器的当前值）传送到 D0 中；当 X1 动合触点接通时，MOV 指令执行，将 C0 中的值（即计数器的当前值）传送到 D1 中。

【例题 4】 利用 MOV 指令改变定时器或计数器的设定值，如图 7-1-12 所示。

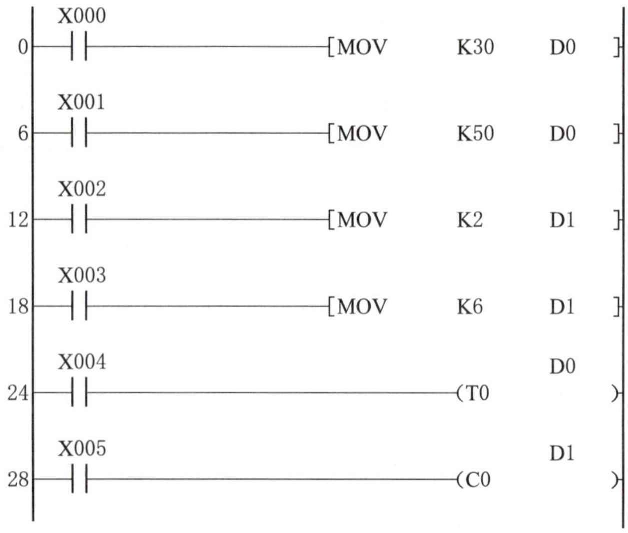

视频

MOV 指令程序仿真分析

图 7-1-12 利用 MOV 指令改变定时器或计数器的设定值

分析：在定时器、计数器应用中，其设定值均以常数的形式设定，如 K5、H1A 等。在图 7-1-12 所示程序中，设定值不再是直接以常数的形式存在，而是以数据寄存器的形式存在，数据寄存器的数据为多少，该定时器、计数器的设定值即为多少。程序中，T0 的设定值是 D0，若 X0 接通，则 MOV 指令执行，将十进制常数 K30 传送至数据寄存器 D0 中，此时定时器 T0 的设定值即为 K30；若 X1 接通，则 MOV 指令执行，将十进制常数 K50 传送至数据寄存器 D0 中，则此时定时器 T0 的设定值变为 K50。计数器 C0 的设定值为 D1，若 X2 接通，则 MOV 指令执行，将十进制常数 K2 传送至数据寄存器 D1 中，此时计数器 C0 的设定值即为 K2；若 X3 接通，则 MOV 指令执行，将十进制常数 K6 传送至数据寄存器 D1 中，则此时计数器 C0 的设定值变为 K6。

4. DMOV 指令的说明

MOV 指令对应的是 16 位的数据寄存器，存储的最大值是十进制的 32 767(15 个位全部为 **1**，最高位为符号位)，如果要操作的数据超过了 32 767，则需要 32 位的传送指令，在助记符 MOV 的前面加上“D”。

如图 7-1-13 所示，当 X0 接通时，将 D0、D1 组成的 32 位数据寄存器里面的数据传送到 D10、D11 组成的 32 位数据寄存器中。当 X1 接通时，将计数器 C235 中的当前值传送到 D20、D21 组成的 32 位数据寄存器中，因为 C235 是 32 位的双向计数器，所以当前值是 32 位的数据。

图 7-1-13　32 位数据传送指令

请回答：

1. MOV 指令是______位数据传送指令，将______[S]中的数据传送到______[D]中。
2. MOV 指令的功能号为______，为数据传送指令。

三、学习循环移位指令

要完成本任务中流水灯的模拟控制，如果熟悉循环移位指令的功能及应用，则可快速完成梯形图程序的设计及分析。

1. 循环移位指令的格式和操作数

右、左循环移位指令的指令助记符分别为 ROR 和 ROL，功能号分别为 FNC30 和 FNC31，它们只有目标操作数。

视频
ROR、ROL 指令

指令格式如下：

ROR　[D]　n

ROL　[D]　n

ROR 和 ROL 指令能操作的软元件如图 7-1-14 所示，目标操作数有若干个位软元件(Y、M、S)组成的字软元件、定时器(T)、计数器(C)、数据寄存器(D)、变址寄存器(V、Z)。循环量 n 有十进制常数(K)和十六进制常数(H)。n 在 16 位指令和 32 位指令中应分别小于或等于 16 和 32。

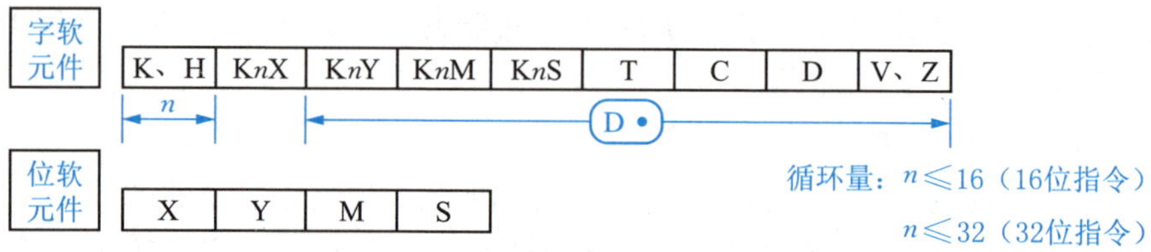

图 7-1-14　ROR 和 ROL 指令能操作的软元件

若操作数是指定位软元件组的组数，则只有 K4(16 位指令)和 K8(32 位指令)有效，如 K4Y010、K8M000。

2. 循环移位指令的功能

循环移位指令的功能是将[D]指定的操作数数据向右(或向左)循环移动 n 位，最后一次移出来的那一位同时存入进位标志位 M8022 中，具体工作过程如图 7-1-15 所示。

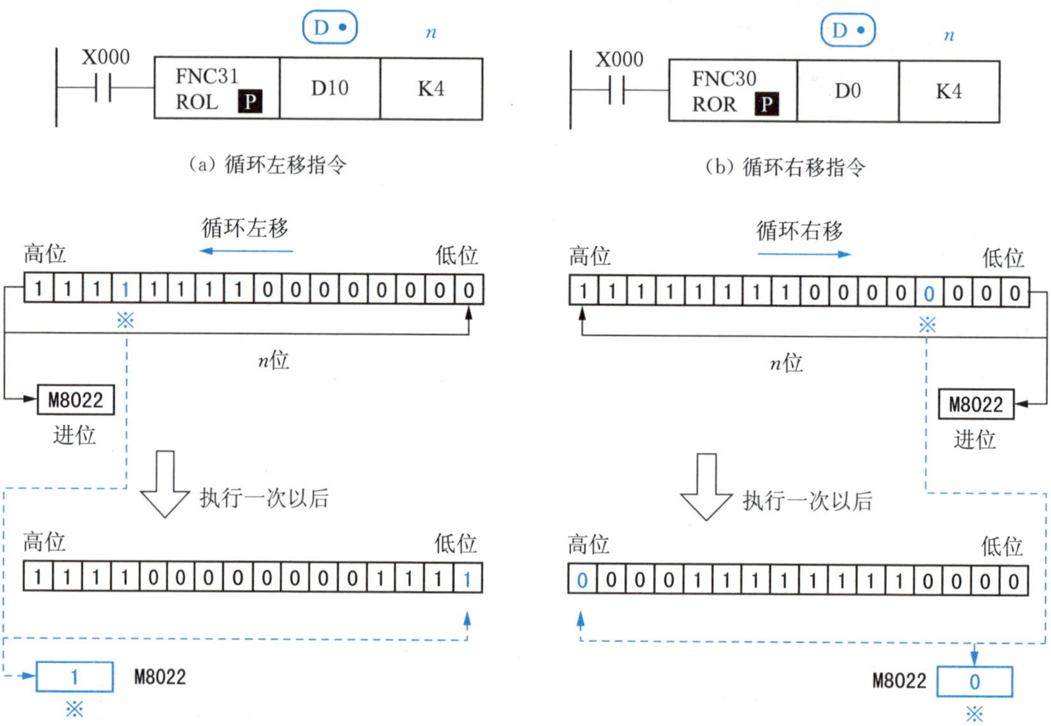

图 7-1-15　循环左移和循环右移指令及其工作过程

如图 7-1-15(a)所示，在 GX Developer 编程软件中先按下 F8 键弹出对话框，直接输入“ROLP　D10　K4”即可，D10 是被移位的对象，K4 是一次移位的位数。

图 7-1-15(c)中，D10 原来的数据为二进制数**“1111111100000000”**，当 X0 接通执行一次循环左移指令时，D10 中的数据向左移动 4 位(K4)，变为**“1111000000001111”**，执行完的最低位存入到进位标志位 M8022 中(即如果最低位是**“1”**，则 M8022 为接通，如果最低位是**“0”**，则 M8022 为断开)。

图 7-1-15(d)中，D0 原来的数据为二进制数“**1111111100000000**”，当 X0 接通执行一次循环右移指令时，D0 中的数据向右移动 4 位(K4)，变为“**0000111111110000**”，执行完的最高位存入到进位标志位 M8022 中(即如果最高位是“**1**”，则 M8022 为接通，如果最高位是“**0**”，则 M8022 为断开)。

3. 循环移位指令应用实例分析

【例题 1】 完成循环左移指令 ROL 的应用实例分析，程序如图 7-1-16 所示。

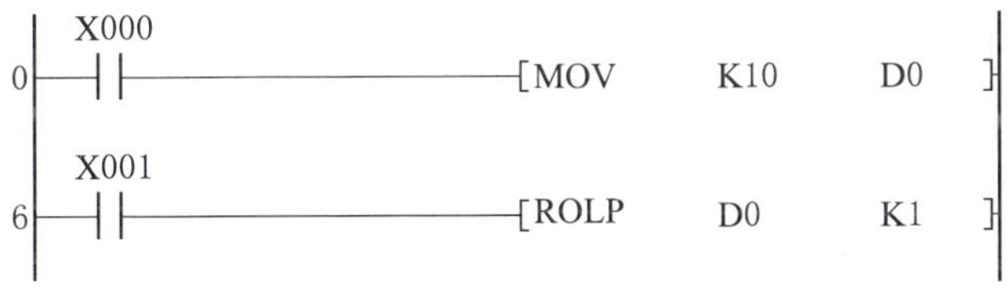

图 7-1-16 循环左移指令的应用实例分析

分析：在图 7-1-16 所示的程序中，PLC 通电后，在没有接通 X0 的情况下接通 X1，则 D0 中的数据为“K0”。需要注意的是，此时已经完成移位的过程，但是由于 D0 中数据为二进制 16 个“**0**”，所以移位之后还是为“K0”。PLC 通电后，接通 X0，D0 中的数据为“K10”；接通 X0 后再断开 X0，此时第一次接通 X1，D0 中的数据为“K20”(如图 7-1-17 所示)；第二次接通 X1，D0 中的数据为“K40”(如图 7-1-18 所示)；第三次接通 X1，D0 中的数据为“K80”(如图 7-1-19 所示)。

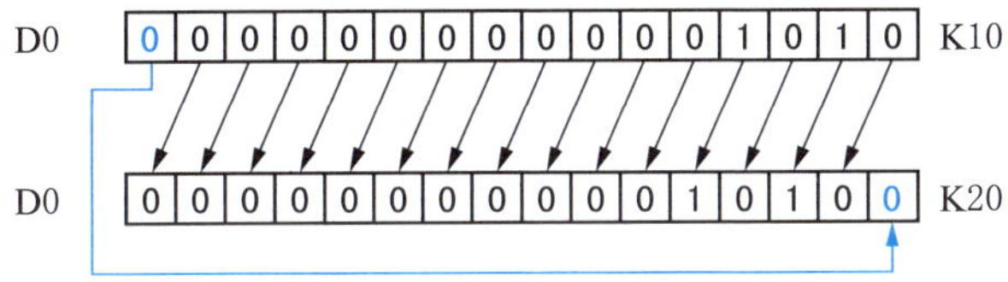

图 7-1-17 第一次移位结果示意图

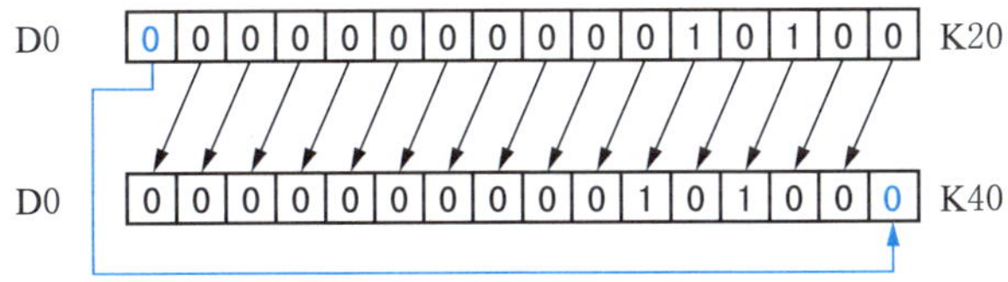

图 7-1-18 第二次移位结果示意图

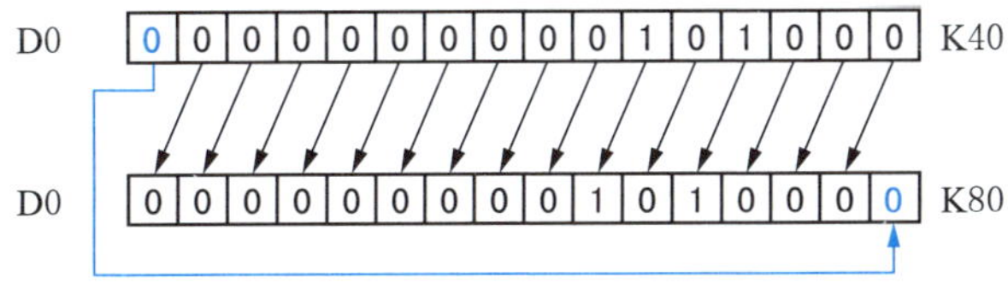

图 7-1-19 第三次移位结果示意图

【例题 2】 完成循环右移指令 ROR 的应用实例分析，程序如图 7-1-20 所示。

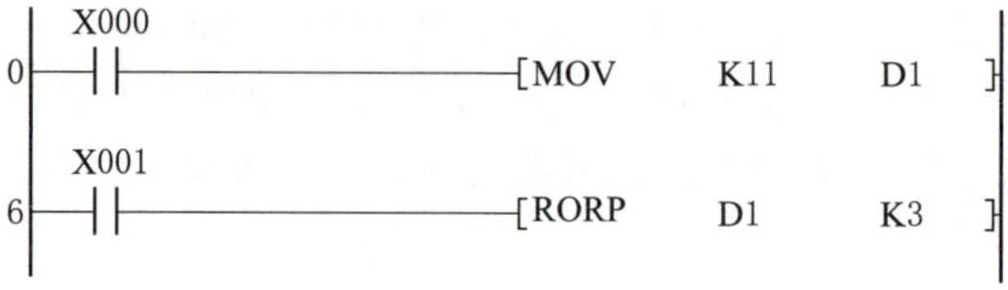

图 7-1-20　循环右移指令的应用实例分析

分析：在图 7-1-20 所示的程序中，PLC 通电后，接通 X0，D1 中的数据为"K11"。接通 X0 后再断开 X0，此时第一次接通 X1，D1 中的数据变为"K24577"（如图 7-1-21 所示）；第二次接通 X1，D1 中的数据变为"K11264"（如图 7-1-22 所示）。

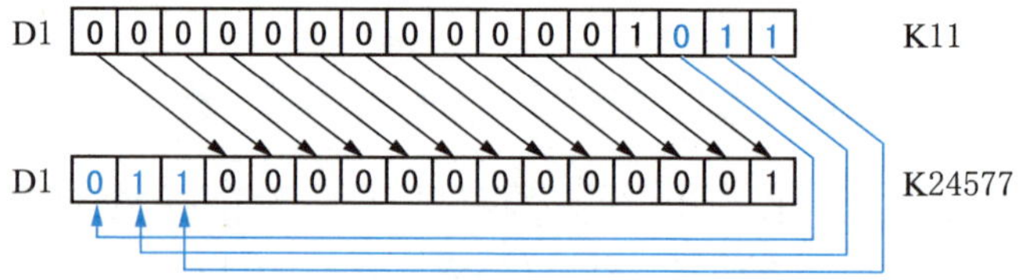

图 7-1-21　第一次移位结果示意图

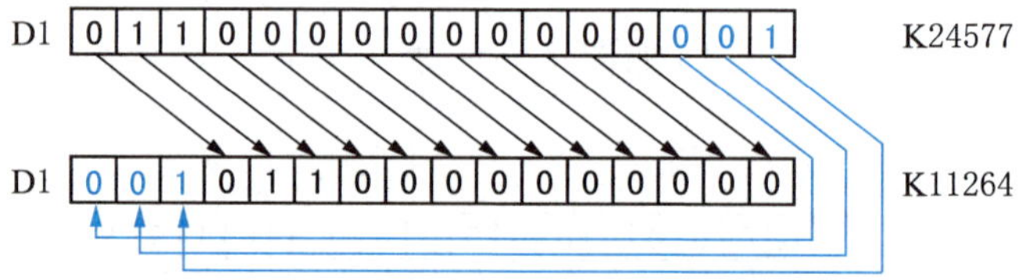

图 7-1-22　第二次移位结果示意图

循环移位指令使用注意事项：

① 连续执行指令（即指令不加 P 的情况下），每个周期都进行回转动作。

② 32 位指令与 16 位指令应用原理一样。

③ 在未指定软元件的情况下，只有 K4（16 位指令）和 K8（32 位指令）是有效的。

请回答：

1. 循环移位指令的功能是将________向________循环移动________位。

2. 右、左循环移位指令的指令助记符分别为________和________，它们只有________操作数。

任务实施

一、绘制 PLC 控制外部接线图

由图 7-1-2 可知，系统中含有 2 个控制按钮（启动按钮 SB1 和停止按钮 SB2）以及 1 个

状态切换开关 SA。整个系统输入点数为 3 点，输出点数为 16 点，对应 16 个 LED。具体的 I/O 地址分配见表 7-1-1。

请记录：简述流水灯 PLC 控制系统设计的总体思路。

1. ____________

2. ____________

表 7-1-1 PLC 的 I/O 地址分配

输入			输出		
元件符号	输入端子地址	功能	元件符号	输出端子地址	功能
SB1	X0	启动按钮	LED1	Y0	灯 1
SB2	X1	停止按钮	LED2	Y1	灯 2
SA	X2	切换开关	LED3	Y2	灯 3
			LED4	Y3	灯 4
			LED5	Y4	灯 5
			LED6	Y5	灯 6
			LED7	Y6	灯 7
			LED8	Y7	灯 8
			LED9	Y10	灯 9
			LED10	Y11	灯 10
			LED11	Y12	灯 11
			LED12	Y13	灯 12
			LED13	Y14	灯 13
			LED14	Y15	灯 14
			LED15	Y16	灯 15
			LED16	Y17	灯 16

根据 PLC 的 I/O 地址分配，绘制出 PLC 控制外部接线图，如图 7-1-23 所示。

请记录：PLC 外部接线图输出部分 LED 接线的基本要点。

____

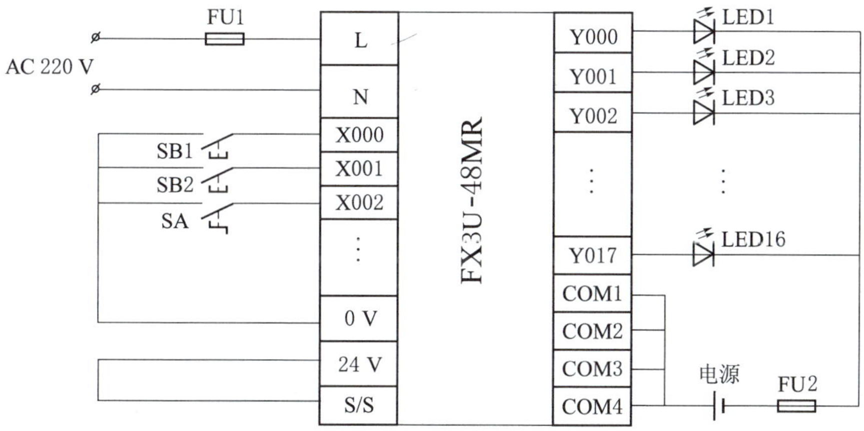

图 7-1-23 PLC 控制外部接线图

二、设计 PLC 控制程序

请记录：

1. M0 动合触点的作用：________________

2. K-32768 的含义：________________

3. [ROLP K4Y000 K1]程序段的含义：________________

在整个控制系统中，采用两个按钮 SB1 和 SB2 来实现整个系统的启动和停止，即按下启动按钮 SB1 时，16 个 LED 开始正向或反向流动，现运用 ROLP、RORP 指令进行程序设计，具体参考梯形图程序如图 7-1-24 所示。

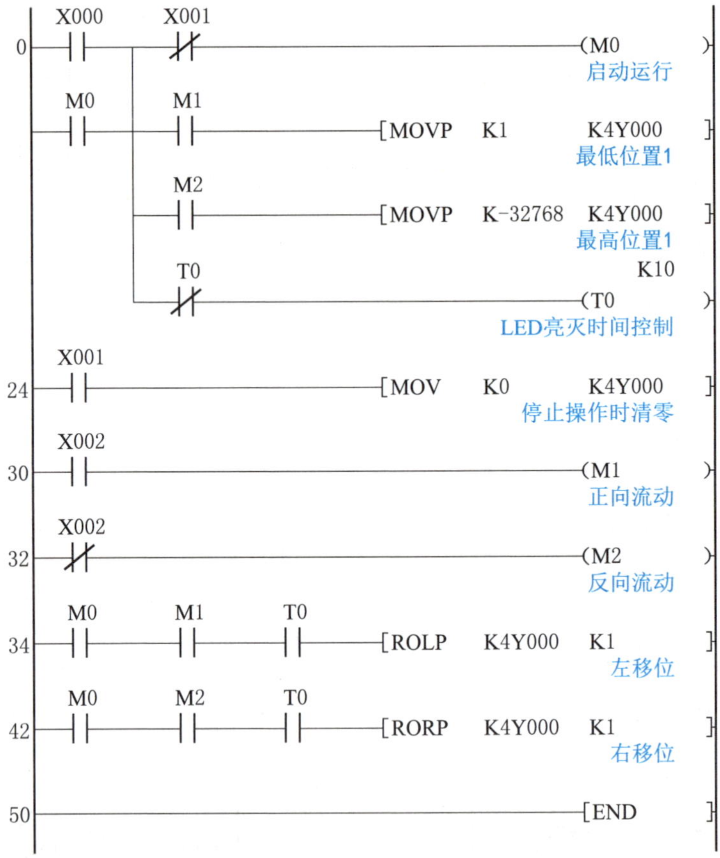

图 7-1-24　参考梯形图程序

程序说明：在程序中，若左移，则先要将最低位存入“1”，程序中将十进制数“K1”存入到“K4Y000”即可；若右移，则先要将最高位存入“1”，程序中将十进制数“K-32768”存入到“K4Y000”即可，此处分析时应注意负数是以补码的形式存储的。

三、编辑与下载 PLC 控制程序

请实践：在 GX Developer 编程软件中，完成具体的程序编辑与下载。

视频
梯形图程序编辑演示 7-1

四、调试 PLC 控制程序

在进行程序调试前，首先编辑一个简单程序对 16 个 LED 进行快速检测，只需将 Y000～Y017 组成的 16 位数据寄存器 K4Y000 中的数据存储为“**1111111111111111**”，则 Y000～Y017 所有的位均为“**1**”，即 Y000～Y017 均为接通，LED1～LED16 全部点亮。

在 PLC 中，数据是以补码的形式存储的，正数的补码就是其本身，而负数的补码是将各位取反后再在末位加“**1**”。又由于 PLC 的数据寄存器最高位为符号位（为“**1**”是负数，为“**0**”是正数），所以应该将十进制数“－1”存入到 K4Y000 中。因为十进制数“－1”的二进制数为“**1000000000000001**”，最高位的“**1**”是符号位，表示负数，负数的补码是先将各位取反，即为“**1111111111111110**”，再在末位加“**1**”，最后为“**1111111111111111**”，即 K4Y000 中为 16 个“**1**”，参考检测程序如图 7-1-25 所示。

请记录：调试过程中出现的问题及解决方法。

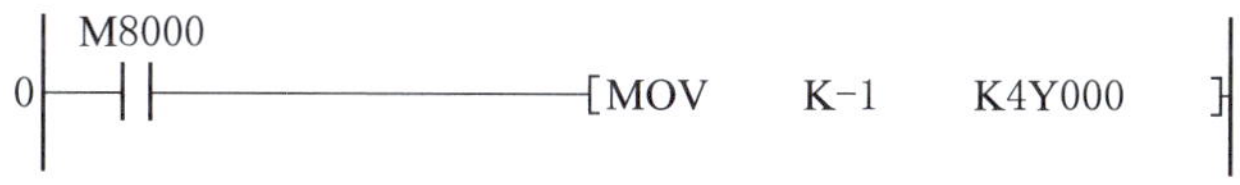

图 7-1-25　参考检测程序

在电路全部接好且硬件调试无误的情况下，将图 7-1-25 所示程序写入 PLC。调试过程填入表 7-1-2。

互动练习
在线知识测评 7-1

表 7-1-2　PLC 控制程序调试结果记录表

序号	操作内容	观　察　现　象
1	系统通电	
2	SA 开关接通	
3	按下启动按钮 SB1	
4	按下停止按钮 SB2	
5	SA 开关断开	
6	按下启动按钮 SB1	
7	按下停止按钮 SB2	

任务二　多段艺术彩灯的控制

任务描述

视频
多段艺术彩灯效果案例

在上一个任务中，已经设计了可以改变流动方向的流水灯控制系统。实际运用中的广告艺术装饰彩灯大多是在闪烁频率的变化和流动的顺序与速度的基础上叠加起来的，如图 7-2-1 所示。

图 7-2-1　常见的广告艺术装饰彩灯

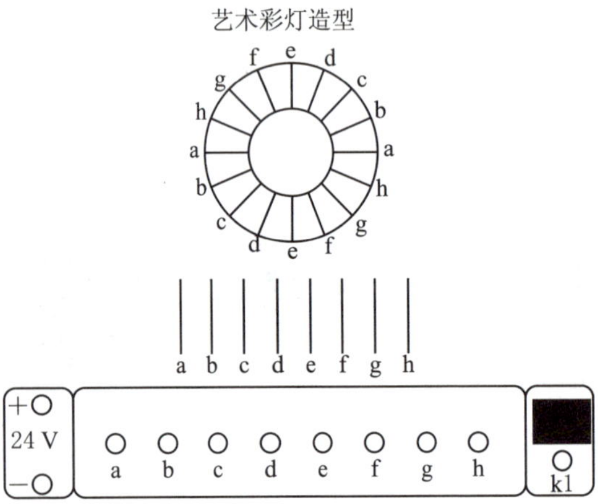

图 7-2-2　艺术彩灯模拟控制面板

现有一艺术彩灯模拟控制面板如图 7-2-2 所示，其中，a、b、c、d、e、f、g、h 分别为 8 路 LED，模拟彩灯显示，上面 8 路形成一个环形，下面 8 路形成一字形，上下同时控制，形成交相辉映的效果。

任务要求：系统开关启动后，①快速顺序点亮，然后快速顺序熄灭；②快速逆序点亮，然后全部熄灭；③慢速顺序点亮，然后慢速逆序熄灭；④快速闪烁；⑤慢速闪烁；⑥要求系统能够自动循环。开关断开后全部熄灭并复位。

任务分析

本任务依旧采用三菱 FX3U-48MR 型 PLC 来实现整个系统的控制，控制的对象仍然采用 LED，实现 8 个 LED 的控制。根据本任务的要求，完成艺术彩灯的 PLC 控制，需要依次执行以下几个环节：

动画
多段艺术彩灯功能演示

① 学习位左移（SFTL）和位右移（SFTR）指令的格式及应用。

② 根据所确定的 I/O 地址完成 PLC 控制外部接线图的绘制，完成电路的连接与检测。

③ 根据本任务控制要求设计出 PLC 控制梯形图程序，并完成程序的分析与调试。

知识链接

一、学习位左移、位右移指令

要完成上述艺术彩灯的模拟控制，若已掌握位左移和位右移指令的用法和规则，则可以快速完成程序的设计及功能的实现。

1. 位左移、位右移指令的格式和操作数

视频
SFTL、SFTR 指令

位左移、位右移指令的指令助记符分别为 SFTL 和 SFTR，它们的功能号分别为 FNC34 和 FNC35，它们有源操作数和目标操作数。

指令格式如下：

SFTL [S] [D] $n1$ $n2$

SFTR [S] [D] $n1$ $n2$

SFTL 和 SFTR 指令能操作的软元件如图 7-2-3 所示，源操作数和目标操作数均只能是位软元件。其中，源操作数可以是位软元件 X、Y、M、S；目标操作数可以是位软元件 Y、M、S；辅助操作数 $n1$ 和 $n2$ 可以是十进制数(K)或十六进制数(H)。

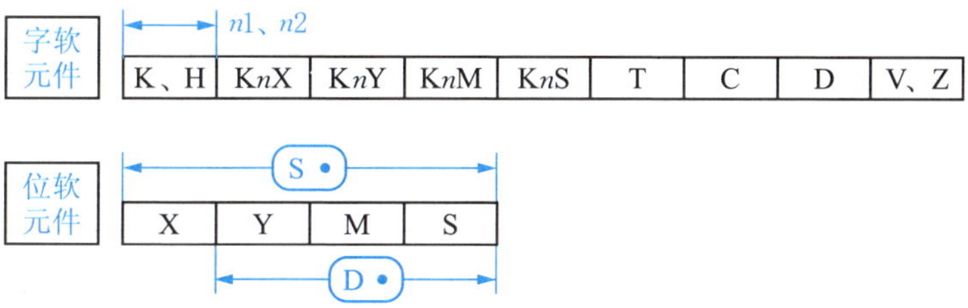

图 7-2-3　SFTL 和 SFTR 指令能操作的软元件

需要注意的是，在 FX1S 系列的 PLC 中，$n2 \leqslant n1 \leqslant 512$；在 FX3U 系列的 PLC 中，$n2 \leqslant n1 \leqslant 1\,024$。

2. 位左移、位右移指令的功能

SFTR指令是先将 $n1$ 位的[D]软元件右移 $n2$ 位，再将 $n2$ 位的[S]添加到[D]的高位中。

SFTL指令是先将 $n1$ 位的[D]软元件左移 $n2$ 位，再将 $n2$ 位的[S]添加到[D]的低位中。

3. 位左移、位右移指令应用实例分析

【例题 1】 分析图 7-2-4 所示 SFTL 指令的工作过程。

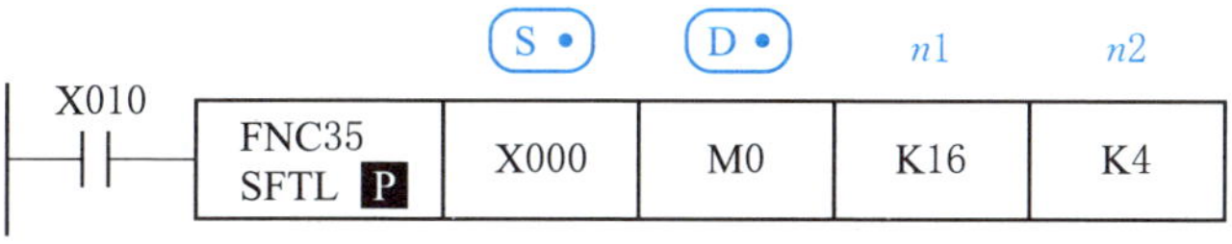

图 7-2-4　位左移指令应用

位左移指令 SFTL 应用的进一步说明：

① 在图 7-2-4 中，(S·)为源操作数的最低位，(D·)为被移位的目标操作数的最低位。$n1$ 为目标操作数的长度，$n2$ 为指定移位的位数。

② 位左移就是先将目标操作数各位向高位方向移 $n2$ 位，目标操作数中的高 $n2$ 位溢出。源操作数向目标操作数的低位移入 $n2$ 位，源操作数各位状态不变。

③ 需要注意的是，在指令的连续执行方式(即指令不加 P 的情况下)中，每个扫描周期都会移位一次。在实际控制中，常采用脉冲执行方式。

分析：在图 7-2-4 所示程序中，若指令执行条件 X10 接通，则位左移指令执行。目标操作数(M0～M15)的各位向高位移动 $n2$ 位(4 位)，此时向高位移动即是向左移动；目标操作数的高 $n2$ 位溢出(即程序中的 M12～M15，4 位)；而将源操作数开始的 $n2$ 位的状态移入到目标操作数的低 $n2$ 位(即程序中将 X0～X3 的状态分别移入 M0～M3 中)，如图 7-2-5 所示。

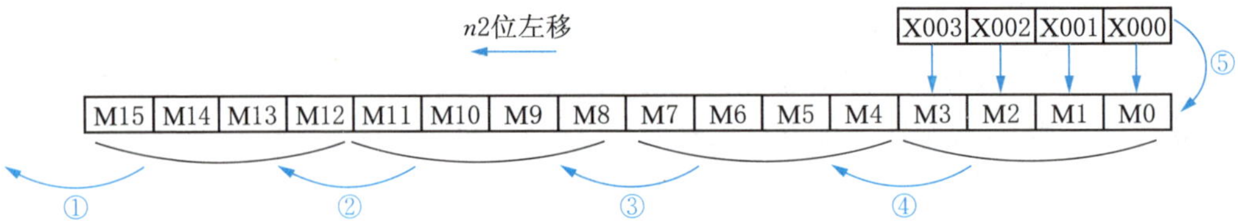

图 7-2-5　位左移的工作过程

完成位左移后各位对应的状态表见表 7-2-1。

表 7-2-1　完成位左移后各位对应的状态表

移　　出	移　　入
M15～M12	溢出
M11～M8	M15～M12
M7～M4	M11～M8
M3～M0	M7～M4
X3～X0	M3～M0

【例题 2】 分析图 7-2-6 所示 SFTR 指令的工作过程。

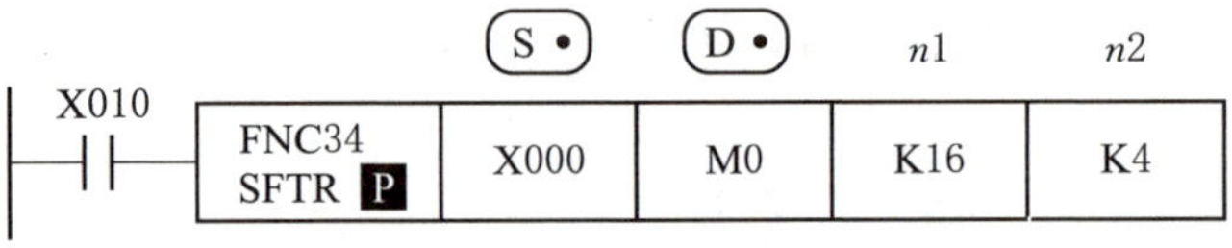

图 7-2-6　位右移指令应用

分析：图 7-2-6 所示程序中，若指令执行条件 X10 接通，则位右移指令执行。目标操作数(M0～M15)的各位向低位移动 $n2$ 位(4 位)，此时向低位移动即是向右移动；目标操作数的低 $n2$ 位溢出(即程序中的 M0～M3，4 位)；而将源操作数开始的 $n2$ 位的状态移入到目标操作数的高 $n2$ 位(即程序中将 X0～X3 的状态分别移入 M12～M15 中)，如图 7-2-7 所示。

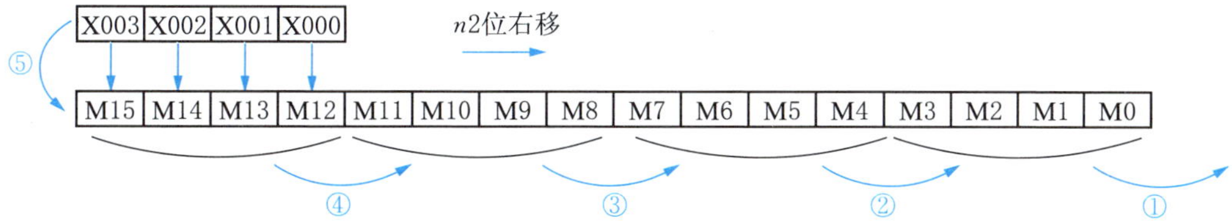

图 7-2-7　位右移的工作过程

完成位右移后各位对应的状态表见表 7-2-2。

表 7-2-2　完成位右移后各位对应的状态表

移　　出	移　　入
M3～M0	溢出
M7～M4	M3～M0
M11～M8	M7～M4
M15～M12	M11～M8
X3～X0	M15～M12

【例题 3】 分析图 7-2-8 所示梯形图程序的功能。

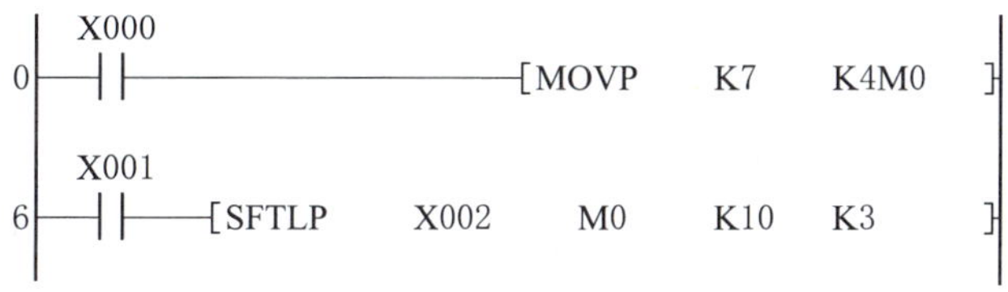

图 7-2-8　SFTL 指令的应用

分析：图 7-2-8 所示程序中，当 X0 接通时，MOVP 指令执行，将十进制数 K7 传送到 K4M0 中，转换为二进制数“**0000000000000111**”，即 M0 为“**1**”，M1 为“**1**”，M2 为“**1**”。在 SFTL 指令中，将 M0～M9 共 10 个位进行移位，此时这 10 个位的状态就是“**0000000111**”。

① 第一次移位：

使 X2 为 OFF、X1 为 ON，位左移指令执行，各位软元件向左移 1 位，如图 7-2-9 所示，最高位溢出，X2 的状态（**0**）移入到最低位。原来是 M0、M1、M2 为 ON，现在变为 M1、M2、M3 为 ON。

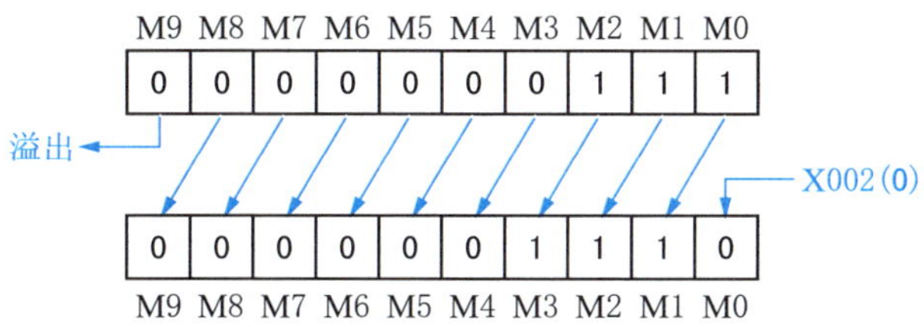

图 7-2-9　第一次移位示意图

② 第二次移位：

使 X2 为 ON、X001 为 ON，位左移指令执行，各位软元件向左移 1 位，如图 7-2-10 所示，最高位溢出，X2 的状态（**1**）移入到最低位。原来是 M1、M2、M3 为 ON，现在变为 M0、M2、M3、M4 为 ON。

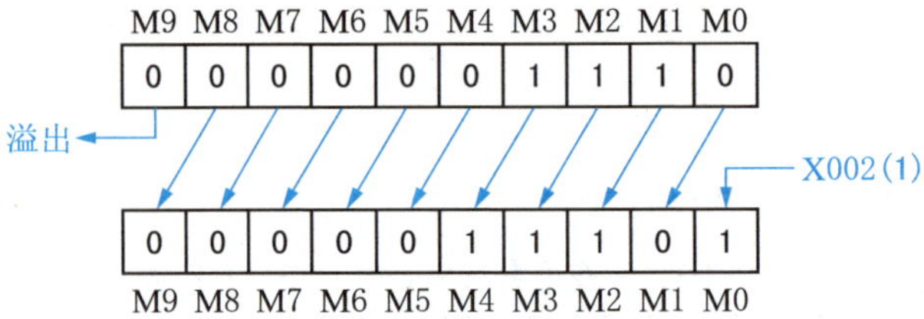

图 7-2-10　第二次移位示意图

请回答：

1. 位左移、位右移指令的指令助记符分别为________和________，它们的功能号分别为________和________。

2. 在指令的连续执行方式中，每个扫描周期都会移位一次。在实际控制中，常利用______________。

二、学会子程序的调用及返回指令

1. 子程序调用指令

(1) 指令说明

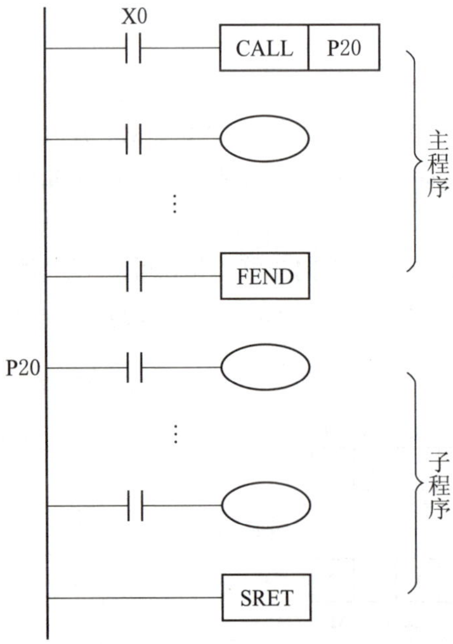

图 7-2-11　子程序调用指令在梯形图中使用的情况

子程序调用指令由两个指令组成，即子程序调用指令（FNC01）和子程序返回指令 SRET（FNC02），这两个指令在同一个程序段中，必须成对使用，否则 PLC 会报错不能运行。

子程序是为了一些特定的控制目的编制的相对独立的程序。为了区别于主程序，规定在程序编排时，将主程序排在前边，子程序排在后边，并以主程序结束指令 FEND(FNC06)将这两部分隔开。

子程序调用指令在梯形图中使用的情况如图 7-2-11 所示。图中，子程序调用指令 CALL 安排在主程序段中，X0 是子程序执行的条件，当 X0 为 ON 时，标号为 P20 的子程序得以执行。子程序 P20 安排在主程序结束指令 FEND 之后，标号 P20 和子程序返回指令 SRET 间的程序构成了 P20 子程序的内容。当主程序带有多个子程序时，子程序可依次列在主程序结束之后，并以不同的标号相区别。

（2）子程序的应用

输入子程序调用指令的方法是：按下快捷键 F8，在弹出的功能指令输入对话框中输入“CALL P0”即可。

子程序要写在主程序的后面，主程序结束指令的输入方法是：按下快捷键 F8，在弹出的功能指令输入对话框中输入“FEND”即可。

每一个子程序结束在子程序的后面要有一个子程序返回指令，子程序返回指令的输入方法是：按下快捷键 F8，在弹出的功能指令输入对话框中输入“SRET”即可。

每一个子程序都有一个唯一的程序编号，在三菱 PLC 中称为“指针”，指针的输入方法是：先将光标移至每一段子程序开始的左上方，如图 7-2-12 所示，然后双击或按下回车键，在弹出的对话框中输入“P0”即可。

需要注意的是，如果一个程序中有多个子程序，那么每一个子程序的指令编号不能相同，如第一个子程序用“P0”，那么第二个子程序可以用“P1”或者其他。

视频
子程序的调用

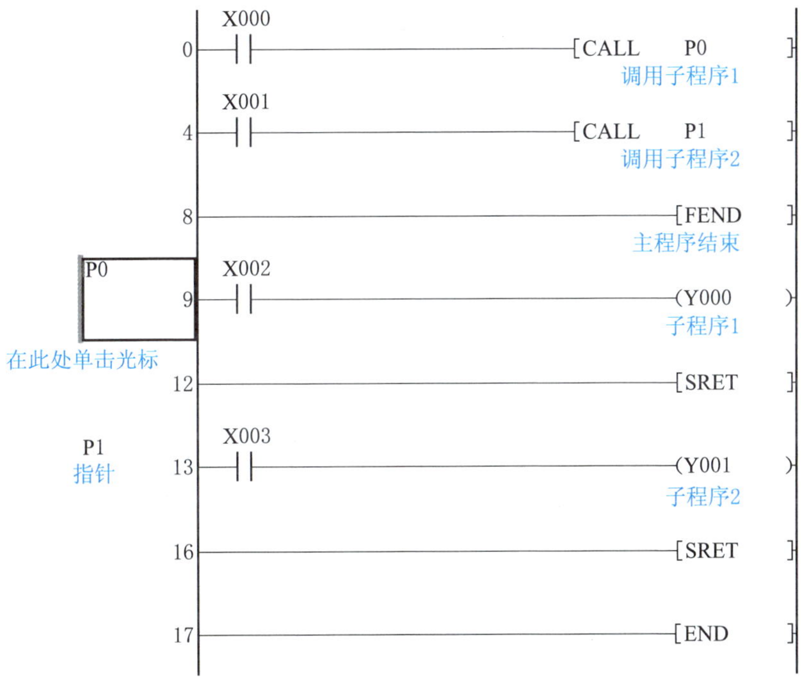

图 7-2-12 子程序的应用示例

【例题】 图 7-2-12 所示是子程序应用的实例，结合程序进行分析。

分析：在图 7-2-12 所示程序中，如果 X0 接通，则调用子程序 1，子程序 1 被 PLC 扫描执行，此时使 X2 接通，Y0 线圈会得电；如果 X1 接通，则调用子程序 2，子程序 2 被 PLC 扫描执行，此时使 X3 接通，Y1 线圈会得电。需要说明的是，子程序是被锁存的，如调用子程序 1 并且 X2 接通使 Y0 得电，此时 X0 断开不再调用子程序 1，Y0 仍然保持得电，即使 X2 断开，Y0 还是得电。由此可知，在调用子程序的时候，该程序段才会被 CPU 扫描执行，不调用该子程序的时候，该程序段不被 CPU 扫描执行，子程序执行的结果会被锁存。

2. 子程序应用的准则

① 指针的编号范围如下：

FX1S 系列 PLC：P0～P62。

FX1N、FX2N、FX2NC、FX3U 系列 PLC：P0～P62 及 P64～P127。

其中，P63 是使用 FNC00(CJ)指令向 END 跳转的指针，所以不能作为子程序的指针动作；指针 P 的标号不能重复使用，但一个标号可以供多个调用子程序指令调用。

② 子程序必须放在副程序区，在主程序结束指令 FEND 后面，子程序必须以子程序返回指令 SRET 结束。子程序可以在主程序调用，也可以在中断服务程序中调用，还可以在其他子程序中调用，其调用执行过程都是相同的。

③ 指针编号可作变址修改，子程序调用可以嵌套使用，最多可以嵌套 5 层。

3. 子程序应用的注意事项

(1) 定时器(T)的使用

由于一般的定时器只能在线圈被驱动时计时，因此，如果用于仅在某种条件下才驱动线圈的子程序中，则不能进行计时。因此，FX 系列 PLC 规定了子程序里使用的定时器为 T192～T199，该定时器在线圈被驱动或是执行 END 指令时进行计时。如果达到设定值，在线圈被驱动或执行 END 指令时期，相应触点动作。在子程序内使用 1 ms 定时器(T246～T249)时，到达设定值，输出触点会在最初驱动线圈指令时(执行子程序时)动作，请务必注意。

(2) 软元件状态

子程序在调用时，其中各软元件的状态受程序执行的控制。但当调用结束，其软元件则保持最后一次调用时的状态不变。如果这些软元件状态没有受到其他程序的控制，就会长久不变，即使是驱动条件发生了改变，软元件的状态也不会改变。

在程序中，定时器、计数器执行 RST 指令后，定时器和计数器的复位状态也会被保持，因此对这些软元件编程时，或在子程序结束后的主程序中复位，或是在子程序中进行复位。

请回答：

1. 子程序调用指令由________个指令组成，这________个指令在同一个程序段中，必须________使用。

2. 子程序调用指令、返回指令助记符分别为________和________，子程序是为了一些________编制的相对独立的程序。

任务实施

一、绘制 PLC 控制外部接线图

由任务要求分析可知，系统中含有 1 个控制开关，完成系统的启动控制。整个系统输入点数为 1 点，输出点数为 8 点，对应 8 个 LED。具体的 I/O 地址分配见表 7-2-3。

请记录：简述多段艺术彩灯 PLC 控制程序设计的总体思路。

表 7-2-3 PLC 的 I/O 地址分配

输入			输出		
元件符号	输入端子地址	功能	元件符号	输出端子地址	功能
K1	X0	启动开关	LEDa	Y0	灯 a
			LEDb	Y1	灯 b
			LEDc	Y2	灯 c
			LEDd	Y3	灯 d
			LEDe	Y4	灯 e
			LEDf	Y5	灯 f
			LEDg	Y6	灯 g
			LEDh	Y7	灯 h

根据 PLC 的 I/O 地址分配，绘制出 PLC 控制外部接线图，如图 7-2-13 所示。

请记录：PLC 控制外部接线图输入部分控制开关 K1 的接线要点。

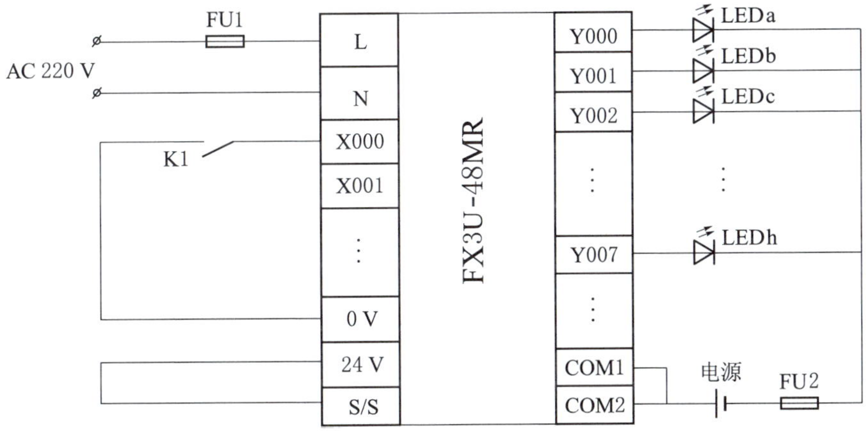

图 7-2-13 PLC 控制外部接线图

二、设计 PLC 控制程序

分析控制要求，应用前面所介绍的循环移位、数据传送等功能指令，结合任务分析即可先设计出实现多段艺术彩灯控制要求的流程图和状态转移图，如图 7-2-14 所示，参考梯形图程序如图 7-2-15 所示。

请记录：

1. 此处 ZRST 的作用：________________

____

____

2. 简述步 S21 的输出设计思路：

____

____

3. 快速闪烁和慢速闪烁的区别：

____

____

____

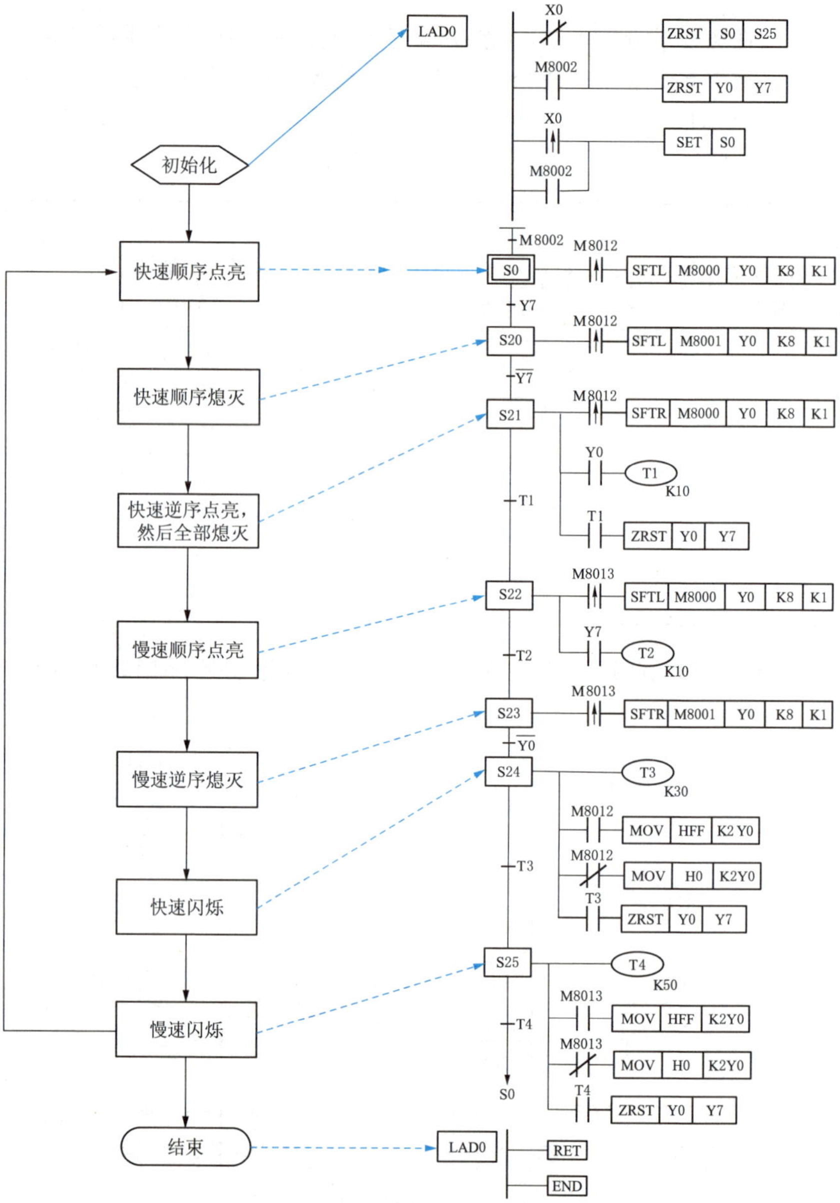

(a) 流程图　　(b) 状态转移图

图 7-2-14　艺术彩灯控制的流程图和状态转移图

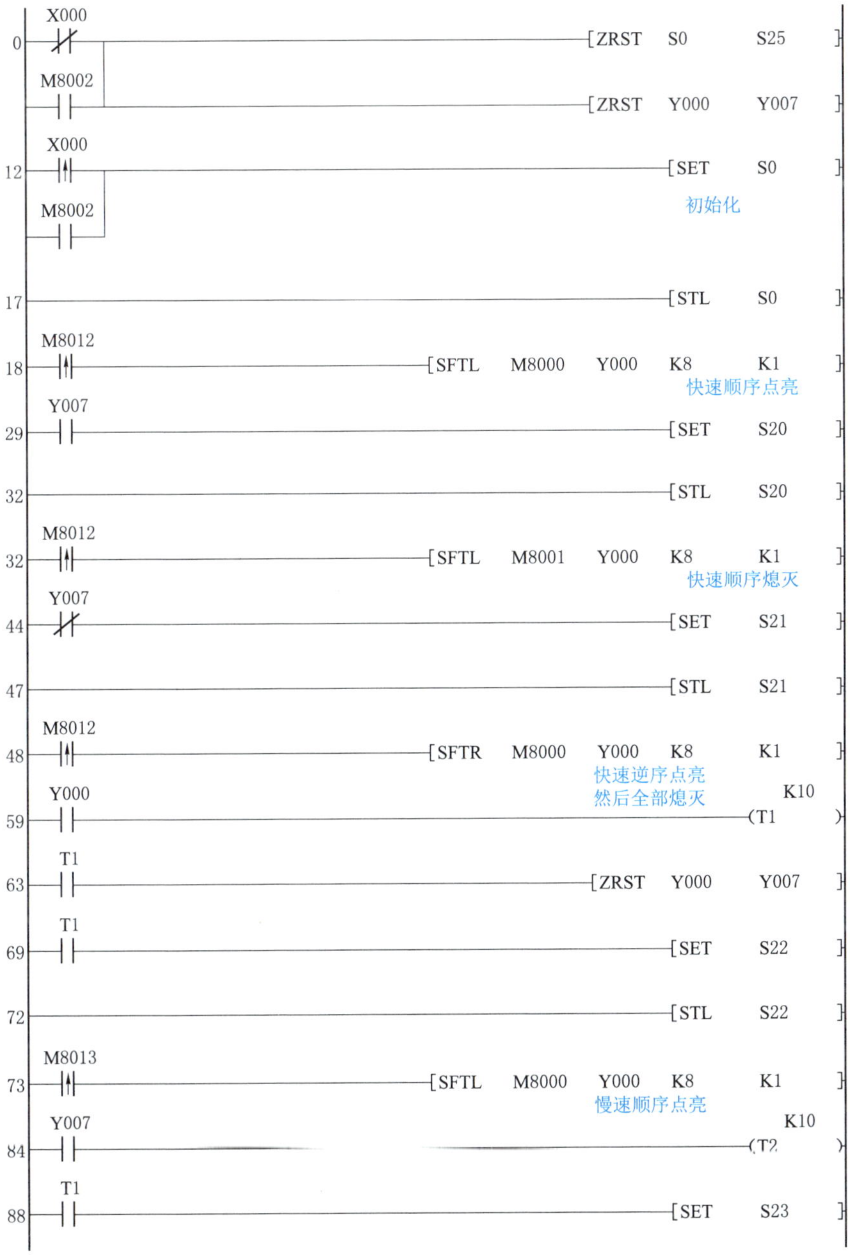

请记录：

1. 程序第 0 行中，X000 常闭触点的作用：________

____

____

2. 程序第 18 行的程序功能：________

____

____

3. 程序第 32 行中，M8012 的作用：

____

____

____

4. 程序第 73 行中，M8013 的作用：

____

____

____

请记录：

1. 程序第 110 行和第 116 行的功能：

2. 程序第 122 行中，T3 的作用：

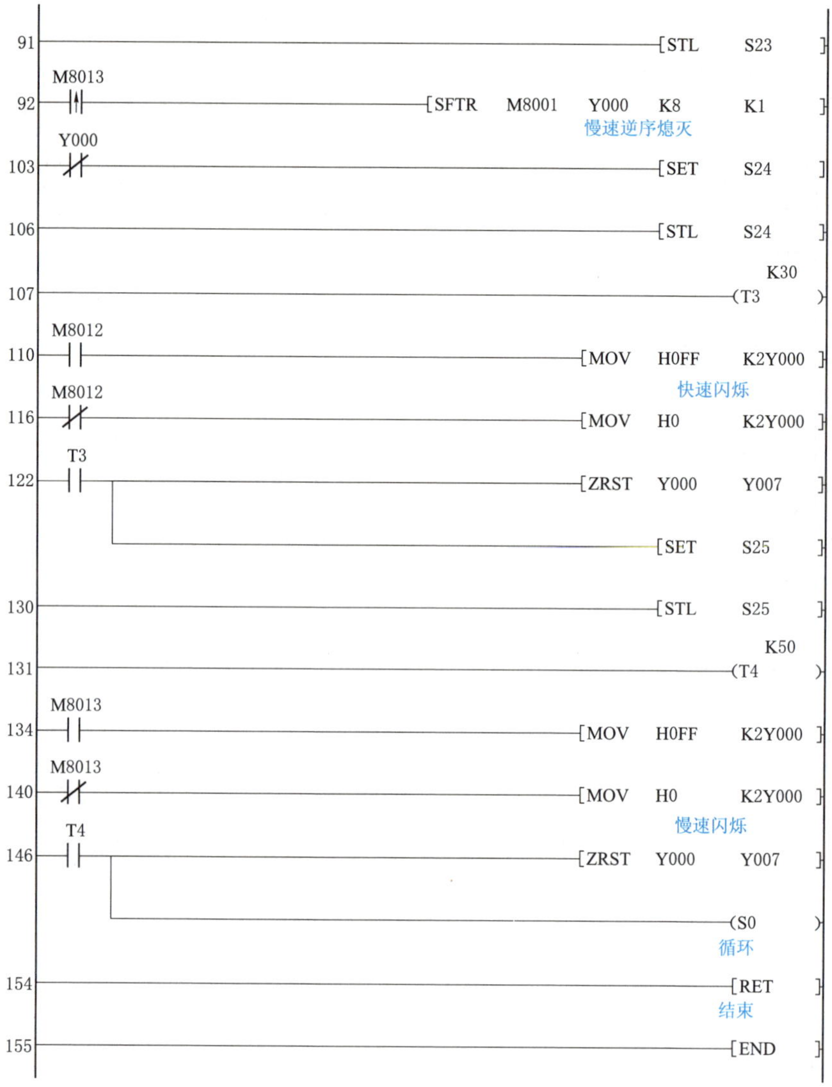

图 7-2-15 参考梯形图程序

分析：程序中只要 PLC 是运行状态，M8000 就一直接通，而 M8001 相反，PLC 运行时是一直断开的。左移位指令（SFTL）主要实现彩灯顺序点亮、顺序熄灭的功能；右移位指令（SFTR）实现逆序点亮、逆序熄灭的功能；数据传送指令（MOV）实现闪烁；程序中每一类动作作为一种状态，以单流程的形式实现循环，由区间复位指令（ZRST）实现所有状态的复位。

三、编辑与下载 PLC 控制程序

请实践：在 GX Developer 编程软件中，完成具体的程序编辑与下载。

视频
梯形图程序编辑演示 7-2

请记录：调试过程中出现的问题及解决方法。

四、调试 PLC 控制程序

程序调试前首先快速检测所有 LED，在电路全部接好且硬件调试无误的情况下，将图 7-2-15 所示程序写入到 PLC 中。调试过程填入表 7-2-4。

互动练习

在线知识测评 7-2

表 7-2-4　PLC 控制程序调试结果记录表

序号	操作内容	观　察　现　象
1	系统上电	
2	开关 K1 接通	
	断开 K1	

知识测评

一、填空题

1. 功能指令中(S・)表示________操作数，(D・)表示________操作数。S 和 D 右边的“・”表示可以使用________功能。

2. 功能指令中，如果将 D2 和 D3 组成 32 位寄存器(D2, D3)，________为低 16 位数，________为高 16 位数。

3. K2X10 表示由________～________组成的________个位软元件组。

4. 二进制数 **0100000110000101** 对应的十六进制数是________；对应的十进制数是________；如果将这个数存放到 K4Y000，则输出________________为 ON。

5. 在题图 7-1 所示梯形图程序中，若 X000 为 ON，则 D0 中数据为________；之后第一次使 X1 为 ON 时，D0 中数据为________；第二次使 X1 为 ON 时，D0 中数据为________；在第三次使 X1 为 ON 后，将

D0 中的数据存入 K4Y000，则输出________________为 ON。

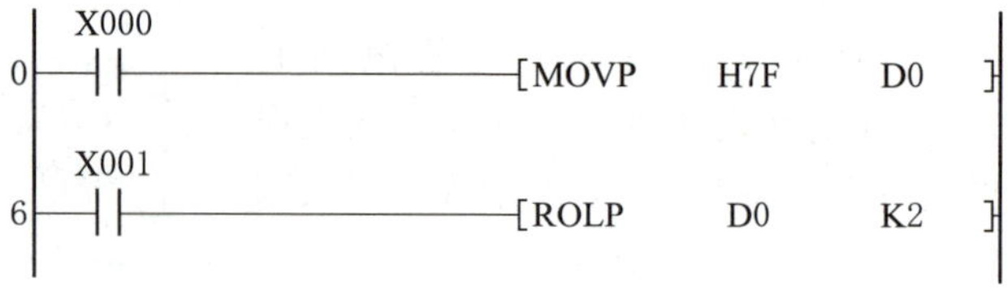

题图 7-1

二、分析设计题

1. 用数据传送指令改变定时器的设定值：某设备可做两种型号的产品，有一个选择开关 X0 进行切换选择：当 X0 接通时，做大型号的产品，按下启动按钮 X1 后，Y0 输出 10 s 自动停止；当 X0 关断时，做小型号的产品，按下启动按钮 X1 后，Y0 输出 5 s 自动停止。

2. 有 7 台空压机，采用轮休制度，正常有 6 台空压机运行，1 台休息，要求每隔 1 min 顺序地切换一次休息的空压机。

项目八

简易密码锁及自动定时锁定系统的 PLC 控制

项目导入

密码锁是锁的一种,开启时用的是一系列的数字或符号。电子密码锁操作快,修改密码简单,只须输入数字 0～9 即可开锁。它可以通过密码输入来控制电路或芯片工作,从而控制机械开关的闭合,完成开锁、闭锁任务。

本项目主要介绍简易密码锁及定时锁定系统的 PLC 控制,包括简单的 6 位密码锁控制、设备分时段自动锁定系统的控制,涉及三菱 FX3U 系列 PLC 中 CMP 比较指令、ZCP 区间比较指令及各类时钟处理功能指令的应用。通过本项目的实践与学习,能更好地掌握多种功能指令,提高对综合系统程序设计及分析的能力。

视频

密码锁应用实例

知识目标

1. 了解简易密码锁控制原理；
2. 知道数据比较指令 CMP 的格式及应用；
3. 熟悉区间比较指令 ZCP 和时钟数据比较指令 TCMP、TZCP。

能力目标

1. 会结合任务要求完成程序的设计与编辑；
2. 能完成 PLC 控制电气原理图的绘制及电路的安装与测试；
3. 能对程序进行分析与调试，针对简单故障进行维修。

素养目标

1. 养成自主探究和创新实践的学习习惯；
2. 培养在工作实践中的团队协作精神，强化责任与担当意识；
3. 具有专业发展意识，具备应用所学 PLC 技术解决生产实际问题的能力。

任务一 简易密码锁的控制

任务描述

密码锁的应用在实际生活中越来越普遍，如图 8-1-1 所示。例如，按键式电子密码锁是一种操作方式类似于银行取款机的电子锁，通过键盘上的数码按键依次输入一组密码，若密码与内部已约定的密码相同，则输出电信号，驱动电磁铁或者小电动机将门闩打开，完成开锁过程。

(a) 机械式密码锁

(b) 电子式密码锁

图 8-1-1 常见的密码锁

现模拟一个密码锁控制面板，如图 8-1-2 所示，由 6 个控制开关组合完成对密码锁的控制。

任务要求：本任务主要完成 6 位密码锁的控制，当 6 个控制开关接通或断开的组合状态与图 8-1-2 所示组合一致（即密码正确）时，按下“开门”键打开密码锁；若 6 个控制开关的状态调整不正确（即密码错误），按下“开门”键则蜂鸣器鸣叫 10 s 报警。

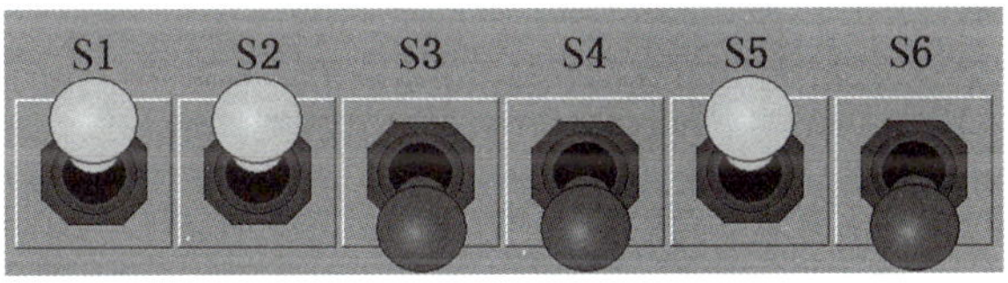

图 8-1-2　密码锁控制面板

动画
密码锁功能演示

任务分析

本任务设计的密码锁在密码正确并按下“开门”键后，开锁机构动作，达到开锁的目的；而在密码错误的情况下按“开门”键，则蜂鸣器鸣叫报警。密码的设定由外部开关来模拟实现，而判断密码是否正确则通过程序中数据比较指令 CMP 来实现。完成任务的控制要求，需要依次执行以下几个环节：

① 学习数据比较指令（CMP）的格式及应用。

② 根据所确定的 I/O 地址完成 PLC 控制外部接线图的绘制，并完成电路的连接。

③ 根据本任务的要求及控制流程图设计出 PLC 梯形图程序，并完成程序的分析与调试。

知识链接

一、学习数据比较指令

视频
CMP 指令

要完成本任务密码锁的模拟控制，若已掌握数据比较指令 CMP 的用法和规则，熟悉其应用，则可以快速完成程序的设计、分析与调试。

1. 数据比较指令的格式

数据的比较是程序中出现十分频繁的操作，比较指令助记符为 CMP，其功能号为 FNC10，包含源操作数和目标操作数。

指令格式如下：

CMP　[S1]　[S2]　[D]
CMPP　[S1]　[S2]　[D]
DCMP　[S1]　[S2]　[D]
DCMPP　[S1]　[S2]　[D]

数据比较指令能操作的软元件如图 8-1-3 所示。数据比较指令的两个源操作数能操作的软元件有十进制常数(K)、十六进制常数(H)、若干个位软元件(X、Y、M、S)组成的字软元件、定时器(T)、计数器(C)、数据寄存器(D)、变址寄存器(V、Z),而能操作的目标操作数只能是位软元件,有输出继电器(Y)、内部辅助继电器(M)和状态寄存器(S)。

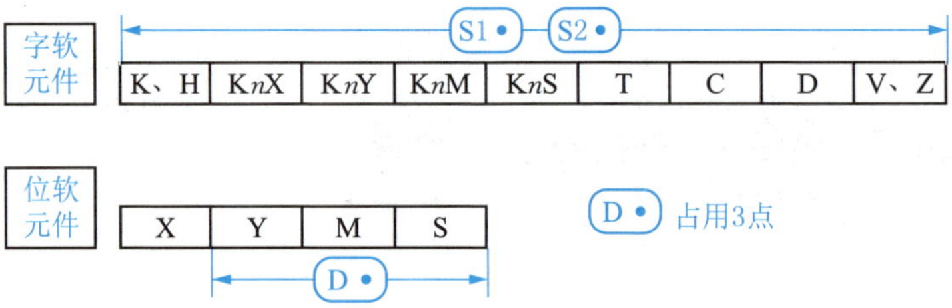

图 8-1-3　数据比较指令能操作的软元件

2. 数据比较指令的功能

CMP 是 16 位的数据比较指令,功能是将源操作数[S1]和源操作数[S2]按照代数规则进行比较,结果输出到目标操作数[D]中相邻连续的三个位软元件中。

DCMP 是 32 位的数据比较指令,功能是将源操作数[S1]和源操作数[S2]按照代数规则进行比较,结果输出到目标操作数[D]中相邻连续的三个位软元件中。

若[S1]>[S2],则置位[D]指定目标软元件。

若[S1]=[S2],则置位[D+1]指定目标软元件。

若[S1]<[S2],则置位[D+2]指定目标软元件。

3. 数据比较指令的应用实例分析

CMP 指令功能使用示例如图 8-1-4 所示。

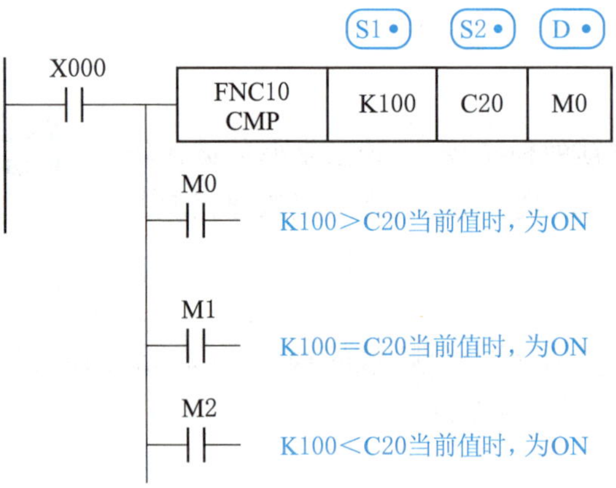

图 8-1-4　CMP 指令功能使用示例

说明:图 8-1-4 为数据比较指令 CMP 的梯形图,对应的指令为“CMP K100 C20 M0”。图中,X0 为 ON 时,执行 CMP 指令。若 K100>C20,则 M0 为 ON;若 K100=C20,则 M1

为 ON;若 K100<C20,则 M2 为 ON。

【例题 1】 利用 CMP 指令设计出单键启停的程序,如图 8-1-5 所示。

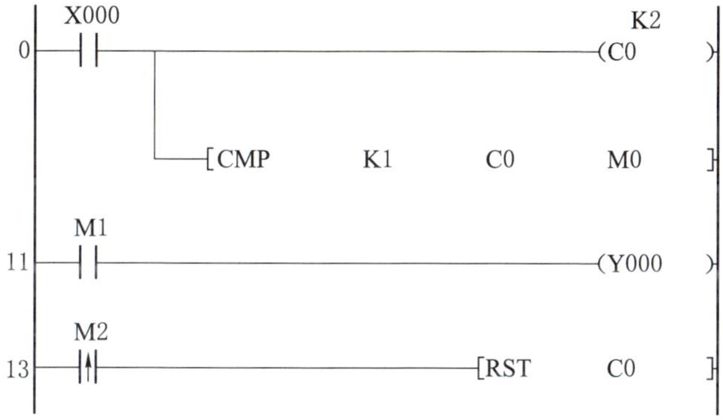

图 8-1-5 利用 CMP 指令实现的单键启停程序

视频
CMP 指令程序仿真分析

分析:在图 8-1-5 所示程序中,当第一次按下按钮(X0 接通)时,计数器 C0 线圈得电,C0 当前值为“1”,CMP 指令执行(K1=C0 当前值),M1 接通,M1 动合触点使 Y0 线圈得电;当第二次按下按钮(X0 接通)时,计数器 C0 线圈再次得电,C0 当前值为“2”,CMP 指令执行(K1<C0 当前值),M1 失电断开,使 Y0 线圈失电,M2 接通使计数器当前值复位。

【例题 2】 某生产线要求小车执行以下控制:初始状态下,小车停在行程开关 ST1 的位置,且行程开关 ST1 被压合。用按钮 SB1 按下的次数来选择送料小车的目的地。运行时,若只按下按钮 SB1 一次,小车前进到行程开关 ST2 处停止,5 s 后退回行程开关 ST1 处停止;若按下按钮 SB1 两次(按下然后松开再按下),则小车前进到行程开关 ST3 处停止,5 s 后退回到行程开关 ST1 处停止;若按下按钮 SB1 三次,小车前进到行程开关 ST4 处停止,5 s 后退回到行程开关 ST1 处停止。在小车运行的过程中,只要没有到达目的地,就可以继续按下 SB1 来改变选择,若按下按钮 SB1 的次数超过三次,则以三次计算。生产线小车运动示意图如图 8-1-6 所示。

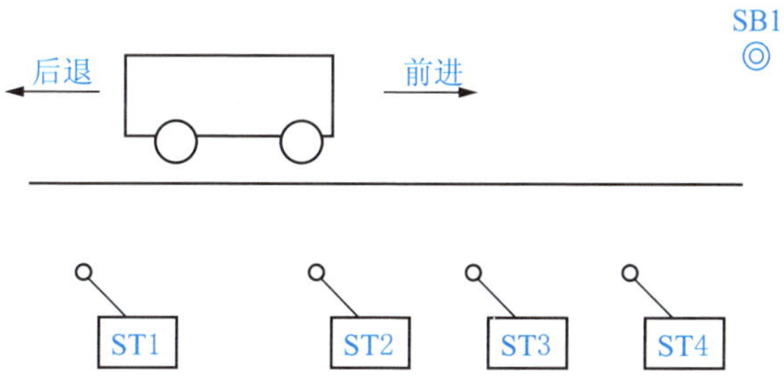

图 8-1-6 生产线小车运动示意图

基于 CMP 指令完成的生产线小车控制参考梯形图如图 8-1-7 所示。

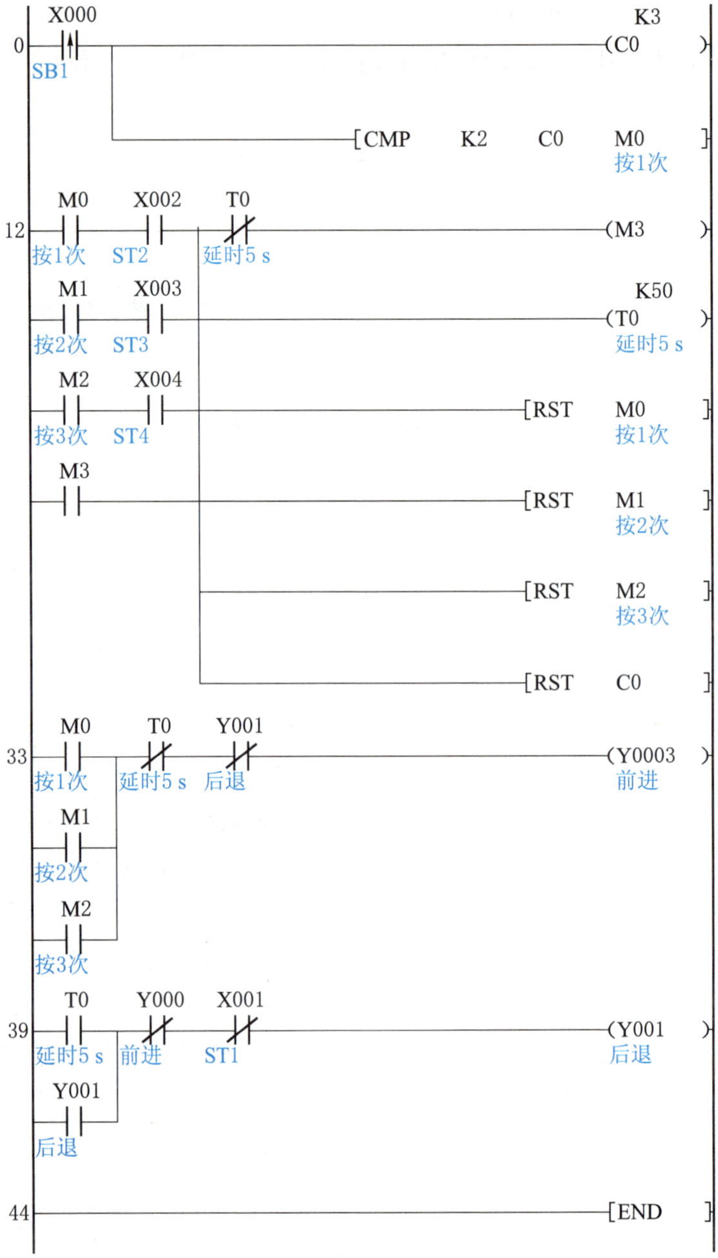

图 8-1-7 基于 CMP 指令完成的生产线小车控制参考梯形图

4. 数据比较指令的使用注意事项

① 数据比较指令所比较的两者可以是常数和字软元件(32 位指令是双字软元件),但是输出的结果只能是 M、Y、S 三种位软元件。

② 将比较的结果送到目标软元件中,目标软元件将自动指定三个连续的位软元件来表示两个源操作数的三种数量关系:大于、等于、小于(三个只能选其一)。

③ 数据比较指令可以是 16 位指令,也可以是 32 位指令;可以是连续执行型,也可以是

脉冲执行型。

④ 比较操作不改变两个源操作数里面的内容。

⑤ 数据比较指令执行后具有保持记忆性，即若没有新的比较操作，则保持之前比较的结果。如果要清除比较的结果，可以在断开数据比较指令的线圈后使用复位指令 RST（若要清除图 8-1-4 所示程序的比较结果，可参考图 8-1-8 所示程序）。

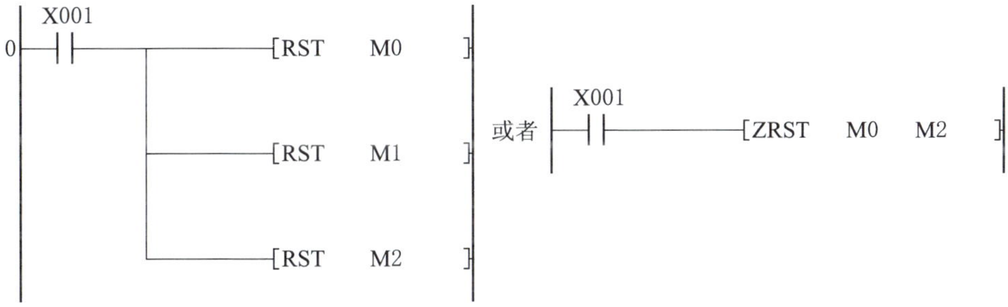

图 8-1-8 清除比较结果

请回答：

1. CMP 是________位的数据比较指令，功能是将________和________按照代数规则进行比较，结果输出到________中相邻连续的三个位软元件中。

2. 数据比较指令所比较的两者可以是________和________，但是输出的结果只能是________三种位软元件。

二、学习 10 键输入指令

10 键输入指令是用 10 个按键直接输入 4 位十进制数的指令，属于外部 I/O 设备指令，这类指令与链接在 PLC 的 I/O 接口上的按键、数字开关、数码显示器等有关。

1. 10 键输入指令的格式和操作数

10 键输入指令的指令助记符为 TKY，功能号为 FNC70，包含源操作数和目标操作数。

指令格式如下：

TKY [S] [D1] [D2]

TKY 指令能操作的软元件如图 8-1-9 所示，有位软元件 X、Y、M、S。目标软元件[D1]的操作数有若干个位软元件（Y、M、S）组成的字软元件、定时器（T）、计数器（C）、数据寄存器（D）、变址寄存器（V、Z）。目标软元件[D2]的操作数有位软元件 Y、M、S。

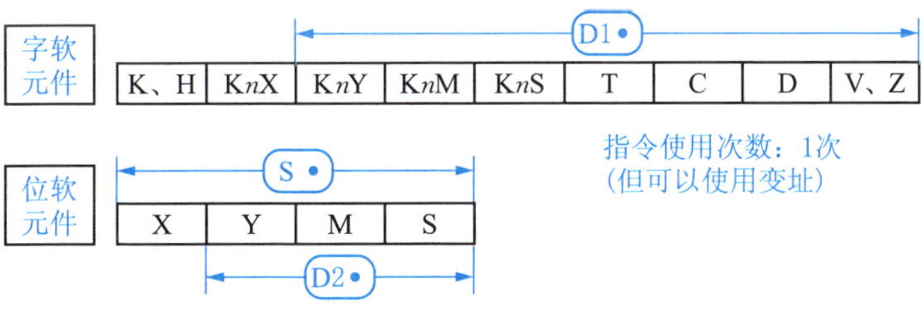

图 8-1-9 TKY 指令能操作的软元件

2. 10 键输入指令的功能

TKY 指令的功能是从 PLC 的以 S 为首址的输入口，通过按键的动作顺序地把一个 4 位十进制数（或 8 位十进制数）送入指定字软元件（一般为数据寄存器 D）中，同时驱动相应的位软元件动作。

TKY 指令的梯形图如图 8-1-10 所示。

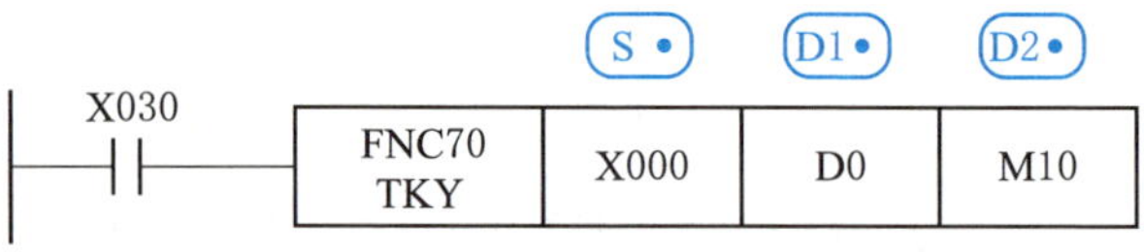

图 8-1-10　TKY 指令的梯形图

说明：如图 8-1-10 所示，它的指令功能是当触发指令执行条件的控制触点 X30 闭合时，将由源操作数 X0 开始的连续 10 个软元件指定为数据输入的 10 个数字键（按照顺序为数字“0”到“9”的数字输入键，如图 8-1-11 所示），输入的值存放到目标软元件[D1]中，并以[D2]的 M10 为首址的 10 个软元件输出。当 TKY 指令用于 16 位操作时，[D1]所存的数的范围为 0～9999，只能输入 4 位数。当 TKY 指令用于 32 位操作时，[D1]的范围最大为 8 位数，即 0～99999999。如果将本任务的设计改为 8 个数码管显示，可制作出 8 位数字密码锁。

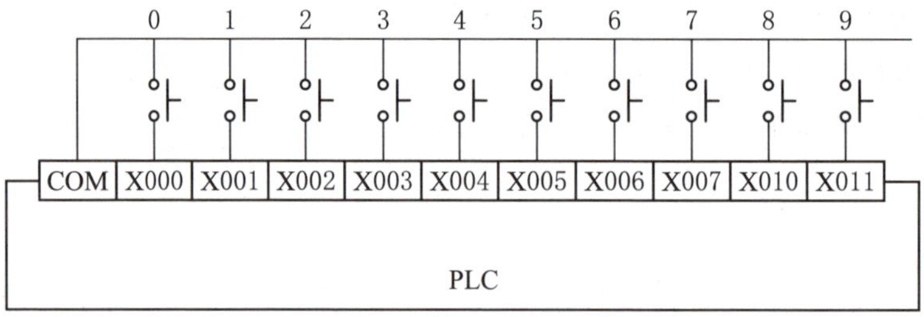

图 8-1-11　TKY 指令的外部接线图

若设置的密码为 3210，则依次按下代表数字的输入键“3”“2”“1”“0”，使 X003、X002、X001、X000 依次接通，相应的数字组合“3210”送入 D0，如图 8-1-12(a)所示。若设置的密码为 8925，则依次按下代表数字的输入键“8”“9”“2”“5”，使 X010、X011、X002、X005 依次接通，相应的数字组合“8925”送入 D0，如图 8-1-12(b)所示。

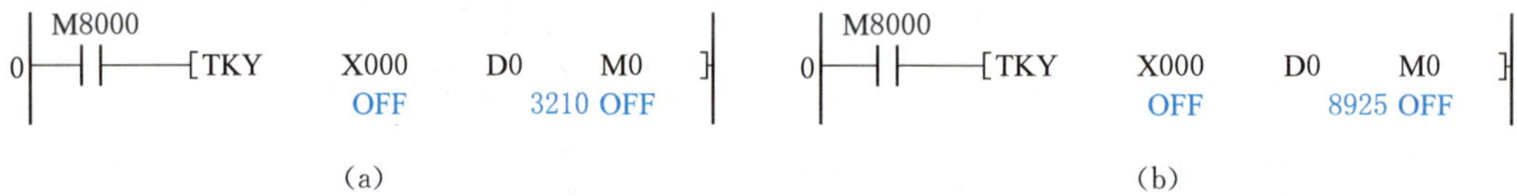

图 8-1-12　TKY 指令的运行情况

需要强调的是，使用 TKY 指令进行 16 位操作时，目标软元件[D1]只能接收最多 4 位数字，如果超过 4 位，则最高位依次溢出。例如，在图 8-1-12(a)所示程序中，在已经有“3210”的情况下再次按下“5”的数字键，则最高位的“3”溢出，最低位填入刚输入的“5”，数字组合变为“2105”，如图 8-1-13(a)所示。在图 8-1-12(b)所示程序中，在已经有“8925”的情况下再次按下“7”的数字键，则最高位的“8”溢出，最低位填入刚输入的“7”变为“9257”，如图 8-1-13(b)所示。

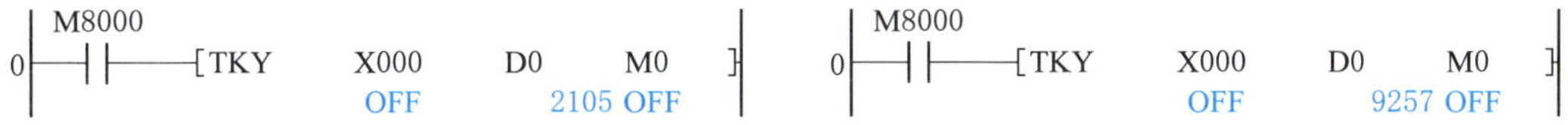

(a) (b)

图 8-1-13 TKY 指令的溢出

如图 8-1-13 所示梯形图，数字键按下的同时，还使相对应的继电器 M0～M9 动作，X0 使 M0 动作，X2 使 M2 动作，以此类推，X11 使 M9 动作，M0～M9 的动作随相应按键按下动作，并保持到下一个按键按下时复位。

任何一个按键被按下，M10 都会动作，并随按键恢复而复位。在实际应用中，M10 可以作为按键输入的确定信号来利用。例如，利用 M10 来控制蜂鸣器，按一下，响一下，没响表示按键输入有误，相应时序图如图 8-1-14 所示。

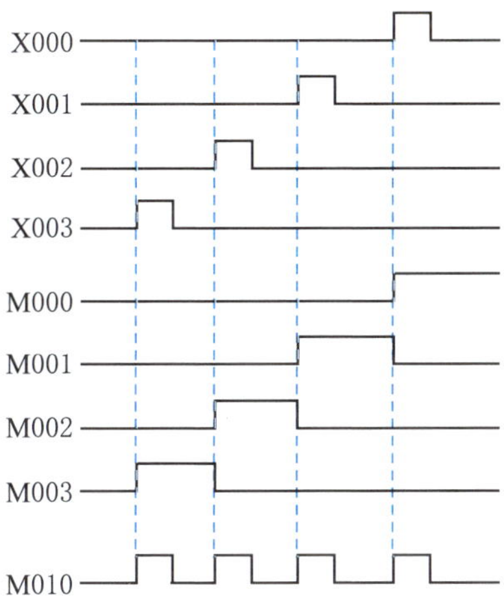

图 8-1-14 TKY 指令执行时序图

互动练习

在线知识测评 8-1

上述操作结果表明：当一个源[S]的软元件被接通(某一个 X)，其相应的目标[D2]的软元件也被接通(相对应的某一个 M)，直到另一源[S]的软元件操作时，该目标[D2]的软元件将一直被置位，而目标[D1]的软元件则存放此十进制数。

请回答：

1. TKY 指令是用________个按键直接输入________位十进制数的指令，属于____________指令。

2. TKY 指令的功能是从 PLC 的________通过按键的动作顺序地把一个 4 位十进制数送入________中，同时驱动________。

任务实施

一、绘制 PLC 控制外部接线图

请记录：简述简易密码锁 PLC 控制系统设计的总体思路。

根据控制系统任务要求可知，系统中含有 1 个控制按钮，模拟“开门”键的功能，6 位密码由 6 个开关来模拟设置，整个系统输入点数为 7 点，输出点数为 2 点：1 个点对应开锁的模拟功能，另一个点对应报警器的输出信号。具体的 I/O 地址分配见表 8-1-1。

表 8-1-1　PLC 的 I/O 地址分配

输入			输出		
元件符号	输入端子地址	功能	元件符号	输出端子地址	功能
S1	X0	密码键 1	KM	Y0	驱动开锁机构固态继电器
S2	X1	密码键 2	HA	Y1	蜂鸣器
S3	X2	密码键 3			
S4	X3	密码键 4			
S5	X4	密码键 5			
S6	X5	密码键 6			
SB1	X6	开门键			

根据 PLC 的 I/O 地址分配，绘制出任务所对应的 PLC 控制外部接线图，如图 8-1-15 所示。

请记录：

1. PLC 控制外部接线图输出部分蜂鸣器接线的基本要点：

2. 分析蜂鸣器的工作原理：

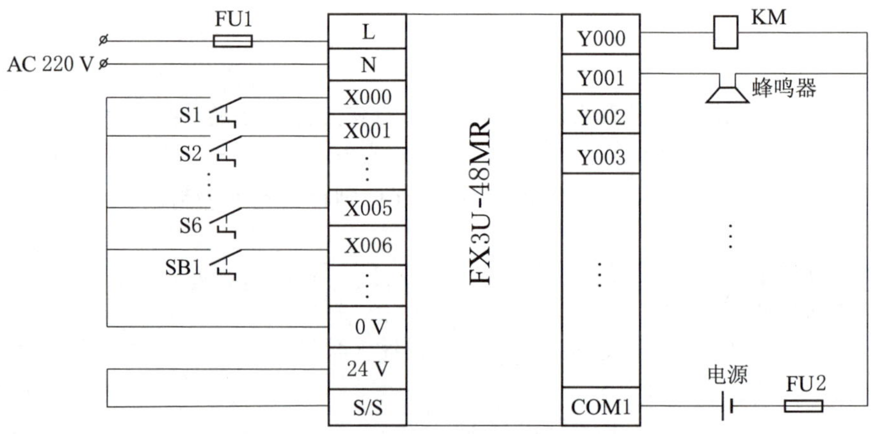

图 8-1-15　PLC 控制外部接线图

二、设计 PLC 控制程序

本任务中 6 位密码锁控制系统工作流程：手动将 6 个控制开关的开关状态调整为与 PLC 程序中设定的状态一致（即密码正确），在按下“开门”键后，驱动开门机构动作；如果 6 个控制开关的状态调整不正确（即密码错误），在按下“开门”键后，蜂鸣器鸣叫 10 s 报警。

根据任务控制的要求，现要设置正确的密码（6 个控制开关的排列），如图 8-1-16 所示。

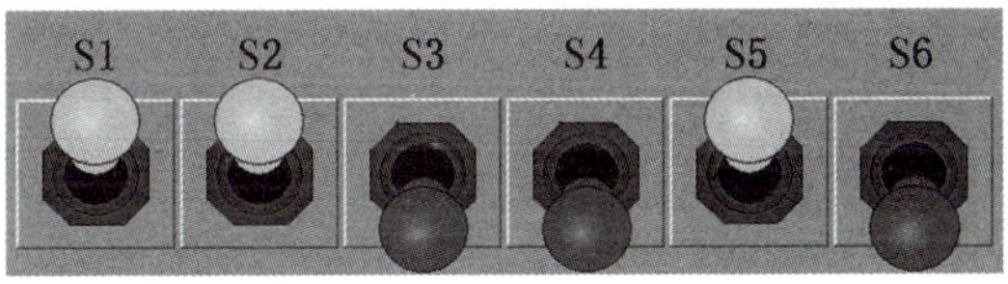

图 8-1-16　6 个控制开关的排列

图 8-1-16 中的 6 个控制开关排列为“S1 接通”“S2 接通”“S3 断开”“S4 断开”“S5 接通”“S6 断开”。如果按照 PLC 中的规则，接通为“**1**”，断开为“**0**”，则 6 个控制开关的状态组成的二进制数按 S1 为最高位，S6 为最低位，是“**110010**”，转换成十进制数是“50”，即 PLC 程序中预设定的值为十进制数“50”。密码锁程序设计参考梯形图如图 8-1-17 所示。

三、编辑与下载 PLC 控制程序

请实践：在 GX Developer 编程软件中，完成具体的程序编辑与下载。

视频
梯形图程序编辑演示 8-1

四、调试 PLC 控制程序

在电路全部接好且硬件调试无误的情况下，将图 8-1-17 所示梯形图程序输入 PLC 并调试。调试过程填入表 8-1-2。

请记录：调试过程中出现的问题及解决方法。

表 8-1-2　PLC 控制程序调试结果记录表

序号	操作内容	观察现象
1	系统上电	
2	调整密码	
3	密码正确的情况下按下“开门”键	
4	密码错误的情况下按下“开门”键	
5	恢复密码	

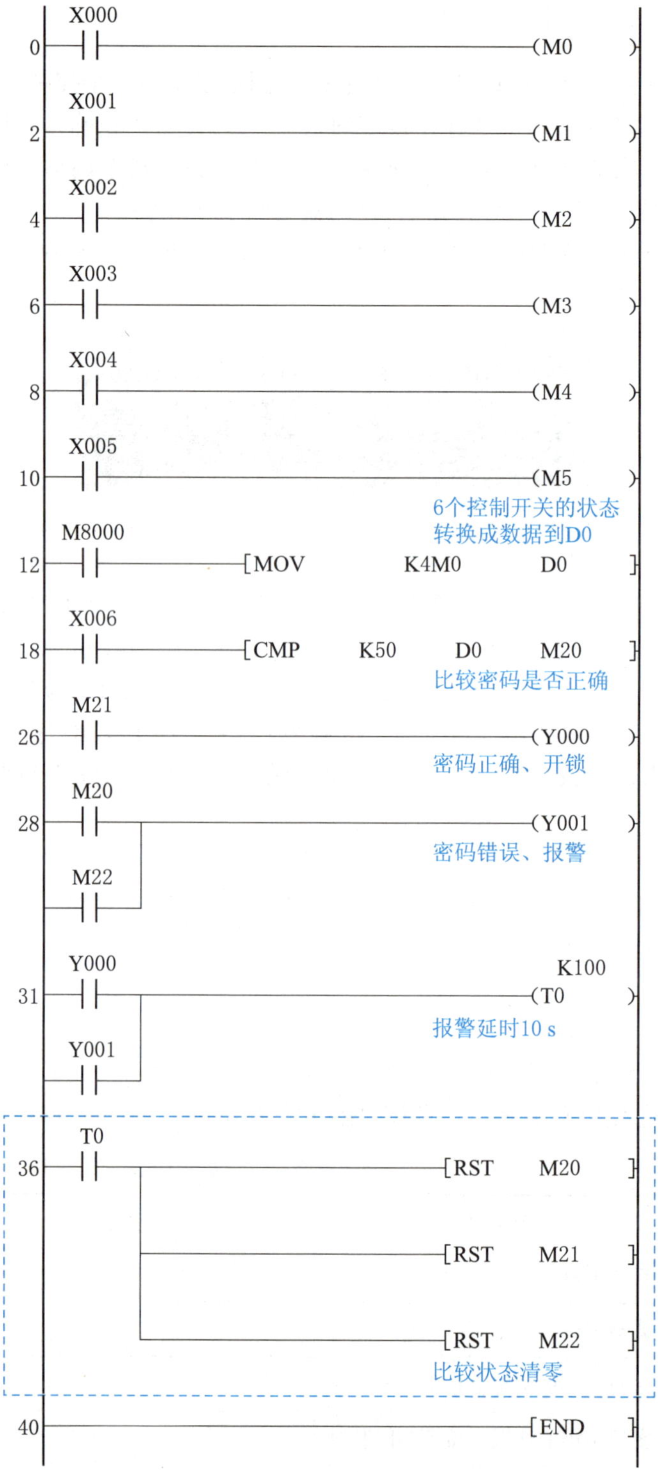

图 8-1-17　密码锁程序设计参考梯形图

请记录：

1. 程序第 12 行中，M8000 在此梯形图中的作用：

____

____

____

2. 请将虚线框内的程序用区间复位指令 ZRST 来实现：

____

____

____

任务二　自动定时锁定系统的控制

任务描述

动画
自动定时锁定系统功能演示

在生产实际中，一些厂家为了节能减排，采用智能节能系统进行生产工艺上的优化，防止工人疲劳操作，提高规定时间内系统的允许效率，即要求设备在规定的时间内才允许运行，如设备只能在周一至周五的 8:00 至 17:00 运行，其他时间设备自动断电停止不再运行。

现有一工厂要求上下班时刻响铃提醒工作人员，同时对工作系统进行定时锁定，停止其运行，具体控制要求如下：

① 上下班响铃时刻：8:00，12:00，13:30，17:30，每次响铃 1 min。

② 整个系统的工作指示灯要求在 23:00 到次日 5:30 之间关闭，其他时间正常亮。

③ 整个系统的工艺流程要求在 12 月 14 日 23:59 关闭 PLC 的所有输出，系统停止运行。

任务分析

本任务采用三菱 FX3U-48MR 型 PLC 来实现整个系统响铃及时间锁定的模拟控制。完成本任务的控制要求，需依次执行以下几个环节：

① 学习区间比较指令及时钟处理指令的格式及应用。

② 根据所确定的 I/O 地址完成 PLC 控制外部接线图的绘制，并完成电路的连接。

③ 根据本任务的要求及控制流程图设计出 PLC 梯形图程序，并完成程序的分析与调试。

知识链接

一、学习区间比较指令

视频
ZCP 指令

要完成上述系统定时锁定的模拟控制，如果掌握了区间比较指令的用法和规则，熟悉其应用，则可以快速完成程序的设计、分析与调试。

1. 区间比较指令的格式

数据的比较是程序中十分频繁的操作，区间比较指令助记符为 ZCP，其功能号为 FNC11，包含源操作数和目标操作数。

指令格式如下：

ZCP　[S1]　[S2]　[S3]　[D]
ZCPP　[S1]　[S2]　[S3]　[D]
DZCP　[S1]　[S2]　[S3]　[D]
DZCPP　[S1]　[S2]　[S3]　[D]

ZCP 指令的三个源操作数能操作的软元件有十进制常数(K)、十六进制常数(H)、若干个位软元件(X、Y、M、S)组成的字软元件、定时器(T)、计数器(C)、数据寄存器(D)、变址寄存器(V、Z)。而能操作的目标操作数只能是位软元件输出继电器(Y)、内部辅助继电器(M)和状态寄存器(S)。ZCP 指令能操作的软元件如图 8-2-1 所示。

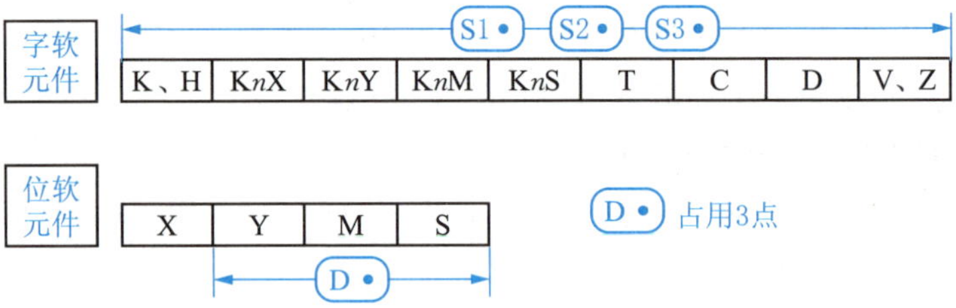

图 8-2-1　ZCP 指令能操作的软元件

2. 区间比较指令的功能

ZCP 是 16 位区间比较指令,功能是将操作数[S3]中的数分别与[S1]与[S2]中的数进行比较,结果输出到目标操作数[D]中相邻连续的三个位软元件中。

DZCP 是 32 位区间比较指令,功能是将操作数[S3]中的数分别与[S1]与[S2]中的数进行比较,结果输出到目标操作数[D]中相邻连续的三个位软元件中。

若[S1]>[S3],则置位[D]指定目标软元件。

若[S1]≤[S3]≤[S2],则置位[D+1]指定目标软元件。

若[S2]<[S3],则置位[D+2]指定目标软元件。

3. 区间比较指令的应用案例说明

ZCP 指令使用示例如图 8-2-2 所示。

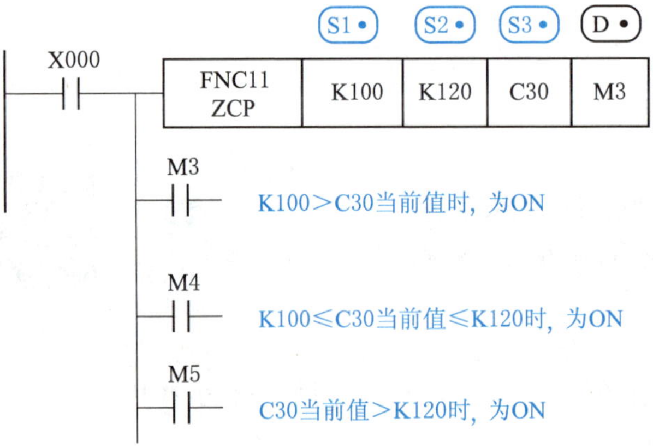

图 8-2-2　ZCP 指令使用示例

视频
ZCP 指令程序仿真分析

说明：图 8-2-2 为区间比较指令 ZCP 的梯形图，对应的指令为“CMP K100 K120 C30 M3”。图中，X0 为 ON 时，执行 ZCP 指令；X0 为 OFF 时，不执行 ZCP 指令，M3～M5 保持 X0 为 OFF 之前的状态。

上面的程序中，若计数器 C30 的当前值＜[S1]的值（K100），则 M3 接通；若[S1]的值（K100）≤C30 的当前值≤[S2]的值（K120），则 M4 接通；若 C30 的当前值＞[S2]的值（K120），则 M5 接通。区间比较指令运行时，所有的源操作数均按二进制数处理。

注意：[S1]的值一定不能大于[S2]的值，如果将[S1]的值设定为 K100，[S2]的值设定为 K90，则 PLC 在运算时将按[S2]的值为 K100 运算。

【例题 1】 有一台设备，加工一个零件的整个过程需要 30 s，工艺流程是在启动操作后，电磁阀 YV1 先得电，工作 8 s 后，电磁阀 YV1 断电，电磁阀 YV2 得电，再工作 12 s 后，电磁阀 YV2 断电，YV3 得电，直至一个工件加工完毕后，全部失电停止，等待下一次按下启动按钮后，进行一个新的零件加工过程。其工作过程示意图如图 8-2-3 所示，参考程序如图 8-2-4 所示。

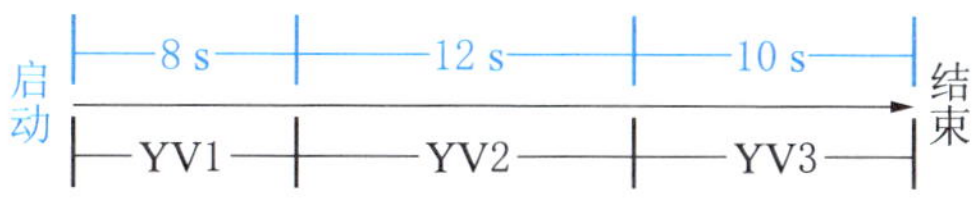

图 8-2-3　某生产设备工作过程示意图

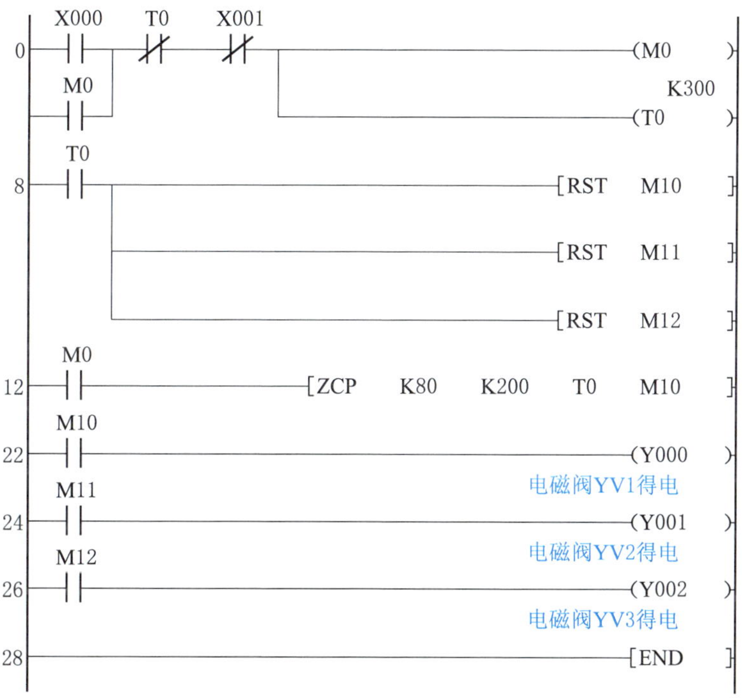

图 8-2-4　参考程序

4. 区间比较指令应用注意事项

① 区间比较指令的源操作数可以是常数和字软元件（32 位指令是双字软元件），但是

输出的结果只能是Y、M、S三种位软元件。

② 将比较的结果送到目标软元件中，目标软元件将自动指定三个连续的位软元件来表示比较结果的三种数量关系，这三个位软元件任意时刻只有一个接通。

③ 区间比较指令可以是16位指令，也可以是32位指令；可以是连续执行型，也可以是脉冲执行型。

④ 比较操作不改变三个源操作数里面的内容。

⑤ [S1]的值一定不能大于[S2]的值，否则自动将[S1]的值指定为[S2]的值。

例如：若[S1]=K100，[S2]=K90，则会将[S2]当成K100进行计算，大小比较是按照代数形式进行的。

⑥ 区间比较指令执行后具有保持记忆性，即没有新的比较操作前，保持之前比较的结果。如果要清除比较的结果，可在断开区间比较指令的线圈后使用复位指令RST，如图8-2-5所示(清除图8-2-4的比较结果)。

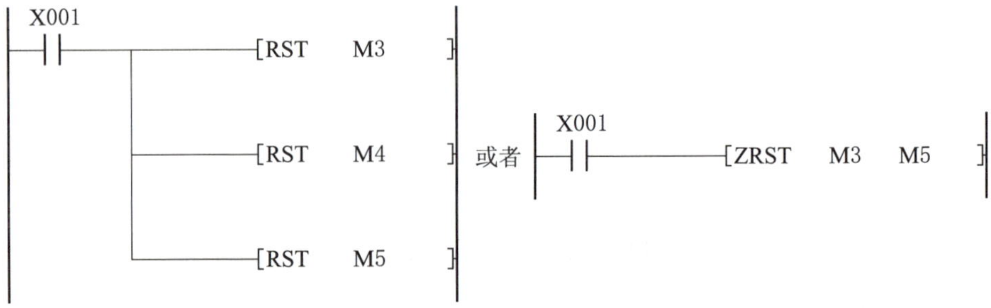

图8-2-5 清除比较结果

请回答：

1. ZCP是______位区间比较指令，功能是将操作数______中的数分别与______和______中的数进行比较，结果输出到______中相邻连续的三个位软元件中。

2. 区间比较指令的源操作数可以是______和______，但是输出的结果只能是______三种位软元件。

二、熟悉时钟处理指令

时钟处理指令是对时间数据(时、分、秒)和PLC内部实时时钟进行处理的指令，包括时间数据的比较、运算和累计及PLC内部实时时钟的读写。

1. FX系列PLC时钟类特殊数据寄存器

三菱FX系列PLC在特殊数据寄存器D8013～D8019中专门存放公元年、月、日、时、分、秒及星期的数据，一般用来存放公元时间的当前值，称为实时时钟数据。实时时钟由PLC内部电池供电运作，随着实时时间一秒一秒地变化。实时时钟数据存储方式见表8-2-1。

表 8-2-1　FX 系列 PLC 实时时钟数据存储方式

软元件编号	作　用	值 的 范 围
D8013	当前时间的“秒”	0～59 秒
D8014	当前时间的“分”	0～59 分
D8015	当前时间的“时”	0～23 时
D8016	当前时间的“日”	1～31 日
D8017	当前时间的“月”	1～12 月
D8018	当前时间的“年”	00～99 年
D8019	当前时间的“星期”	周日(0)～六(6)

与实时时钟数据相关的特殊辅助继电器见表 8-2-2。

表 8-2-2　与实时时钟数据相关的特殊辅助继电器

特殊辅助继电器	名　称	动 作 功 能
M8015	时钟停止及校时	ON 时,时钟停止,在 ON→OFF 的边沿写入时间,再次动作
M8016	显示时间停止	ON 时,停止显示时间(计时仍动作)
M8017	±30 s 修正	在 ON→OFF 的边沿对“秒”进行修正(“秒”为 0～29 时,“秒”变为 0,为 30～59 s 时,进位到“分”,“秒”为 0)
M8018	安装检测	一直为 OFF
M8019	RTC 出错	校验时间时,当实时时钟特殊数据寄存器的数据超出设定范围时,为 ON

实时时钟数据在使用时如果发现不准,可以通过程序进行校准。

为保证时间准确,在校准时间前 2～3 min 将程序写入 PLC 再运行 PLC,并使 X0 为 ON,当到达校准时间时,立刻断开 X0,时间被设定,开始计时。如果校准前 X0 没有接通,M8015 为 OFF 状态,则时间不能校准,而在 M8015 由 ON→OFF 断开的瞬间输入校准时间。

为确保时间数据的准确,如果输入了超出设定范围的时间数据,则不能进行校准。

M8017 为±30 s 修正,当 X1 从 OFF 变为 ON 时,即刻对实时时钟的“秒”进行修正。

【例题 1】 设定为 2011 年 12 月 10 日 12 时 0 分 0 秒,星期六,程序梯形图如图 8-2-6 所示,试分析时间校准程序。

时间的校准也可以通过 GX Developer 编程软件校准,同时 FX 系列 PLC 设有专门的实时时钟校准指令 TWR,在此不再赘述。

2. 时钟数据比较指令 TCMP、TZCP

TCMP、TZCP 指令的理解和 CMP、ZCP 指令一样,只不过这里比较的是时间(时、分、秒)而已。

图 8-2-7 所示为 TCMP 指令梯形图。

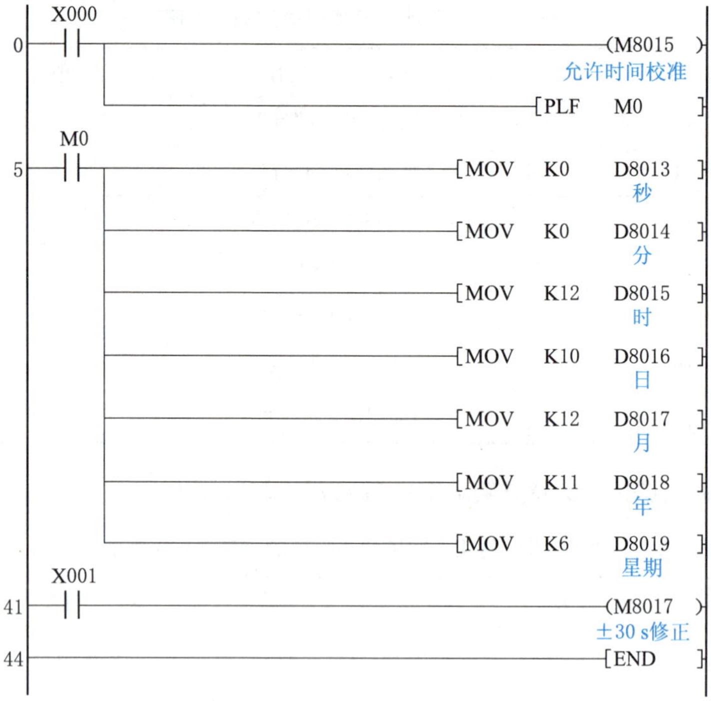

图 8-2-6 时间校准程序梯形图

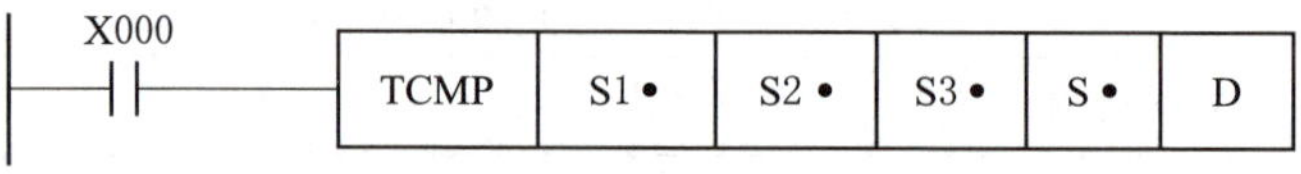

图 8-2-7 TCMP 指令梯形图

说明：当驱动条件 X0 成立时，将指定的时间数据 S(时)、S+1(分)、S+2(秒)与基准时间S1(时)、S2(分)、S3(秒)进行比较，并根据比较结果驱动位软元件 D、D+1、D+2 中的一个。

【例题 2】 分析如图 8-2-8 所示 TCMP 指令的应用示例。

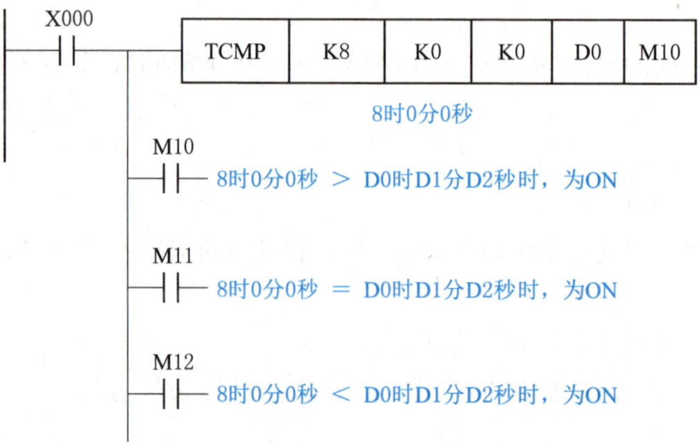

图 8-2-8 TCMP 指令的应用示例

分析：指令执行后即使驱动条件 X0 断开，D、D＋1、D＋2 均会保持当前状态，不会随 X0 断开而改变。

时间比较的准则：时、分、秒数值大的为大，仅在时、分、秒完全一样时为相等。例如，图 8-2-8 中，D0 时 D1 分 D2 秒在 0 时 0 分 0 秒到 7 时 59 分 59 秒之间，为小于 8 时 0 分 0 秒，而 8 时 0 分 1 秒到 23 时 59 分 59 秒之间，则大于 8 时 0 分 0 秒，仅在 8 时 0 分 0 秒时为相等。

TCMP 指令占用较多的软元件，使用时不要与其他程序段共享。

时钟比较指令一般都是与 PLC 的内置实时时钟进行比较，以达到规定时间进行预先设置的控制。因此，在与实时时钟比较时，首先要把实时时钟通过时钟数据读出指令 TRD 将实时时钟值送到 S、S＋1、S＋2 中去，然后再应用 TCMP 指令进行操作。

图 8-2-9 为 TZCP 指令梯形图。

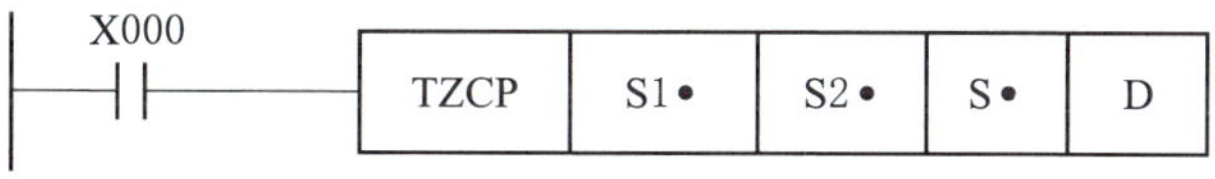

图 8-2-9　TZCP 指令梯形图

说明：当驱动条件 X0 成立时，将指定的时间数据 S(时)、S＋1(分)、S＋2(秒)与上、下限比较基准时间 S1(时)、S1＋1(分)、S1＋2(秒)及 S2(时)、S2＋1(分)、S2＋2(秒)进行比较，并根据比较结果驱动位元件 D、D＋1、D＋2 中的一个。

【例题 3】 分析如图 8-2-10 所示 TZCP 指令的应用示例。

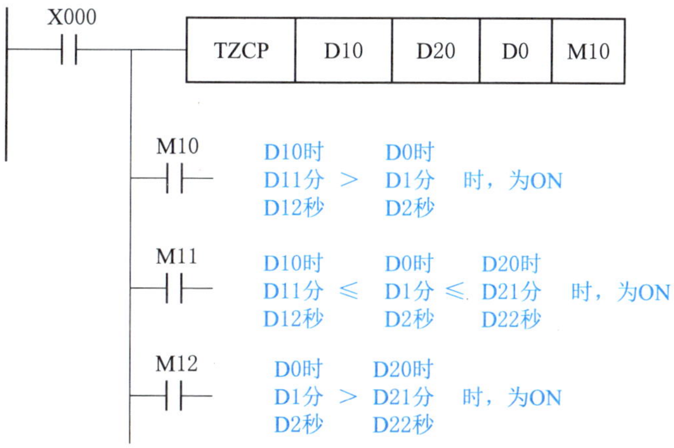

图 8-2-10　TZCP 指令的应用示例

3. 时钟数据读出指令 TRD

时钟数据读出指令为 TRD，通过此指令可以将 PLC 特殊寄存器中的实时时间数据直接读取到数据寄存器(D)中。

TRD 指令梯形图如图 8-2-11 所示。

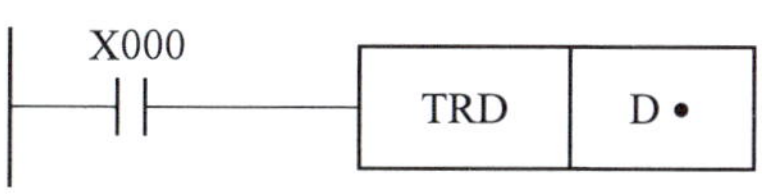

图 8-2-11　TRD 指令梯形图

说明：当驱动器条件成立时，将 PLC 中的特殊寄存器 D8013～D8019 的实时时间数据传送到数据寄存器 D～D+6 中。

实时时间数据与传送终址的对应关系见表 8-2-3。

表 8-2-3　实时时间数据与传送终址的对应关系

特殊数据内容	作　用	值的范围	传送终址
D8013	当前时间的“秒”	0～59 秒	D
D8014	当前时间的“分”	0～59 分	D+1
D8015	当前时间的“时”	0～23 时	D+2
D8016	当前时间的“日”	1～31 日	D+3
D8017	当前时间的“月”	1～12 月	D+4
D8018	当前时间的“年”	00～99 年	D+5
D8019	当前时间的“星期”	周日(0)～六(6)	D+6

请回答：

1. 时钟处理指令是对时间数据和________进行处理的指令，包括________、________和________及________。

2. 时钟数据读出指令为________，通过此指令可以将 PLC 特殊寄存器中的________数据直接读取到________中。

请记录：简述自动定时锁 PLC 控制程序设计的总体思路。

____

____

____

____

____

任务实施

一、绘制 PLC 控制外部接线图

由系统要求分析可知，系统中含有 1 个启动按钮，整个系统输入点数为 1 点，输出点数为 2 点，对应系统模拟的响铃及系统工作指示灯。具体的 I/O 地址分配见表 8-2-4。

表 8-2-4　PLC 的 I/O 地址分配

输　入			输　出		
元件符号	输入端子地址	功　能	元件符号	输出端子地址	功　能
SB1	X0	启动按钮	YA	Y000	响铃
			HL	Y001	工作指示灯

根据 PLC 的 I/O 地址分配，绘制出 PLC 控制外部接线图，如图 8-2-12 所示。

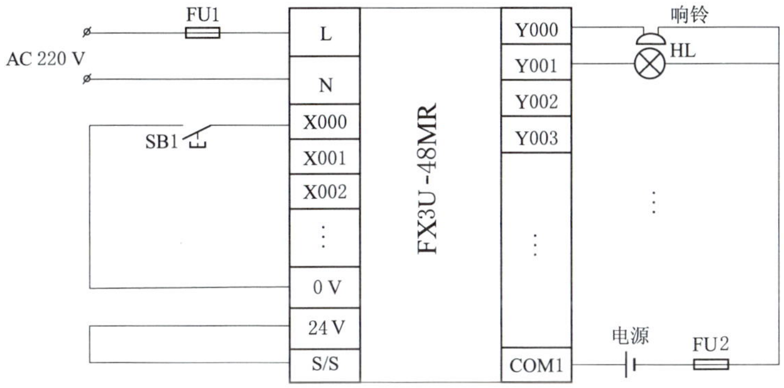

图 8-2-12　PLC 控制外部接线图

> 请记录：PLC 控制外部接线图输出部分接线的基本要点。
>
> ______________________
>
> ______________________
>
> ______________________
>
> ______________________
>
> ______________________

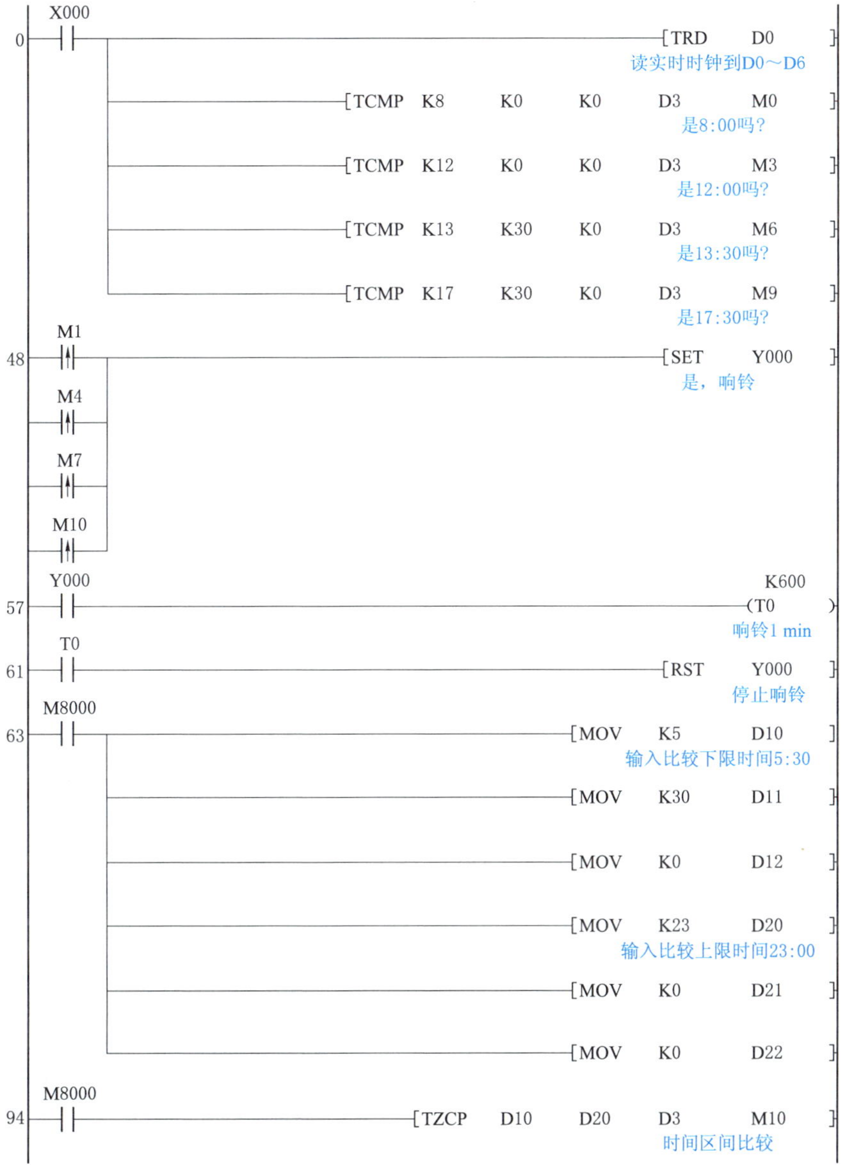

> 请记录：
>
> 1. 程序第 48 行中，M1 ─┤↑├─ 触点的作用：
>
> ______________________
>
> ______________________
>
> ______________________
>
> 2. 程序第 63 行中，M8000 动合触点的作用：
>
> ______________________
>
> ______________________
>
> ______________________

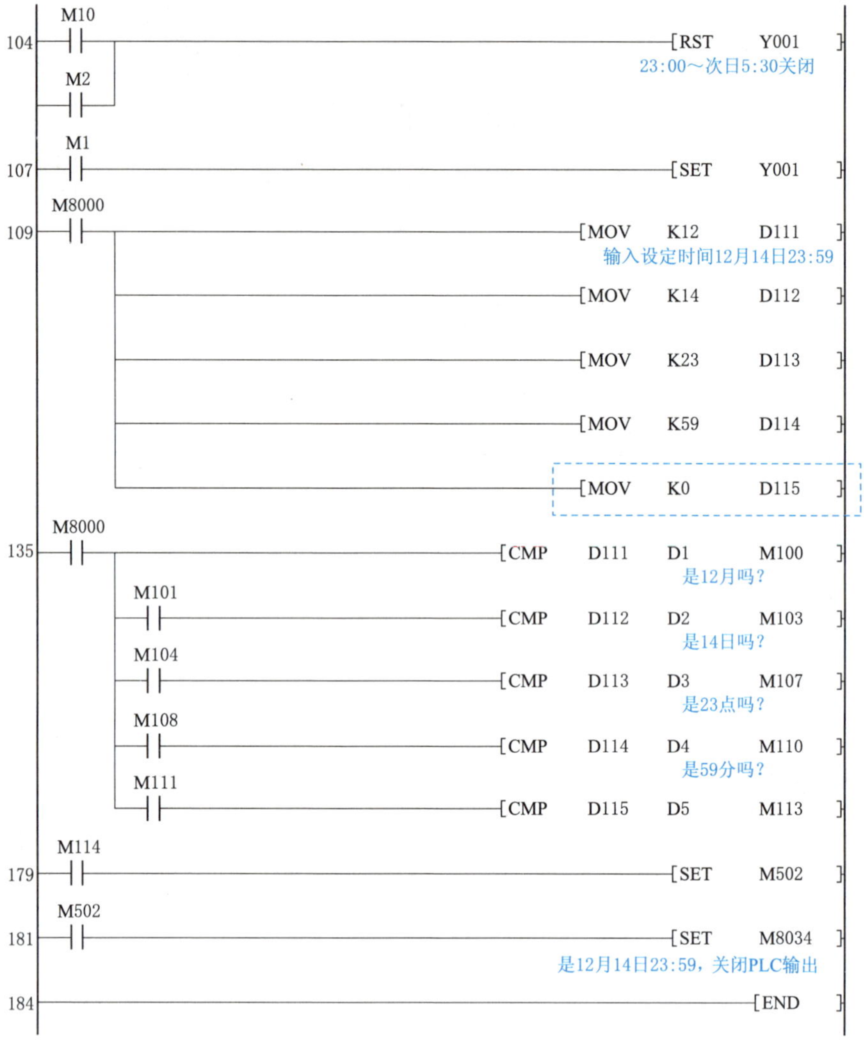

图 8-2-13　程序梯形图

请记录：

1. 分析虚线框内程序的功能：

____

____

____

2. M8034 特殊辅助继电器指令的作用：

____

____

____

二、设计 PLC 控制程序

系统程序在设计时运用时钟数据读出指令 TRD 读出系统时间，采用 MOV 指令对任务要求时间进行设定，通过 TCMP 或 TZCP 指令对实时时钟时间和设定时间进行比较，驱动响铃及工作指示灯的动作，程序梯形图如图 8-2-13 所示。

三、编辑与下载 PLC 控制程序

请实践：在 GX Developer 编程软件中，完成具体的程序编辑与下载。

视频
梯形图程序编辑演示 8-2

四、调试 PLC 控制程序

在电路全部接好且硬件调试无误的情况下，将梯形图程序输入 PLC 中。调试结果填入表 8-2-5。

请记录：调试过程中出现的问题及解决方法。

表 8-2-5 程序调试结果记录表

序号	操作内容	观察现象
1	系统上电	
2	系统启动	

知识拓展

在前面的学习过程中，已了解数据比较指令 CMP 及区间比较指令 ZCP，除了这两条常用的比较指令外，触点比较指令也较为常用，在使用触点比较指令时，可将每条指令都看作一个触点，触点是否为 ON 取决于比较结果。依据触点比较指令在梯形图中的位置可将其分成 LD 类、OR 类和 AND 类，其触点在梯形图中的位置含义与普通触点相同。

1. LD 类触点比较指令

LD 类触点比较指令用法可参见表 8-2-6。

表 8-2-6 LD 类触点比较指令用法

功能号	16 位指令	32 位指令	导通条件	不导通条件	操作数[S1]、[S2]
FNC224	LD=	LD(D)=	[S1]=[S2]	[S1]≠[S2]	K、H、KnX、KnY、KnM、KnS、T、C、D、V、Z
FNC225	LD>	LD(D)>	[S1]>[S2]	[S1]<=[S2]	
FNC226	LD<	LD(D)<	[S1]<[S2]	[S1]>=[S2]	
FNC228	LD<>	LD(D)<>	[S1]≠[S2]	[S1]=[S2]	
FNC229	LD<=	LD(D)<=	[S1]<=[S2]	[S1]>[S2]	
FNC230	LD>=	LD(D)>=	[S1]>=[S2]	[S1]<[S2]	

【例题 1】 分析图 8-2-14 所示程序，理解 LD 类触点比较指令的应用。

分析：如图 8-2-14 所示，按下 X0，M0 接通并保持，在 M8013 作用下，C0 开始计数；当 C0 中的当前值为 K10 时，即 M0 接通 10 s 后，Y0 接通并保持；当 C0 中的当前值为 K20 时，即 M0 接通 20 s 后，Y1 接通并保持；当 C0 计数达到设定值时，即 M0 接通 30 s 后，Y2 接通并保持；直到按下 X1，M0 断开，计数器 C0 复位。

由此可见，一个计数器和触点比较指令配合使用，起到了三个定时器的作用，同时程序也更简洁清晰。

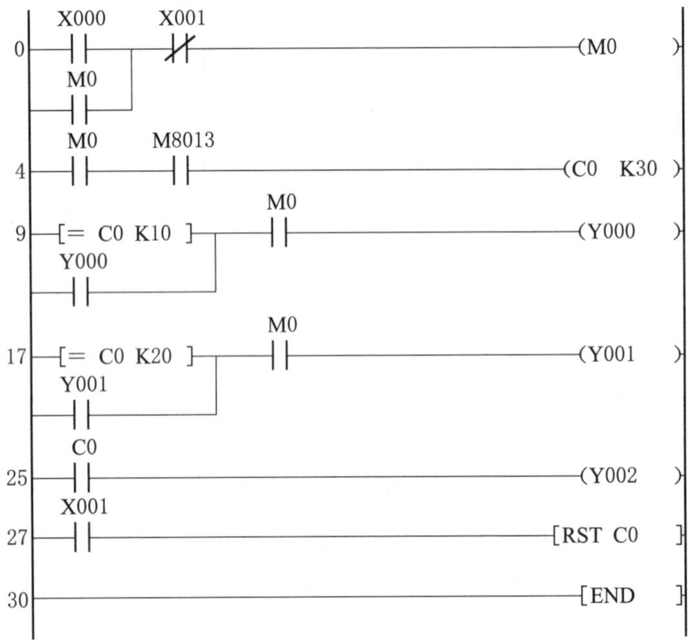


```
0   LD    X000
1   OR    M0
2   ANI   X001
3   OUT   M0
4   LD    M0
5   AND   M8013
6   OUT   C0     K30
9   LD=   C0     K10
14  OR    Y000
15  AND   M0
16  OUT   Y000
17  LD=   C0     K20
22  OR    Y001
23  AND   M0
24  OUT   Y001
25  LD    C0
26  OUT   Y002
27  LD    X001
28  RST   C0
30  END
```

图 8-2-14 LD 类触点比较指令应用举例

2. OR 类触点比较指令

OR 类触点比较指令用法可参见表 8-2-7。

表 8-2-7 OR 类触点比较指令用法

功能号	16 位指令	32 位指令	导通条件	不导通条件	操作数[S1]、[S2]
FNC240	OR=	OR(D)=	[S1]=[S2]	[S1]≠[S2]	K、H、KnX、KnY、KnM、KnS、T、C、D、V、Z
FNC241	OR>	OR(D)>	[S1]>[S2]	[S1]<=[S2]	
FNC242	OR<	OR(D)<	[S1]<[S2]	[S1]>=[S2]	
FNC244	OR<>	OR(D)<>	[S1]≠[S2]	[S1]=[S2]	
FNC245	OR<=	OR(D)<=	[S1]<=[S2]	[S1]>[S2]	
FNC246	OR>=	OR(D)>=	[S1]>=[S2]	[S1]<[S2]	

【例题 2】 分析图 8-2-15 所示程序，理解 OR 类触点比较指令的应用。

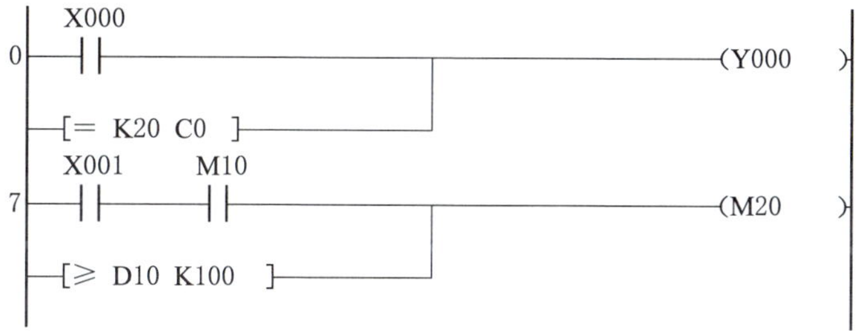


```
0   LD    X000
1   OR=   K20   C0
6   OUT   Y000
7   LD    X001
8   AND   M10
9   OR≥   D10   K100
14  OUT   M20
```

图 8-2-15 OR 类触点比较指令应用举例

分析：如图 8-2-15 所示，当 X0 为 ON 或计数器 C0 的当前值为 K20 时，输出 Y0 接通；当 X1 和 M10 都为 ON 或 D10 中的数据大于或等于 K100 时，M20 接通。

3. AND 类触点比较指令

AND 类触点比较指令用法可参见表 8-2-8。

表 8-2-8 AND 类触点比较指令用法

功能号	16 位指令	32 位指令	导通条件	不导通条件
FNC232	AND=	AND(D)=	[S1]=[S2]	[S1]≠[S2]
FNC233	AND>	AND(D)>	[S1]>[S2]	[S1]<=[S2]
FNC234	AND<	AND(D)<	[S1]<[S2]	[S1]>=[S2]
FNC236	AND<>	AND(D)<>	[S1]≠[S2]	[S1]=[S2]
FNC237	AND<=	AND(D)<=	[S1]<=[S2]	[S1]>[S2]
FNC238	AND>=	AND(D)>=	[S1]>=[S2]	[S1]<[S2]

【例题 3】 分析图 8-2-16 所示程序，理解 AND 类触点比较指令的应用。

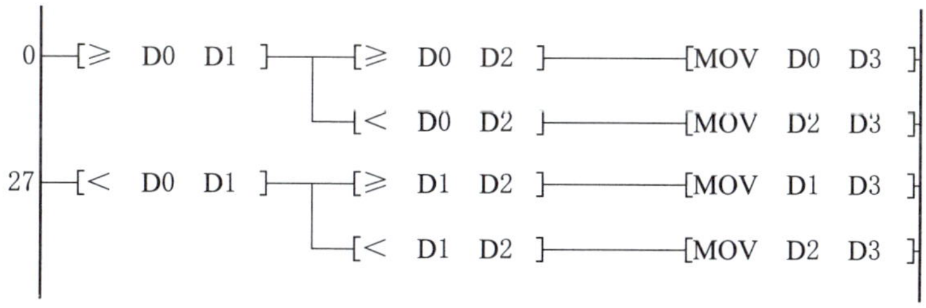


```
0   LD≥    D0   D1
5   MPS
6   AND≥   D0   D2
11  MOV    D0   D3
16  MPP
17  AND<   D0   D2
22  MOV    D2   D3
27  LD<    D0   D1
32  MPS
33  AND≥   D1   D2
38  MOV    D1   D3
43  MPP
44  AND<   D1   D2
49  MOV    D2   D3
```

图 8-2-16 AND 类触点比较指令应用举例

分析：图 8-2-16 中的 PLC 程序的功能是将 D0、D1 中的数据进行比较。若 D0 中的数据大于或等于 D1 中的数据，则再将 D0 中的数据和 D2 中的数据进行比较，D0 中数据大，则将 D0 中的数据存入 D3，反之则将 D2 中的数据存入 D3；若 D0 中的数据小于 D1 中的数据，则再将 D1 中的数据和 D2 中的数据进行比较，D1 中数据大于或等于 D2 中数据，则将 D1 中的数据存入 D3，反之则将 D2 中的数据存入 D3。

此程序实际上就是通过触点比较指令求出 D0、D1 和 D2 三个寄存器中最大的数据，并将其存入寄存器 D3 中。

说明：

① 若源操作数的最高位为 **1**，其值为负值，比较时按负值进行比较。

② 比较时若有 32 位计数器，则必须使用 32 位指令，若用 16 位指令则会出现程序出错或运算出错的情况。

互动练习

在线知识测评 8-2

知识测评

一、填空题

1. 子程序和中断程序应放在________指令的后面，子程序最多可以嵌套________层。

2. 数据比较指令的目标操作数指定为 M0，则________被自动占用。

3. 使用数字键输入指令 TKY 时，如果指定目标操作数为 D0，则由数字键输入的数值存储到 D0 中，D0 的最大值为十进制数________。

4. FX3U 系列 PLC 中，特殊数据寄存器 D8013 的含义是__________；D8014 的含义是__________；D8015 的含义是____________。

5. 在题图 8-1 所示梯形图程序中，C0 的当前值为____________时，输出线圈 Y0 为接通；C0 的当前值为____________________时，输出线圈 Y1 为接通；C0 的当前值为________________时，输出线圈 Y2 为接通。

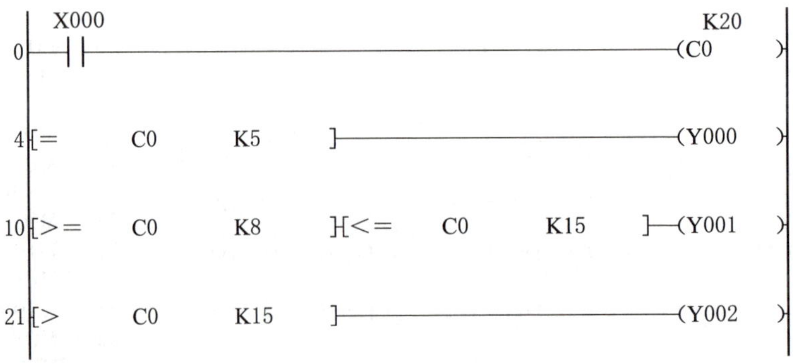

题图 8-1

二、分析设计题

1. 用 CMP 指令实现下面的功能：X0 为脉冲输入，当脉冲数大于 5 时，Y1 为 ON，反之 Y0 为 ON。试写出满足上述功能要求的梯形图。

2. 用 X0 控制接在 Y0～Y13 上的 12 个彩灯是否移位，每 1 s 右移 1 位。用 MOV 指令将彩灯的初始值设置为十六进制数 HFA，设计出梯形图程序。

项目九

数据运算系统的 PLC 控制

项目导入

自动售货机是一种商业零售模式。在各类车站、机场、购物中心、商业街、学校都可见到自动售货机，作为全新的销售形式，迎合了人们的消费习惯。PLC 控制的自动售货机，其数据的稳定性和安全性都大幅提高。

本项目主要介绍数据运算系统的 PLC 控制，包括自动售货机的控制、环形彩灯移位的控制，涉及三菱 FX3U 系列 PLC 中整数四则运算指令（加法指令 ADD、减法指令 SUB、乘法指令 MUL、除法指令 DIV、加 1 指令 INC、减 1 指令 DEC）、七段码显示指令 SEGD 及实数四则运算指令的应用。通过本项目的实践与学习，能更好地掌握 FX3U 系列 PLC 多种数据运算处理应用指令，提高对综合系统程序设计及分析的能力。

知识目标

1. 了解自动售货机的控制过程。
2. 掌握算术运算指令 ADD、SUB 的格式及应用。
3. 掌握加 1 指令 INC 和减 1 指令 DEC 的格式及功能。

能力目标

1. 能结合任务控制要求完成程序的设计与编辑。
2. 能完成 PLC 控制电气原理图的绘制及电路的安装与测试。
3. 能对程序进行分析与调试，针对简单故障进行维修。

素养目标

1. 养成安全规范操作的职业习惯；
2. 具备完整的工程质量意识，应用新知识、新技术解决复杂问题的能力；
3. 形成不断探究、乐于思考、敢于实践尝试的职业态度和创新学习精神。

任务一　自动售货机的控制

任务描述

动画
自动售货机功能演示

自动售货机是能根据投入的币值自动售货的机器。自动售货机是商业自动化的常用设备，它不受时间、地点限制，能节省人力、方便交易。自动售货机的基本功能是对投入的币值进行运算，根据币值判断是否能够购买某种商品，并作出相应的反应。

某自动售货机的面板示意图如图 9-1-1 所示，其功能如下所述：

① 按下“一元”“五元”“十元”按钮，投入货币，按下“雪碧指示灯”“可乐指示灯”（兼购买按钮），分别表示购买相应的商品。在“取货口”可以取走所购买的商品。购买后由两个七段 LED 数码管显示当前余额，扳动“退币手柄”，可以在“退币口”取走余额。

② 该自动售货机可以售卖“雪碧”“可乐”两种饮料（多种饮料原理一样）。价格分别为 4 元、6 元。当投入币值大于商品购买价时，对应商品的指示灯发亮，表示可以购买该商品。

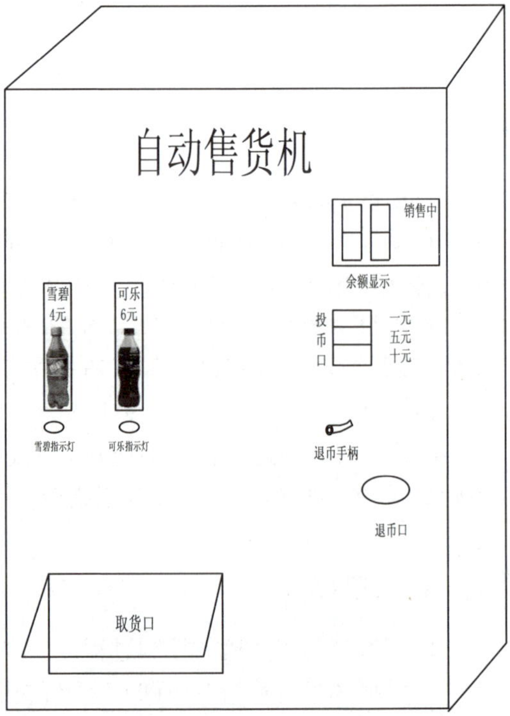

图 9-1-1　某自动售货机的面板示意图

③ 当可以购买时，按下相应的商品的指示灯（兼购买按钮），与之对应的指示灯闪烁，表示已经购买了该商品，同时“取货口”延时 3 s 出现该商品。

④ 在购买了该商品后，显示当前余额，若余额还可以继续购买商品，可以继续按下想要购买的商品的指示灯（兼购买按钮），若不继续购买，扳动“退币手柄”，在“退币口”可以取走余额。

任务要求：基于 PLC 完成对自动售货机的模拟控制。

当顾客按一元、五元、十元三个投币口投入货币后，如果投入的币值能够购买“雪碧”，则“雪碧指示灯”亮（“可乐指示灯”原理也一样）。当确定购买“雪碧”或者“可乐”时，按下相应的购买按钮，“取货口”延时 3 s 出现该商品。余额显示剩下币值，如果币值还能够购买其他饮料，可以继续购买，或者通过“退币手柄”退还余额，退币的时间为 5 s，购买结束。

任务分析

采用三菱 FX3U-48MR 型 PLC 实现自动售货机的控制，通过任务要求，已知自动售货机主要是通过币值的累计（加法）与商品价格进行比较，确认能否购买。一旦购买成功，即运用减法指令，将投入的币值减去已经购买饮料的价格，并显示余额。当确定购买完毕后，通过“退币手柄”将余额取出，购买过程结束。

完成任务要求的 PLC 控制，必须执行以下几个环节：

① 熟悉整数加减算术运算指令的格式及使用方法。

② 根据所确定的 I/O 地址完成 PLC 控制外部接线图的绘制，并完成电路的连接。

③ 根据本任务的要求及控制流程图设计出 PLC 梯形图程序，并完成程序的分析与调试。

知识链接

一、学习算术运算指令

视频
ADD、SUB 指令

要完成本任务自动售货机的 PLC 模拟控制，涉及币值的算术运算处理，必须懂得算术运算指令的用法和规则，懂得其应用，才可以完成程序的设计、分析与调试。

1. 加法指令 ADD、DADD

(1) 加法指令的格式

数据的加法算术运算在数据处理中比较常见，加法指令助记符为 ADD，其功能号为 FNC20，包含源操作数和目标操作数。

指令格式如下：

ADD　[S1]　[S2]　[D]

DADD　[S1]　[S2]　[D]

ADD 指令能操作的软元件如图 9-1-2 所示，ADD 指令的两个源操作数能操作的软元件有十进制常数(K)、十六进制常数(H)、若干个位软元件(X、Y、M、S)组成的字软元件、定时器(T)、计数器(C)、数据寄存器(D)、变址寄存器(V、Z)。目标操作数能操作的软元件有若干个位软元件(Y、M、S)组成的字软元件、定时器(T)、计数器(C)、数据寄存器(D)、变址寄存器(V、Z)。

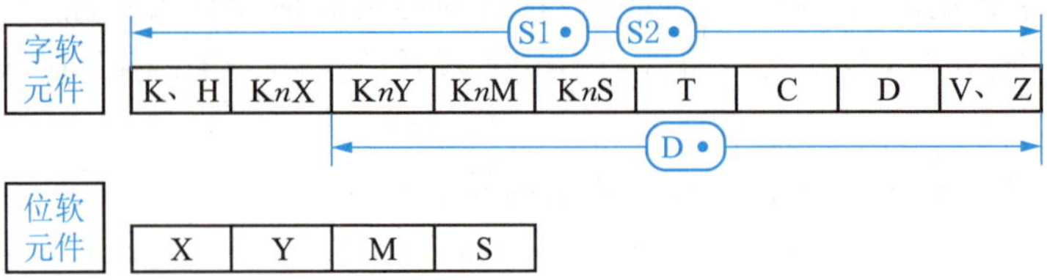

图 9-1-2　ADD 指令能操作的软元件

(2) 加法指令的功能

加法指令 ADD 是将指定源操作数[S1]、[S2]中的二进制数相加,其结果送到指定目标操作数[D]中去。

ADD 是 16 位二进制加法运算指令。如果是 32 位二进制加法运算,则使用 DADD 指令,其将源操作数[S1+1]、[S1]中的数与另一个源操作数[S2+1]、[S2]中的数分别相加,结果送到目标操作数[D+1]、[D]所指定的软元件中。

如图 9-1-3 所示,当 X0 由 OFF 变为 ON 时,执行 (D10)+(D12)→(D14)。

如图 9-1-4 所示,当 X0 由 OFF 变为 ON 时,执行 (D11D10)+(D13D12)→(D15D14)。

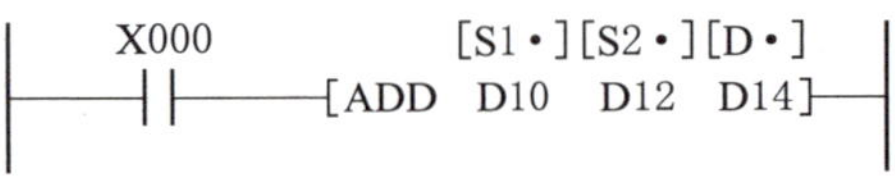

图 9-1-3　加法指令 ADD(16 位)

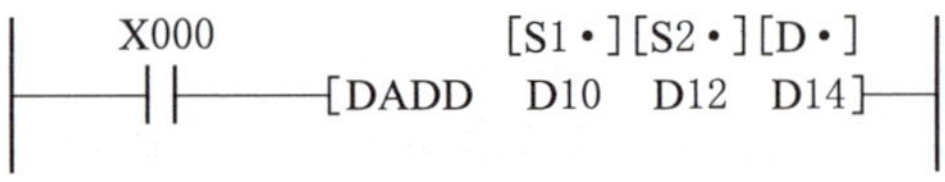

图 9-1-4　加法指令 DADD(32 位)

【例题 1】 对图 9-1-5 所示程序进行详细的分析。

分析:如图 9-1-5 所示,当 PLC 由 STOP 状态切换至 RUN 状态后,由于特殊辅助继电器 M8000 的动合触点接通,因此数据寄存器 D0 中的数始终保持为十进制数“2”,D2 中的数为“8”,当 X0 由 OFF 变为 ON 时,执行 ADD 指令,将 D0 与 D2 中的数相加,结果存在 D4 中,此时,D4 中为十进制数“10”,而 D0 和 D2 中的数不变。

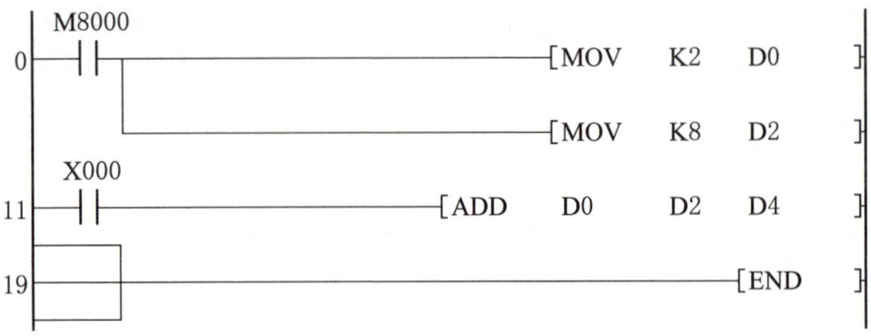

视频

ADD 指令程序仿真分析

图 9-1-5　ADD 指令应用

(3) 加法指令使用注意事项

① 两个数据进行二进制加法后传递到目标处,各数据的最高位是正(**0**)、负(**1**)的符号位,这些数据以代数形式进行加法运算,例如:4+(-5)=-1。

② 运算结果为 0 时,零标志位会动作。如果运算结果超过 32 767(16 位)或者-2 147 493 648

(32 位)时，进位标志位会动作。如果运算结果不满 32 767(16 位)或－2 147 493 648(32 位)时，借位标志位会动作。

③ 进行 32 位运算时，字软元件的低 16 位的软元件被指定，紧接着该软元件编号后的软元件将作为高位。为了防止编号重复，建议将软元件指定为偶数编号。

④ 可以将源操作数和目标操作数指定为相同的软元件编号。但是如果使用连续执行型指令如 ADD、DADD 时，则每个扫描周期的加法运算结果都会发生变化，可以使用脉冲执行型指令 ADDP，该指令只在当 X0 由 OFF 变为 ON 时执行一次，务必注意。

2. 减法指令 SUB、DSUB

(1) 减法指令的格式

减法指令的指令助记符为 SUB，其功能号为 FNC21，包含源操作数和目标操作数。

指令格式如下：

SUB　［S1］［S2］［D］

DSUB　［S1］［S2］［D］

减法指令 SUB 两个源操作数及目标操作数能操作的软元件与加法指令 ADD 能操作的软元件一样。

(2) 减法指令的功能

减法指令 SUB 是将指定源操作数[S1]中的数减去源操作数[S2]中的数，其结果送到指定目标操作数[D]中去。

SUB 是 16 位的二进制减法运算指令。如果是 32 位的二进制减法运算，使用 DSUB 指令，将源操作数[S1+1]、[S1]中的数分别减去另一个源操作数[S2+1]、[S2]中的数，结果送到目标操作数[D+1]、[D]所指的软元件中去。

如图 9-1-6 所示，当 X0 由 OFF 变为 ON 时，执行 (D10)－(D12)→(D14)。

如图 9-1-7 所示，当 X0 由 OFF 变为 ON 时，执行 (D11D10)－(D13D12)→(D15D14)。

图 9-1-6　减法指令 SUB(16 位)

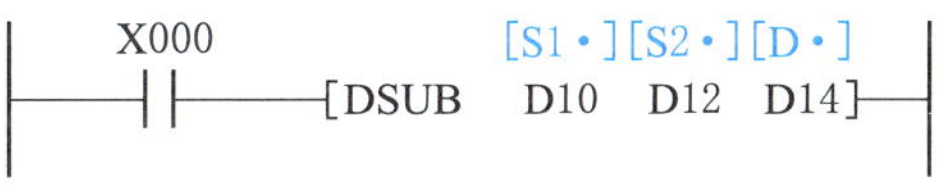

图 9-1-7　减法指令 DSUB(32 位)

【例题 2】 对图 9-1-8 所示程序进行分析。

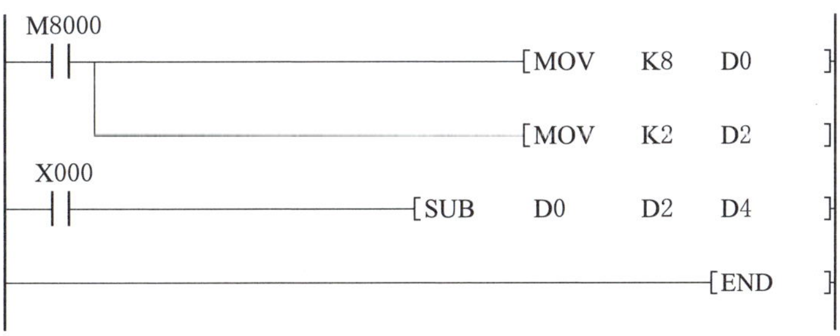

图 9-1-8　SUB 指令应用

分析：如图 9-1-8 所示，当 PLC 由 STOP 状态切换至 RUN 状态后，由于特殊辅助继电器 M8000 的动合触点接通，因此数据寄存器 D0 中的数始终保持为十进制数“8”，D2 中的数为“2”，当 X0 由 OFF 变为 ON 时，执行 SUB 指令，将 D0 中的数减去 D2 中的数，结果存在 D4 中，此时，D4 中的数为十进制数“6”，而 D0 和 D2 中的数不变。

(3) 减法指令使用注意事项

① 两个数据进行二进制减法后传递到目标处，各数据的最高位是正(**0**)、负(**1**)的符号位，这些数据以代数形式进行减法运算，例如：4－(－5)＝9。

② 标志位的动作与 ADD 指令相同。

请回答：

1. 加法指令 ADD 是将________、________中的________相加，其结果送到________中去。

2. 减法指令 SUB 是将指定源操作数[S1]中的数减去________的数，其结果送到________中去。

二、熟悉七段码显示指令

要完成上述自动售货机销售过程中正确的余额显示，必须学会七段码显示指令。

视频
SEGD 指令

1. 七段码显示指令的格式和操作数

七段码显示指令的指令助记符分别为 SEGD(连续执行型)、SEGDP(脉冲执行型)，功能号为 FNC73，包含源操作数和目标操作数。

指令格式如下：

SEGD　[S·]　[D·]

SEGDP　[S·]　[D·]

SEGD 指令能操作的软元件如图 9-1-9 所示，源操作数能操作的软元件有十进制常数(K)、十六进制常数(H)、若干个位软元件(X、Y、M、S)组成的字软元件、定时器(T)、计数器(C)、数据寄存器(D)、变址寄存器(V、Z)。而目标操作数能操作的软元件有若干个位软元件(Y、M、S)组成的字软元件、定时器(T)、计数器(C)、数据寄存器(D)、变址寄存器(V、Z)。

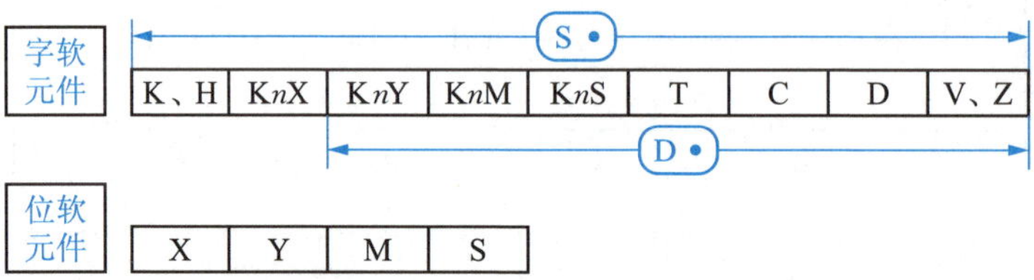

图 9-1-9　SEGD 指令能操作的软元件

2. SEGD 指令说明

SEGD 指令功能是将源操作数指定软元件的低 4 位确定的十六进制数(0～F)译码后送到七段显示器，译码的内容存到目标操作数的低 8 位中，高 8 位保持不变。

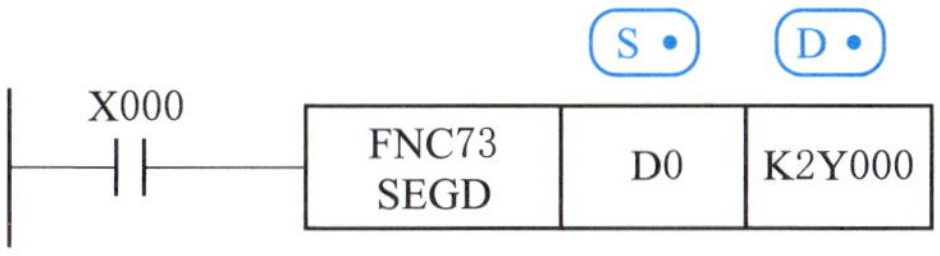

图 9-1-10　译码

图 9-1-10 所示程序就是将 D0 中的某一个数据自动进行译码，七段码显示指令的译码表见表 9-1-1。

表 9-1-1　七段码显示指令的译码表

源数据		七段码的构成	目标数据							
十六进制数	位格式		B7	B6	B5	B4	B3	B2	B1	B0
0	**0000**	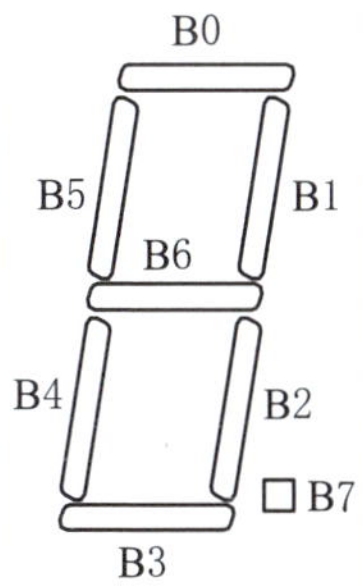	**0**	**0**	**1**	**1**	**1**	**1**	**1**	**1**
1	**0001**		**0**	**0**	**0**	**0**	**0**	**1**	**1**	**0**
2	**0010**		**0**	**1**	**0**	**1**	**1**	**0**	**1**	**1**
3	**0011**		**0**	**1**	**0**	**0**	**1**	**1**	**1**	**1**
4	**0100**		**0**	**1**	**1**	**0**	**0**	**1**	**1**	**0**
5	**0101**		**0**	**1**	**1**	**0**	**1**	**1**	**0**	**1**
6	**0110**		**0**	**1**	**1**	**1**	**1**	**1**	**0**	**1**
7	**0111**		**0**	**0**	**0**	**0**	**0**	**1**	**1**	**1**
8	**1000**		**0**	**1**	**1**	**1**	**1**	**1**	**1**	**1**
9	**1001**		**0**	**1**	**1**	**0**	**1**	**1**	**1**	**1**
A	**1010**		**0**	**1**	**1**	**1**	**0**	**1**	**1**	**1**
B	**1011**		**0**	**1**	**1**	**1**	**1**	**1**	**0**	**0**
C	**1100**		**0**	**0**	**1**	**1**	**1**	**0**	**0**	**1**
D	**1101**		**0**	**1**	**0**	**1**	**1**	**1**	**1**	**0**
E	**1110**		**0**	**1**	**1**	**1**	**1**	**0**	**0**	**1**
F	**1111**		**0**	**1**	**1**	**1**	**0**	**0**	**0**	**1**

从表 9-1-1 中可以看出，七段数码管由 B0～B6 7 个长条形 LED 及 B7 正方形 LED 组成，其中，B7 构成七段数码管的小数点，只要控制 B0～B7 这 8 个 LED 的通断，就能让七段数码管正确显示"0～F"这 16 个字符。因此，可将 B0～B7 这 8 个 LED 分别连接至 FX3U 系列 PLC 的输出端子 Y0～Y7 上，由 PLC 控制程序中的 SEGD 或 SEGDP 指令来控制 Y0～Y7 的通断，从而实现对七段数码管的控制。

结合表 9-1-1 分析，如果将十进制数"5"写入到 D0 中，SEGD 指令执行的条件成立的时候，B0、B2、B3、B5、B6 自动接通；若将十进制数"7"写入到 D0 中，SEGD 指令执行的条件成立的时候，B0、B1、B2 自动接通；如果将十六进制数"A"写入到 D0 中，SEGD 指令执行的条件成立的时候，B0、B1、B2、B4、B5、B6 自动接通。

需要注意的是，该指令所操作的目标软元件(D・)是有锁存功能的，如果将十进制数“7”写入到 D0 中，SEGD 指令执行的条件成立的时候，B0、B1、B2 自动接通，即使是 SEGD 指令执行的条件不成立（X0 断开）仍然保持接通。只有在 SEGD 指令执行条件成立并且源软元件写入新的数值时，目标软元件（D·）所驱动的元件才会改变通断状态。如果要将目标软元件（D·）所驱动的元件全部清零断开，可以使用 RST 指令复位。

【例题 1】 分析图 9-1-11 所示的程序，理解 SEGD 指令的应用。

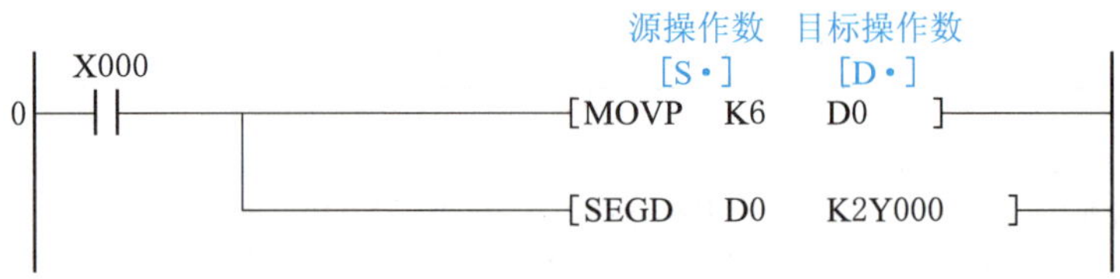

图 9-1-11 SEGD 指令的应用

分析：图 9-1-11 中，当 X0 的上升沿到来时，数据传送指令将十进制数 K6 送入 D0，SEGD 指令将 D0 的低 4 位“0110”解码为十六进制数“6”，并存于 D0 的低 8 位，而 D0 的高 8 位保持不变，同时驱动与 Y0～Y7 相连的七段数码管显示该十六进制数“6”。

【例题 2】 设计一个 9 s 倒计时时钟。当接通控制开关后，数码管显示“9”，随后每隔 1 s，数字减 1 显示；断开控制开关后，LED 数码管停止显示。其梯形图如图 9-1-12 所示。

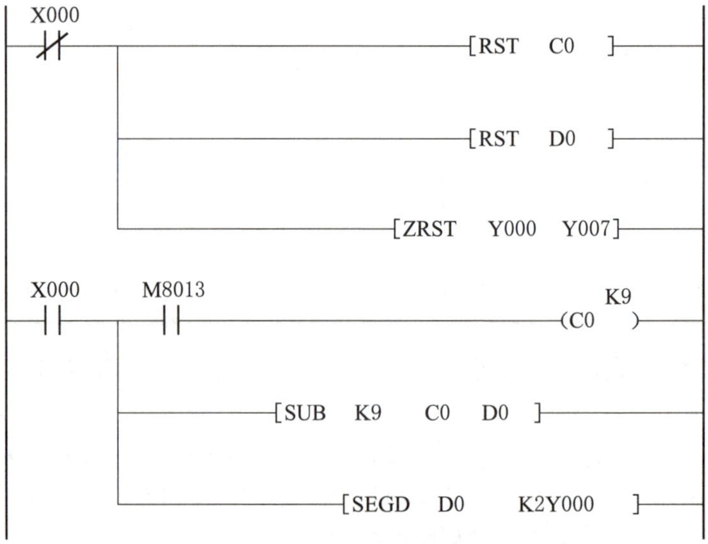

图 9-1-12 9 s 倒计时时钟梯形图

分析：图 9-1-12 中，首先进行数码管及 CO、DO 的清零处理，当 X0 接通，DO 的初始赋值为 K9，数码管显示“9”，随着 M8013 的时钟脉冲的运行，CO 开始进行 0～9 的递增计数，致使 DO 中的数值由 9～0 依次递减，数码管也由 9～0 依次递减逐步显示。

请回答：

1. 七段码显示指令的指令助记符分别为________、________，功能号为________，包含________和________。

2. SEGD 指令功能是将源操作数指定软元件的____________译码后，送到七段显示器，译码的内容存到____________，高 8 位保持不变。

任务实施

一、绘制 PLC 控制外部接线图

根据自动售货机的控制要求，系统中有 6 个模拟输入信号，分别对应为 1 元投币、5 元投币、10 元投币、雪碧选择按钮、可乐选择按钮及退币手柄。19 个输出信号，分别为雪碧指示灯、可乐指示灯、雪碧模拟出口、可乐模拟出口、退币模拟出口及两个七段 LED 数码显示管。具体的 I/O 地址分配见表 9-1-2。

请记录：简述自动售货机 PLC 控制设计的总体思路。

表 9-1-2　PLC 的 I/O 地址分配

输　　入			输　　出		
元件符号	输入端子地址	功　　能	元件符号	输出端子地址	功　　能
SB1	X0	1 元投币	HL1	Y1	雪碧指示灯
SB2	X1	5 元投币	HL2	Y2	可乐指示灯
SB3	X2	10 元投币	HL3	Y3	雪碧模拟出口
SB4	X3	雪碧选择按钮	HL4	Y4	可乐模拟出口
SB5	X4	可乐选择按钮	HL5	Y5	退币模拟出口
SB6	X5	退币手柄	HL6	Y10～Y16	显示余额个位
			HL7	Y20～Y26	显示余额十位

根据 PLC 的 I/O 地址分配，绘制出 PLC 控制外部接线图，如图 9-1-13 所示。

二、设计 PLC 控制程序

根据任务要求完成梯形图的设计，通过 ADD、SUB 指令完成币值的计算问题，自动售货机的梯形图如图 9-1-14 所示。

请记录：PLC控制外部接线图中数码管接线的要点。

____

____

____

____

____

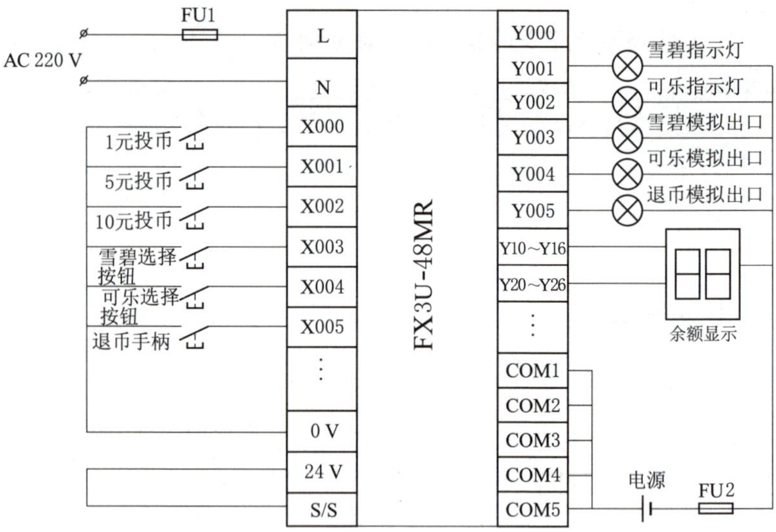

图 9-1-13　PLC控制外部接线图

请分析：

1. 程序第 9 行的功能：______________

____

____

2. CMP 指令的含义：______________

____

____

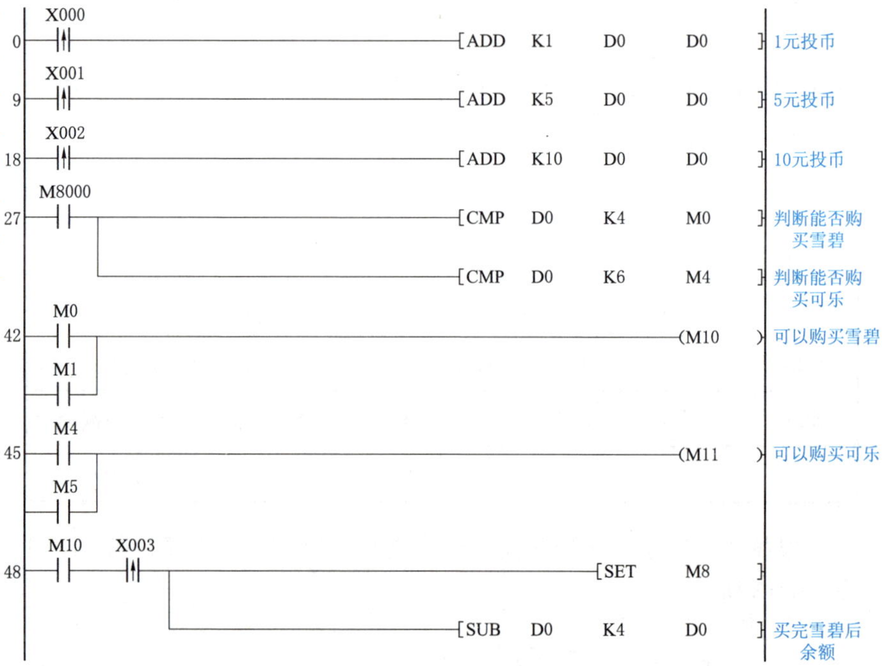

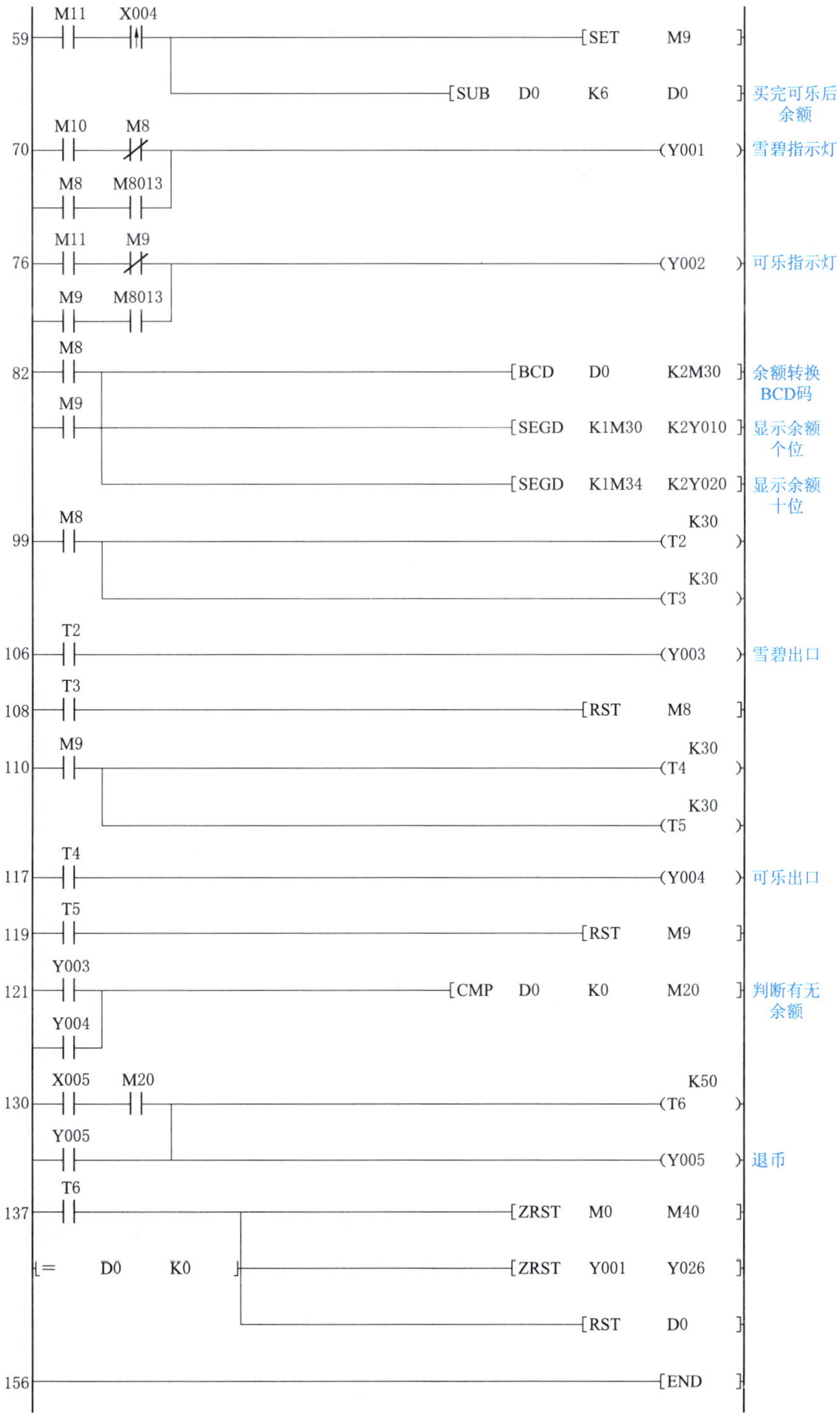

图 9-1-14　自动售货机梯形图

请分析：

1. 程序第 59 行的含义：____________

2. 程序第 82 行的作用：____________

3. 程序段[SEGD K1M34 K2Y020]的功能：____________

请分析：

[= D0 K0]的含义：____________

程序说明：

程序中，M0 判断能否购买雪碧，M4 判断能否购买可乐，M8 代表选择雪碧，M9 代表选择可乐，M10 代表可以购买雪碧，M11 代表可以购买可乐，M20 代表有余额。

步 0～步 18 是投币加法电路，将计算后的币值总额存入 D0 数据寄存器中。

步 27 利用比较指令 CMP 判断能否购买雪碧或者可乐。假如币值总额大于或等于每瓶雪碧的价格 4 元时，则 M0 或者 M1 为 ON。可乐判断相同。

步 42～步 45 是将可以购买雪碧或者可乐的状态用辅助继电器 M10 或者 M11 记忆下来。

步 48～步 59 是在币值总额大于或等于其销售价格时，即 M10 或者 M11 闭合时，才能进行选择需要购买的饮料，并用减法指令 SUB 计算购买完雪碧或者可乐后的余额，将余额存入 D0 中。

步 70～步 76 是雪碧或者可乐的指示电路，若可以购买雪碧或者可乐，则相应指示灯点亮，当选择购买雪碧或者可乐后，相应的指示灯闪烁（M8013），表示正在送出雪碧或者可乐。

步 82 是余额显示电路，只有在 M8 选择雪碧或者 M9 选择可乐后，该动合触点闭合后，才能将 D0 中的余额转换为 8 位的 BCD 码存在 M30～M37 中。并用 SEGD 指令分别显示余额的个位和十位。

步 99～步 119 是出货电路，当 M8 或者 M9 闭合时，即选择购买相应饮料后，T2 或者 T4 延时 3 s，系统准备出货，T3 或 T5 是出货时间定时，定时时间到，则停止出货。

步 121 用比较指令 CMP 判断购买饮料后，还有无余额，若有余额，则 M20 为 ON。

步 130 是退币电路，若有余额，需要继续购买，只须按下相应的饮料按钮即可继续购买；若不需要继续购买，按下退币手柄 X5 后，余额从退币口退出。T6 时间继电器 5 s 后停止退币。

步 137 是复位电路，若没余额，即 D0=0，或者退币后 T6 闭合，即可以对所有的辅助继电器 M、数据寄存器 D0 和输出 Y1～Y26 复位，以便下一次继续购买。

三、编辑与下载 PLC 控制程序

请实践：在 GX Developer 编程软件中，完成具体的程序编辑与下载。

视频

梯形图程序编辑演示 9-1

四、调试 PLC 控制程序

确定 PLC 处于正常的运行及监视状态，在执行相应的操作时，观察 PLC 输入输出指示灯的变化，调试结果见表 9-1-3。

表 9-1-3　PLC 控制程序调试结果参考表

步骤	操作 1	D0 显示	M0/M4	M10/M11	进一步操作	M8/M9	Y1/Y2	Y3/Y4	再进一步操作	Y5
1	投入 1 元 (X0)	1	断开	断开	X3	M8 断开	Y1 断开	Y3 断开	X5	接通
					X4	M9 断开	Y2 断开	Y4 断开		
2	投入 5 元 (X1)	5	M0、M1 接通	M10 接通	X3	M8 接通	Y1 接通	Y3 接通	X5	接通
			M4、M5 断开	M11 断开	X4	M9 断开	Y2 断开	Y4 断开		
3	投入 10 元 (X2)	10	M0、M1 接通	M10 接通	X3	M8 接通	Y1 接通	Y3 接通	X5	接通
			M4、M5 接通	M11 接通	X4	M9 接通	Y2 接通	Y4 接通		

请记录：调试过程中出现的问题及解决方法。

注意：在进行程序调试时，对输入继电器、输出继电器及相关的其他辅助继电器在程序中的功能要非常熟悉，在调试的时候才能真正起到比较、验证的作用，才能加深理解。

知识拓展

视频
INC、DEC 指令

PLC 的 INC、DEC 指令的指令名称、助记符、功能号、操作数见表 9-1-4。

表 9-1-4　INC、DEC 指令的指令名称、助记符、功能号、操作数

指令名称	助记符	功能号	操作数	
			[S]	[D]
加 1 指令	INC	FNC24	—	K*n*Y、K*n*M、K*n*S、T、C、D、V、Z
减 1 指令	DEC	FNC25		

1. 加 1 指令 INC

加 1 指令 INC 是 16 位二进制递增指令，将操作数[D]中的数加 1 后，结果存入[D]中。

如图 9-1-15 所示，当 X0 由 OFF 变为 ON 时，执行(D0)＋1→(D0)。

图 9-1-15　加 1 指令 INC

X0 每置 ON 一次，[D]指定软元件的内容就加 1。在连续执行型指令中，每个扫描周期都将执行加 1 运算。

2. 减 1 指令 DEC

减 1 指令 DEC 是 16 位二进制递减指令，将操作数[D]中的数减 1

后，结果存入[D]中。

如图 9-1-16 所示，当 X0 由 OFF 变为 ON 时，执行 (D0) − 1 → (D0)。

图 9-1-16　减 1 指令 DEC

X0 每置 ON 一次，[D]指定软元件的内容就减 1。在连续执行型指令中，每个扫描周期都将执行减 1 运算，要注意使用脉冲型指令。

3. 运用 INC 指令实现加法运算程序示例

运用 INC 指令完成自动售货机一元投币加法功能的程序如图 9-1-17 所示。

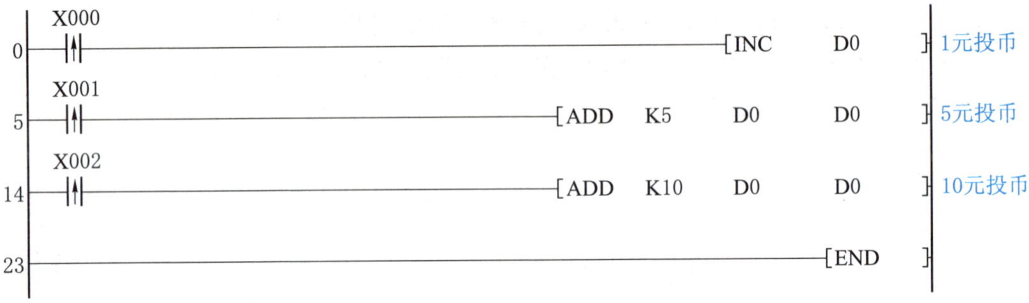

图 9-1-17　自动售货机一元投币加法功能的程序

如图 9-1-17 所示，X0(1 元投币口)每投入 1 元，则数据寄存器 D0 中的值相应地会增加 1，结果仍旧存入 D0 中。这样如果反复投币，D0 中的值会逐次加 1，并替换原先的值存于 D0 中。说明 INC 加 1 指令同样可以实现自动售货机中对于 1 元投币的加法功能。

互动练习
在线知识测评 9-1

任务二　环形彩灯移位的控制

任务描述

视频
彩灯应用实例

环形彩灯因简易、高效、稳定等特点得到普遍的应用。在各种娱乐场所、店铺门面装饰、家居装潢、城市墙壁更是随处可见。那应如何通过 PLC 来实现环形彩灯的移位控制呢？

任务要求：如图 9-2-1 所示，该环形彩灯共有 8 盏灯，分别为 L1～L8，要求按下启动按钮 SB1 后，从灯 L1 开始点亮，1 s 后，灯 L2 点亮，灯 L1 熄灭。按照顺时针间隔 1 s 依次移位，至灯 L8 点亮。接着按照逆时针移位点亮，自动循环。

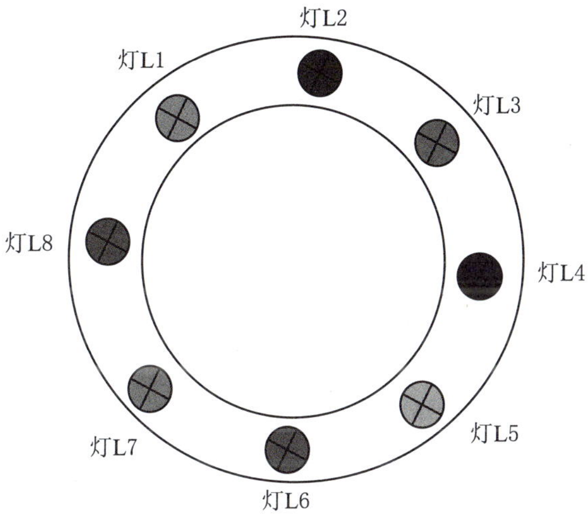

图 9-2-1 环形彩灯

任务分析

采用三菱 FX3U-48MR 型 PLC 来实现环形彩灯移位的控制，通过任务要求，可知 8 盏彩灯按照顺时针依次点亮，又按照逆时针依次点亮，形成灯光的移动效果。针对此控制任务，利用前面所学的基本逻辑指令即可以完成，但是否有更为快捷的功能指令来实现上述功能呢？

完成任务要求的 PLC 控制，必须执行以下几个环节：

① 熟悉整数乘除算术运算指令的格式及使用方法。

② 根据所确定的 I/O 地址完成 PLC 控制外部接线图的绘制，并完成电路的连接。

③ 根据本任务的要求及控制流程图设计出 PLC 梯形图程序，并完成程序的分析与调试。

知识链接

一、学习算术运算指令

完成本任务环形彩灯的 PLC 控制，如果熟悉算术运算指令(MUL、DIV)的用法和规则，掌握其应用，可以快捷完成程序的设计、分析与调试。

1. 乘法指令

(1) 乘法指令的格式

乘法指令助记符为 MUL，其功能号为 FNC22，包含源操作数和目标操作数。

指令格式如下：

MUL [S1] [S2] [D]

DMUL [S1] [S2] [D]

MUL 指令能操作的软元件如图 9-2-2 所示，MUL 指令的两个源操作数能操作的软元件有十进制常数(K)、十六进制常数(H)、若干个位软元件(X、Y、M、S)组成的字软元件、定时器(T)、计数器(C)、数据寄存器(D)、变址寄存器(V、Z)。目标操作数能操作的软元件有若干个位软元件(Y、M、S)组成的字软元件、定时器(T)、计数器(C)、数据寄存器(D)、变址寄存器(V、Z)。

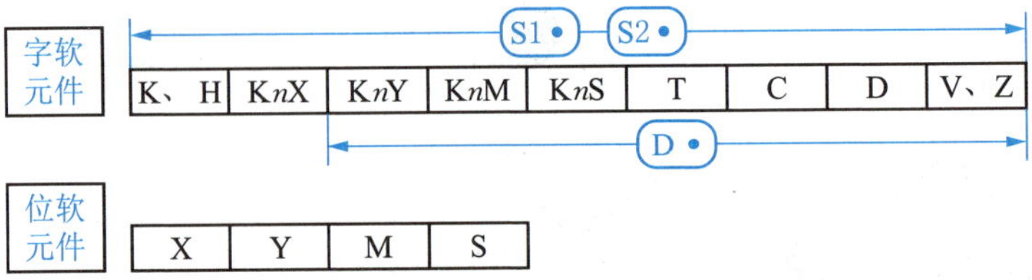

图 9-2-2　MUL 指令能操作的软元件

(2) 乘法指令的功能

乘法指令分为 16 位和 32 位两种运算。16 位运算时，乘法指令 MUL 是将指定的源操作数[S1]和[S2]中的二进制数相乘，结果送入指定的目标操作数 [D＋1] 和[D] 中去。32 位运算时，乘法指令 MUL 将源操作数 [S1 ＋ 1] 和[S1] 中的数乘以源操作数[S2＋1]和[S2]中的数，结果送入目标操作数 [D＋3]、[D＋2]、[D＋1]、[D] 中。

如图 9-2-3 所示，当 X0 由 OFF 变为 ON 时，执行 (D10) × (D12) → (D15D14)。

如图 9-2-4 所示，当 X0 由 OFF 变为 ON 时，执行 (D11D10) × (D13D12) →(D17D16D15D14)。

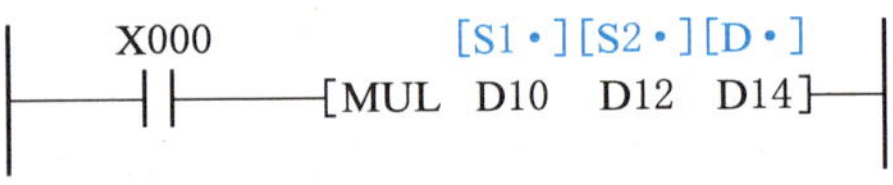

图 9-2-3　乘法指令 MUL(16 位)

图 9-2-4　乘法指令 DMUL(32 位)

【例题 1】 分析图 9-2-5 所示程序的功能。

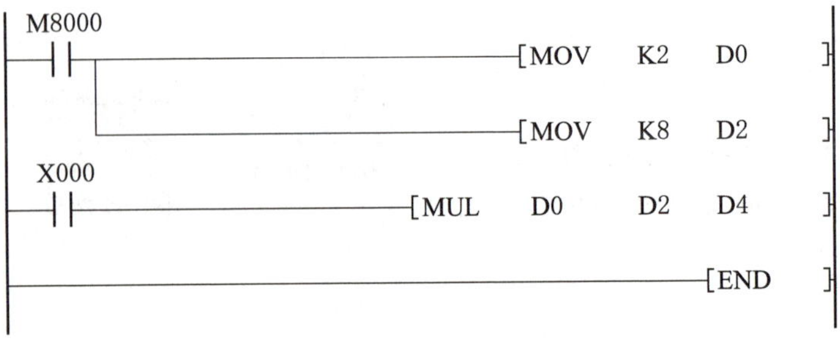

图 9-2-5　MUL 指令应用(一)

视频
MUL 指令程序仿真分析

分析：如图 9-2-5 所示，当 PLC 由 STOP 状态切换至 RUN 状态后，由于特殊辅助继电器 M8000 的动合触点接通，因此数据寄存器 D0 中的数始终保持为十进制数“2”，D2 中的数为“8”，当 X0 由 OFF 变为 ON 时，执行乘法指令，将 D0 乘以 D2 中的数，结果存入 D5D4

中，此时，D5D4 中数为十进制的“16”，而 D0 和 D2 中的数不变。

【例题 2】 分析图 9-2-6 所示程序的功能。

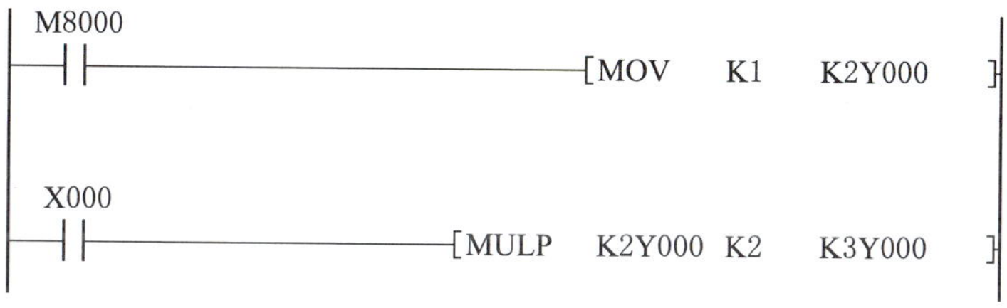

图 9-2-6 MUL 指令应用(二)

分析：如图 9-2-6 所示，当 PLC 由 STOP 状态切换至 RUN 状态后，由于特殊辅助继电器 M8000 的动合触点接通，因此字元件 K2Y000 中的数始终保持为十进制数“1”，即 Y7Y6Y5Y4Y3Y2Y1Y0 中的数为“**00000001**”，即 Y0 为“**1**”，其他均为“**0**”。当 X0 由 OFF 变为 ON 时，执行乘法指令 MULP(后缀加 P，是脉冲执行型指令，防止每个扫描周期都执行乘法指令)，字软元件 K2Y000 乘以 2，其中的值为“2”，即 Y7Y6Y5Y4Y3Y2Y1Y0 中的数为“**00000010**”，也就是说 Y1 为“**1**”，其他均为“**0**”。通过乘法指令乘以“2”，Y2，Y3，…依次得电。

(3) 乘法指令使用注意事项

① 两个数据进行二进制乘法后，以 32 位数据形式保存。

② 各数据的最高位是正(**0**)、负(**1**)的符号位。

2. 除法指令

(1) 除法指令的格式

除法指令助记符为 DIV，其功能号为 FNC23，包含源操作数和目标操作数。

指令格式如下：

DIV [S1] [S2] [D]

DDIV [S1] [S2] [D]

除法指令 DIV 两个源操作数及目标操作数能操作的软元件与乘法指令 MUL 能操作的软元件一样。

(2) 除法指令的功能

除法指令分为 16 位和 32 位两种运算。16 位运算时，除法指令 DIV 是将指定的源操作数[S1]中的数除以[S2]中的数，商送到指定的目标操作数[D]中去，余数送到 [D+1] 中去。32 位运算时，除法指令 DIV 将源操作数 [S1+1] 和[S1] 中的数除以源操作数 [S2+1] 和[S2] 中的数，商送到目标操作数 [D+1] 和[D] 中，余数送到 [D+3] 和[D+2] 中。

如图 9-2-7 所示，当 X0 由 OFF 变为 ON 时，执行 (D10) ÷ (D12) → 商(D14)，余数(D15)。

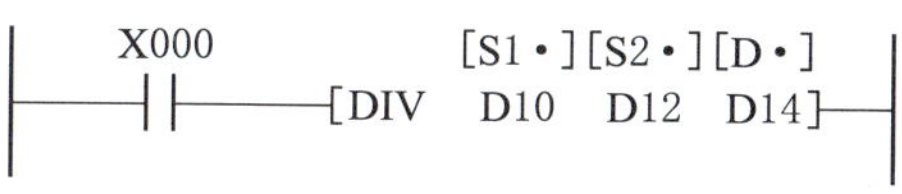

图 9-2-7 除法指令 DIV(16 位)

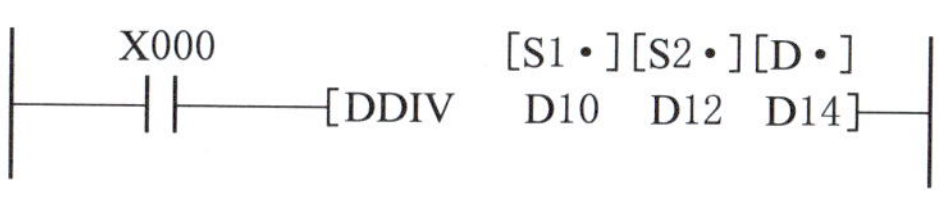

图 9-2-8 除法指令 DDIV(32 位)

如图 9-2-8 所示，当 X0 由 OFF 变为 ON 时，执行 (D11D10) ÷ (D13D12) → 商(D15D14)，余数(D17D16)。

【例题 3】 分析图 9-2-9 所示程序的功能。

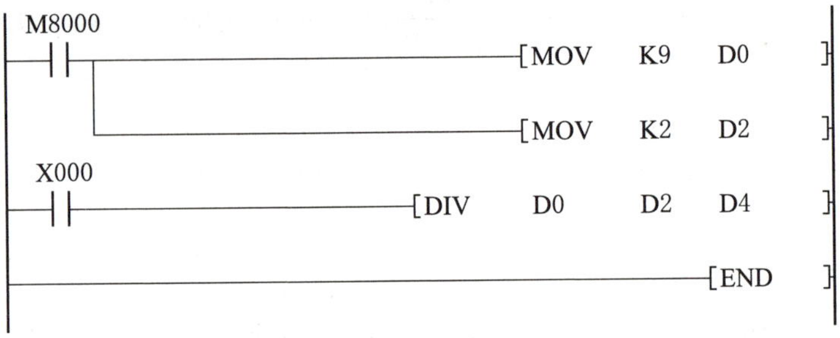

图 9-2-9 DIV 指令应用

分析：如图 9-2-9 所示，当 PLC 由 STOP 状态切换至 RUN 状态后，由于特殊辅助继电器 M8000 的动合触点接通，因此数据寄存器 D0 中的数始终保持为十进制数“9”，D2 中的数为“2”，当 X0 由 OFF 变为 ON 时，执行除法指令，将 D0 除以 D2 中的数，商存入 D4 中，余数存入 D5 中，即 D4 中的数为“4”，D5 中的数为“1”。

(3) 除法指令使用注意事项

① [S1]中的数为被除数，[S2]中的数为除数，[D]和下一个编号的软元件存入商和余数。

② 各数据的最高位是正(**0**)、负(**1**)的符号位。

请回答：

1. 乘法指令助记符为________，其功能号为________，包含________和________。

2. 除法指令助记符为________，其功能号为________，包含________和________。

任务实施

一、绘制 PLC 控制外部接线图

请记录：简述环形彩灯 PLC 控制系统设计的总体思路。

____

____

____

____

____

根据对环形彩灯移位控制电路的分析，要求 PLC 由 STOP 状态转为 RUN 状态时，从灯 L1 开始点亮，每隔 1 s 单个移位，按照顺时针移位至灯 L8 点亮。接着按照逆时针移位点亮，并不断循环。为了快捷实现 1 s 的间隔顺序控制，这里采用特殊辅助继电器 M8013。同时为了保证能够从灯 1 移位至灯 8，又能从灯 8 移位至灯 1，采用两个时间继电器(T0、T1)，分别完成顺时针和逆时针移位的控制。

根据控制要求可知，该控制系统有 1 个输入、8 个输出，具体的 I/O 地址分配见表 9-2-1。

表 9-2-1　PLC 的 I/O 地址分配

输　　入			输　　出		
元件符号	输入端子地址	功　能	元件符号	输出端子地址	功　能
SB1	X0	启动按钮	HL1	Y0	驱动彩灯 L1
			HL2	Y1	驱动彩灯 L2
			HL3	Y2	驱动彩灯 L3
			HL4	Y3	驱动彩灯 L4
			HL5	Y4	驱动彩灯 L5
			HL6	Y5	驱动彩灯 L6
			HL7	Y6	驱动彩灯 L7
			HL8	Y7	驱动彩灯 L8

请记录：

1. PLC 控制外部接线图输出部分彩灯接线的基本要点：

2. PLC 控制外部接线图中，24 V 直流电源及 S/S 端子的接线要点：

根据 PLC 的 I/O 地址分配，绘制出 PLC 控制外部接线图，如图 9-2-10 示。

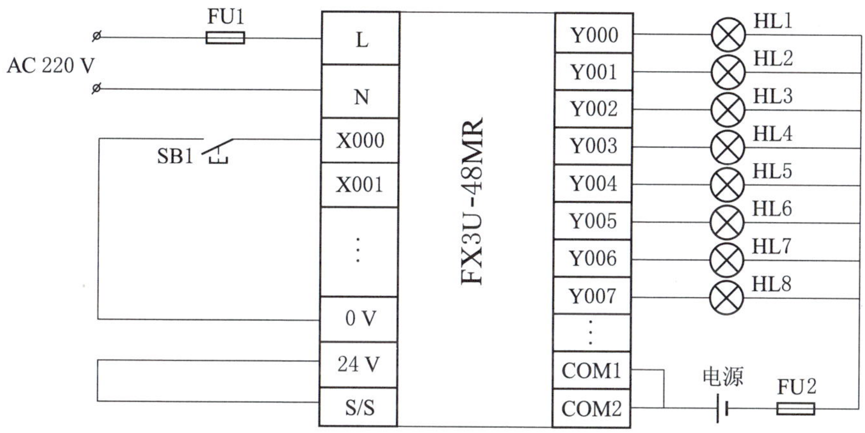

图 9-2-10　PLC 控制外部接线图

二、设计 PLC 控制程序

根据任务要求完成梯形图的设计，采用 MULP 及 DIVP 指令来完成环形彩灯移位控制，梯形图如图 9-2-11 所示。

程序说明：

K2Y0 为一组二进制代码，首先将 K2Y0 置初始值 1，然后每隔 1 s，执行一次乘以 2，当 K2Y0 乘以 2 后，相当于将其二进制代码左移了 1 位，在前面的乘法指令应用中已经介绍过，可以实现 Y0→Y7 的顺时针变化。

请记录：程序第6行和第15行程序的功能。

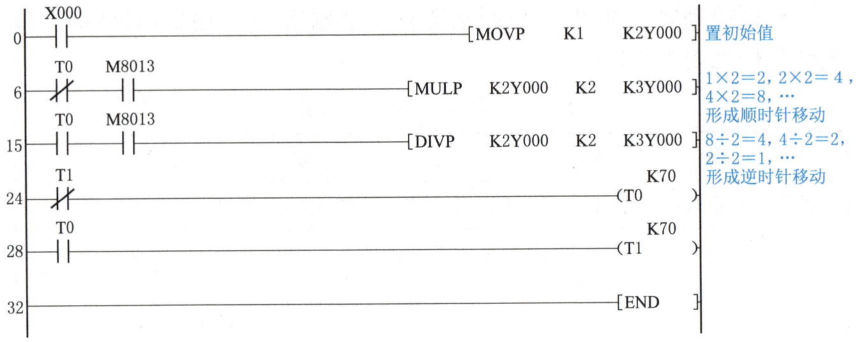

图 9-2-11　环形彩灯移位控制梯形图

7 s 后，灯 Y7 亮，这时开始执行除法指令，同样可以实现从 Y7 → Y0 的逆时针变化。程序中实现顺时针和逆时针切换及 1 s 时钟脉冲的关键是 T0、T1 和 M8013 的配合。

三、编辑与下载 PLC 控制程序

视频
梯形图程序编辑演示 9-2

请实践：在 Gx Developer 编程软件中，完成具体的程序编辑与下载。

四、调试 PLC 控制程序

确定 PLC 处于正常的运行状态，观察 PLC 输入输出指示灯的变化，调试结果填入表 9-2-2。

请记录：调试过程中出现的问题及解决方法。

表 9-2-2　PLC 控制程序调试结果记录表

操作内容	观察现象				
	时间	输出继电器	输出继电器状态	彩灯	彩灯状态
PLC 由 STOP 状态切换至 RUN 状态	0 s	Y0		L1	
	1 s 后	Y1		L2	
	2 s 后	Y2		L3	
	⋮				
	7 s 后	Y7		L8	
	8 s 后	Y6		L7	
	⋮				

知识拓展

1. 浮点数与整数转换指令 FLT、INT

当寄存器里的数为整数时，如果要应用浮点数运算指令，首先要把整数转换为浮点数，然后才能进行浮点数的运算。

（1）指令说明

FLT、INT 指令名称、助记符、功能号、操作数见表 9-2-3。

表 9-2-3　FLT、INT 指令名称、助记符、功能号、操作数

指令名称	助记符	功能号	操作数	
			[S]	[D]
整数转换浮点数	FLT	FNC49	D	D
浮点数转换整数	INT	FNC129		

如图 9-2-12 所示，当 X0 由 OFF 变为 ON 时，执行整数（S1）→ 小数（D+1，D）。

如图 9-2-13 所示，当 X0 由 OFF 变为 ON 时，执行小数（S1+1，S1）→ 整数（D+1，D）。

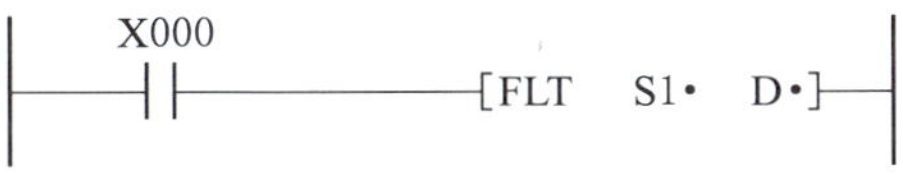

图 9-2-12　整数转换浮点数指令 FLT

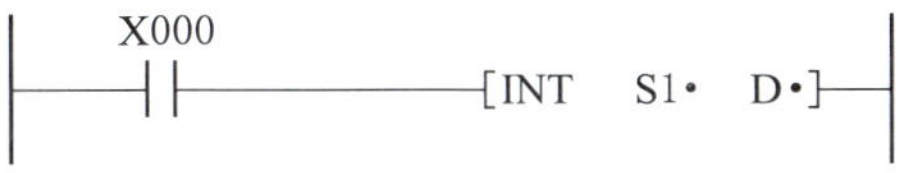

图 9-2-13　浮点数转换整数指令 INT

【例题 1】 完成整数 125÷100 的运算，结果以浮点数的形式显示出来。

参考梯形图程序如图 9-2-14 所示。

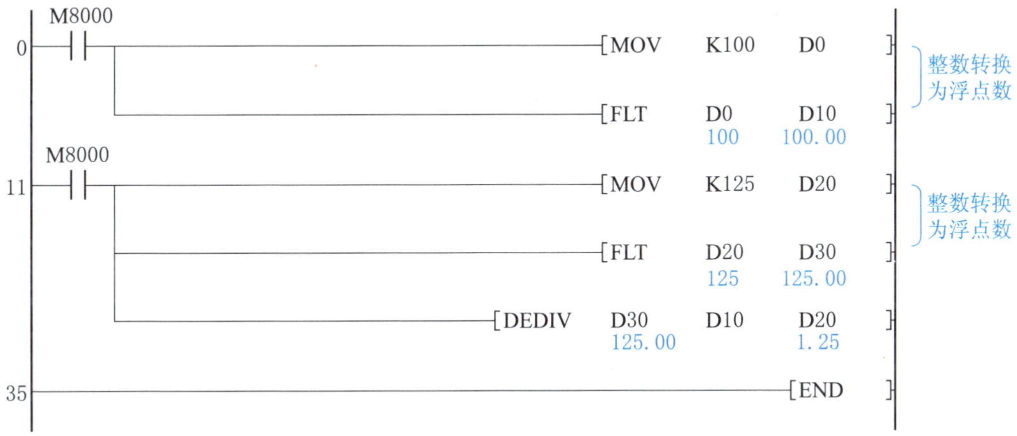

图 9-2-14　整数转换浮点数参考梯形图程序

（2）指令使用注意事项

① FLT、INT 指令的源操作数和目标操作数只能是数据寄存器(D)，不能是常数(K、H)或者其他软元件。

② 在进行浮点数运算时，如果是整数，必须将整数转换为浮点数。

③ 在进行浮点数运算时，小数常数也不能直接写入源地址，必须先将小数转换为浮点数才能运算，即小数常数先乘以 10 的倍数，使小数变为整数后，再通过 FLT 指令转换成浮点数，最后把浮点数除以先前乘以的 10 的倍数，使之转换成小数的浮点数。

④ 在连续执行型指令中，每个扫描周期都将执行，要注意使用脉冲型指令。

2. 浮点数四则运算指令 EADD、ESUB、EMUL、EDIV

(1) 指令说明

EADD、ESUB、EMUL、EDIV 指令的指令名称、助记符、功能号、操作数见表 9-2-4。

9-2-4 EADD、ESUB、EMUL、EDIV 指令的指令名称、助记符、功能号、操作数

指令名称	助记符	功能号	操作数	
			[S1·][S2·]	[D]
小数加法	EADD	FNC120	K、H、D	D
小数减法	ESUB	FNC121		
小数乘法	EMUL	FNC122		
小数除法	EDIV	FNC123		

如图 9-2-15 所示，当 X0 由 OFF 变为 ON 时，执行 (S1＋1, S1)＋(S2＋1, S2)→(D＋1, D)。

如图 9-2-16 所示，当 X0 由 OFF 变为 ON 时，执行 (S1＋1, S1)－(S2＋1, S2)→(D＋1, D)。

如图 9-2-17 所示，当 X0 由 OFF 变为 ON 时，执行 (S1＋1, S1)×(S2＋1, S2)→(D＋1, D)。

如图 9-2-18 所示，当 X0 由 OFF 变为 ON 时，执行 (S1＋1, S1)÷(S2＋1, S2)→(D＋1, D)。

图 9-2-15 小数加法指令 EADD

图 9-2-16 小数减法指令 ESUB

图 9-2-17 小数乘法指令 EMUL

图 9-2-18 小数除法指令 EDIV

【例题 2】 编写正圆锥体积公式运算程序。正圆锥体积公式如下：

$$V=\frac{1}{3}\times(\pi r^2\times h)$$

其中，r 是底圆的半径，h 是高。

正圆锥体积公式运算程序如图 9-2-19 所示。

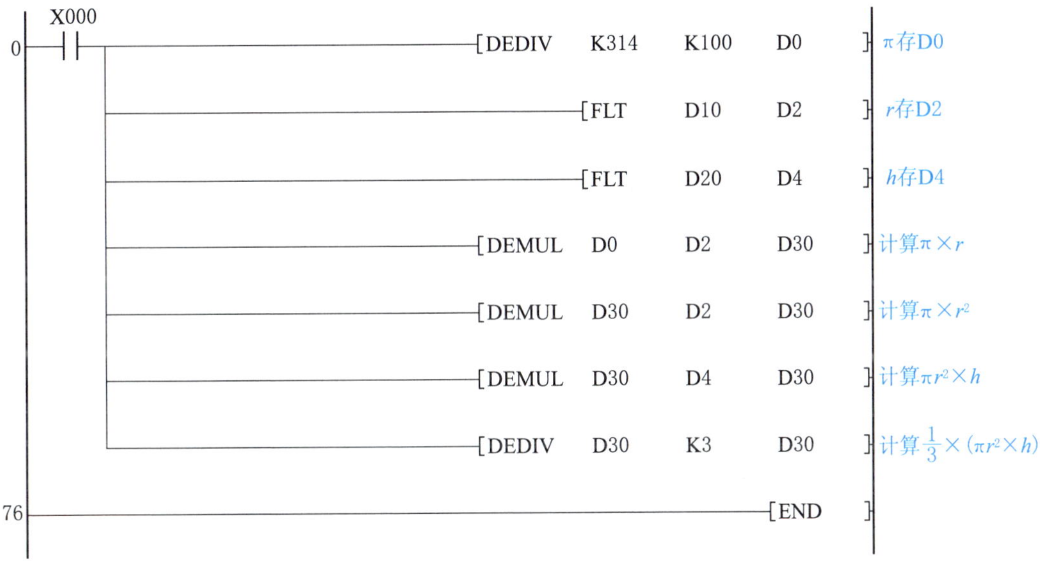

图 9-2-19　正圆锥体积公式运算程序

(2) 指令使用注意事项

① EADD、ESUB、EMUL、EDIV 指令均为 32 位指令，故使用指令时，指令前要加“D”。

② 在连续执行型指令中，每个扫描周期都将执行，要注意使用脉冲执行型指令。

③ 如果除数(S2)为 0，则运算错误，指令不执行，且 M8067 错误标志位为 ON。

④ 当 K、H 作为源操作数时，程序执行时会自动转换为二进制浮点数处理。

互动练习

在线知识测评 9-2

知识测评

一、选择题

1. INC(P)是__________指令。

A. 加 1　　B. 减 1　　C. 移位输出　　D. 多点输入

2. 下面指令是脉冲执行型指令的是__________。

A. ADD　　B. SUBP　　C. PLS　　D. PLF

3. FX 系列 PLC 中每一个数据寄存器都是__________位二进制数或一个字，可以用两个相邻数据寄存器合并起来存储__________位二进制或者两个字。

A. 2　4　　B. 10　16　　C. 16　32　　D. 32　64

4. K4M10 表示由__________组成的 16 位数据。

A. M0～M15　　B. M10～M25　　C. M20～M35　　D. M30～M45

5. M8002 表示的含义是：__________。

A. RUN 监控

B. 100 ms 时钟脉冲

C. PLC 开始运行之处接通一个扫描周期

D. PLC 开始运行之处断开一个扫描周期

二、分析设计题

1. 设计一个 $25X/200+7$ 的计算程序，式中，“X”表示输入端子 K2X0 送入的二进制数，运算结果通过输出端子 K2Y0 输出。

2. 将如图 9-2-1 所示的 8 盏彩灯改成 16 盏彩灯，并按照顺时针和逆时针循环点亮。

3. 将下列指令表转换成梯形图，并分析其功能。

```
LD      X000
ANI     T1
OUT     T0      K10
LD      T0
OUT     T1      K10
LDI     T0
AND     X000
MOVP    K85     K2Y000
LD      T1
AND     X000
MOVP    K150    K2Y000
END
```

拓展提高

自动化生产线的PLC控制与调试

主要参考文献

[1] 廖常初.PLC 基础及应用[M].4 版.北京：机械工业出版社，2019.

[2] 李金城.三菱 FX3 系列 PLC 功能指令应用全解[M].北京：电子工业出版社，2020.

[3] 杨少光.机电一体化设备的组装与调试[M].南宁：广西教育出版社，2009.

[4] 王猛，杨欢.PLC 编程与应用技术[M].3 版.北京：北京理工大学出版社，2022.

[5] 苏家健，顾阳.可编程序控制器应用实训：三菱机型[M].北京：电子工业出版社，2008.